化工程序設計

Chemical Process Design

徐武軍　張有義 ◎著

五南圖書出版公司 印行

自 序

　　近代化學工業萌芽於 19 世紀中葉。由於將原料經由化學反應而取得產品的過程（process），較傳統加工業例如紡織等複雜，麻省理工學院在 20 世紀初首設化學工業學系，教研化學工業的生產過程。化學工程系是大學中唯一以製程（process）為中心的學系。美國化工學會（American Institute of Chemical Engineering, AIChE）配合化工程序設計（chemical process design）課程，每年均舉辦統一的學生程序設計（process design）競賽，以凝聚化工教學的成果。本書即是為補充臺灣中文化工教材在此方面的不足而編寫。

　　化工程序設計中的細節，例如反應器設計、分離操作和輸送現象等均設有專課，是以本書上篇的內容是鋪陳設計的步驟和過程、重點複習各操作的原理、化工實務經驗（由徐武軍負責）；在下篇中提供反應器，蒸餾塔，AIChE 競賽題目的設計範例（由張有義負責）。內容及行文接近於通識教材，希望能對臺灣的化工教育界及產業界提供有意義的參考。

　　謝樹木兄及楊怡寬兄詳盡的審閱了這本書，提出了修正和補充意見。謹此致謝。並請讀者坦誠指教。

徐武軍、張有義
謹識於東海大學化工系

目錄

上篇　程序設計及經濟評估

1 導　論／1

1.1 製程設計的定義 ……………………………… 3

1.2 製程設計的目標 ……………………………… 4

1.3 製程設計的基本資料 ………………………… 5

1.4 製程設計的內涵和次序 ……………………… 8

1.5 製程設計與經濟評估 ………………………… 11

1.6 內容安排 ……………………………………… 12

複習 ……………………………………………… 13

A1 流程圖的結構與內容 ……………………… 14

　　A1-1 簡化流程圖 ………………………… 14

　　A1-2 製程流程圖，PFD ………………… 17

　　　　A1-2-1 流程圖中所使用的簡稱、

　　　　　　　 代號及符號 …………… 18

　　　　A1-2-2 PFD 的建構與內容 ………… 23

　　A1-3 P&ID ……………………………… 32

2 化學反應／35

2.1 化學反應 ……………………………………… 35

2.2 反應速率 ……………………………………… 38

　　2.2.1 表達反應速率的方法 ……………… 38

　　2.2.2 反應速率式的意義 ………………… 41

2.3 反應速率常數 ………………………………… 42

　　2.3.1 活化能的意義 ……………………… 43

2.4 化學反應平衡及平衡常數 …………………… 45

2.5 溫度對平衡常數及化學反應常數的影響 …… 49

2.6 Le châtelier 原理 …………………………… 52

2.7 速控步驟 ……………………………………… 53

2.8 綜結 …………………………………………… 55

複習 ………………………………………………… 57

A2 化學反應速率、速率常數、級數、平衡 及平衡常數的計算 ………………………… 58

    A2-1 轉化率（conversion）、選擇性 （selectivity）及收率（yield）… 58

    A2-2 反應速率式及反應級數 …………… 59

    A2-3 組份濃度與反應時間 ……………… 64

    A2-4 活化能 ………………………………… 66

    A2-5 反應熱、化學平衡及平衡常數 … 68

    A2-6 利用 tracer 來推測反應途徑 …… 72

3 化學反應器的選擇和設計／75

3.1 典型反應器 ………………………………… 76

    3.1.1 理想批式反應器 …………………… 76

    3.1.2 CSTR ………………………………… 78

    3.1.3 平推流反應器 ……………………… 80

3.2 平推流反應器和 CSTR 之間的異同 … 81

    3.2.1 反應濃度、停留時間及反應器 體積的差異 …………………………… 81

    3.2.2 平推流反應器的再循環 ………… 82

    3.2.3 多個串聯的全混流反應器 ……… 84

3.3 收率與反應器的形態 ……………………… 86

    3.3.1 簡單反應 …………………………… 86

    3.3.2 原料同時產生副產品 …………… 87

    3.3.3 原料及產品同時產生副產品 …… 89

3.4 反應器內的能量平衡及反應熱 ………… 90

3.5 反應器內的混合 …………………………… 91

3.6 反應器的熱傳 ……………………………… 95

3.7　實務上的考量……………………… 97

3.8　反應器的放大…………………… 99

3.9　停留時間分布………………… 100

複習 …………………………………… 101

A3　反應器 …………………………… 102

　　A3-1　批式反應器的反應時間和體積 … 102

　　A3-2　反應器的型態與收率 ……… 103

　　A3-3　恆溫及絕熱反應 …………… 112

　　A3-4　恆溫反應之熱傳 …………… 119

4　多相分離／ 123

4.1　分離原理……………………… 124

4.2　多相分離……………………… 125

4.3　沉澱法………………………… 126

4.4　離心及動量法………………… 128

4.5　靜電分離……………………… 130

4.6　過濾…………………………… 131

4.7　水滌…………………………… 134

4.8　乾燥…………………………… 135

複習 ……………………………… 136

5　均相分離／ 137

5.1　分餾的理論基礎和裝置 ……… 138

5.2　分餾設計程序 ………………… 143

　　5.2.1　設定操作條件 …………… 143

　　5.2.2　分餾塔設計 ……………… 145

5.3　特殊分餾 ……………………… 146

5.4　分餾的次序及整合 …………… 149

　　5.4.1　分餾的次序 ……………… 149

　　5.4.2　分餾過程的整合 ………… 151

5.5 吸收和氣提 …………………………… 155

5.6 萃取 …………………………………… 157

5.7 吸收 …………………………………… 159

5.8 結晶和蒸發 …………………………… 162

5.9 膜分離 ………………………………… 166

複習 …………………………………………… 168

6 綜合討論／169

6.1 一般化工廠的操作範圍 ……………… 169

   6.1.1 反應器 …………………………… 170

   6.1.2 分離操作 ………………………… 172

   6.1.3 材料 ……………………………… 172

6.2 理想製程 ……………………………… 174

6.3 製程整合 ……………………………… 180

   6.3.1 操作整合 ………………………… 181

   6.3.2 能整合 …………………………… 181

6.4 綠色製程 ……………………………… 182

   6.4.1 製程減廢 ………………………… 182

   6.4.2 綠色製程 ………………………… 185

複習 …………………………………………… 187

A6 製程設計的經驗法則 ………………… 188

   A6-1 設計產量 ………………………… 188

   A6-2 槽、塔等容器 …………………… 188

     A6-2-1 罐 ………………………… 189

     A6-2-2 貯槽 ……………………… 190

     A6-2-3 壓力容器 ………………… 190

   A6-3 反應器 …………………………… 191

   A6-4 分餾和吸收塔 …………………… 193

     A6-4-1 分餾塔 …………………… 193

     A6-4-2 吸收塔 …………………… 195

   A6-5 熱交換器 ………………………… 195

   A6-6 管線 ……………………………… 197

A6-7 轉動設備 …………………… 198

A6-8 公共設施 …………………… 201

A6-9 標準型式的規格單 ………… 202

7 從設計到建廠／ 209

7.1 資金成本及資金需求量 ……………… 209

　　7.1.1 利息 ……………………… 210

　　7.1.2 設廠的資本需求 ………… 211

7.2 建廠過程 ………………………… 215

7.3 資金來源 ………………………… 218

7.4 結語 ……………………………… 218

複習 ………………………………… 219

A7 設備及建廠費用估算 ……………… 220

　　A7-1 概論 ……………………… 220

　　A7-2 設備費用估算的基礎 ……… 221

　　　　A7-2-1 估算靜態設備費用的基礎 … 222

　　　　A7-2-2 材質對價格的影響 ……… 232

　　　　A7-2-3 設備的大小與價格 ……… 233

　　　　A7-2-4 價格指數－設備費用的時間
　　　　　　　　因素 ……………… 235

　　　　A7-2-5 轉動設備費用估算 ……… 236

　　A7-3 利用計算機估算設備費用 … 242

　　A7-4 結語 ……………………… 243

8 成本與利潤／ 245

8.1 直接成本 ………………………… 245

　　8.1.1 生產成本 ………………… 245

　　8.1.2 銷售成本 ………………… 247

　　8.1.3 其他直接成本 …………… 248

8.2 折舊和其他財務支出 …………… 249

8.3 利潤 ……………………………… 250

8.3.1　利潤估算 ……………………… 251

8.3.2　利潤與售價 …………………… 256

8.3.3　折舊與損益平衡 ……………… 256

複習 ………………………………… 258

9 經濟評估／259

9.1　預測未來的原料、產品和資金市場……259

9.1.1　原料 …………………………… 259

9.1.2　產品 …………………………… 260

9.1.3　資金 …………………………… 261

9.1.4　結語 …………………………… 263

9.2　評估的方法和指標……………………… 264

9.2.1　淨現值 ………………………… 265

9.2.2　投資回收期 …………………… 266

9.2.3　內部收益率 …………………… 266

9.2.4　結語 …………………………… 267

9.3　算例 …………………………………… 268

9.3.1　評估條件的設定 ……………… 268

9.3.2　單項計算 ……………………… 270

9.4　敏感度分析 …………………………… 279

9.5　成本與售價的價差─利潤的來源……… 280

複習 ………………………………… 283

參考資料／285

下篇　範例

範例1　反應器設計／289

1.1　批次式反應器和連續式攪拌反應器
　　　的比較 ……………………………… 289

1.2　CSTR 和管式反應中溫度控制的方法 … 297

1.3　反應器中觸媒需要量的計算方法 …… 300

範例2　蒸餾塔設計／309

範例3　觸媒反應器設計／335

3.1　程序設計解說 ……………………… 337
3.2　計算流程圖 …………………………… 346
3.3　各種物料基本性質數據之蒐集及計算 … 347
3.4　質量平衡計算 ………………………… 357
3.5　能量平衡計算 ………………………… 360
3.6　反應器質能平衡計算 ………………… 366
3.7　反應器停工開工時間表 ……………… 380
3.8　反應器尺寸大小的計算及設計 ……… 381
3.9　結語 …………………………………… 394

範例4　烷基化反應／401

4.1　相關製程簡介 ………………………… 402
4.2　現階段製程上的選擇與考量 ………… 403
4.3　Mass Balance Calculation …………… 406
4.4　Chem CAD 的質量平衡計算 ………… 418
4.5　反應器所需的熱傳面積之計算 ……… 419
4.6　反應器體積之計算 …………………… 424
4.7　蒸餾塔的設計 ………………………… 426
4.8　HF 催化劑的分離 …………………… 432
4.9　蒸餾塔塔徑與塔重之數據處理 ……… 432

範例5　尼龍 66 聚合反應器設計／437

5.1　質量平衡 ……………………………… 446
5.2　反應器 ………………………………… 452
5.3　製程成本分析 ………………………… 474

範例6　苯乙烯製程／483

　6.1　製程簡介 …………………………………… 489

　6.2　最佳 Reactor condition 的選擇 ……… 489

　6.3　CC-3 流程圖的說明 …………………… 490

　6.4　其他主要參數之計算 ………………… 495

　6.5　工廠生產與各項單元參數之整理 …… 498

　6.6　經濟上的評估（均以美元計） ………… 499

　6.7　最佳 reactor condition 的決定 ……… 505

範例7　多成分組成的分餾次序／523

　7.1　決定分餾次序 …………………………… 523

　7.2　四種分餾排列次序 …………………… 524

　7.3　模擬分析方法 …………………………… 526

　7.4　Chem CAD 的模擬結果 …………… 526

　7.5　成本分析方法 …………………………… 527

　7.6　總論 ……………………………………… 536

上篇

程序設計及經濟評估

CHAPTER 1

導　論

在本章中將說明：

- 製程設計的定義和原理（1.1 及 1.2 節）。
- 化學工廠設計所包涵的內容。
- 課程內容。

1.1　製程設計的定義

process 的原義是 "a systematic series of actions directed to some end"，即是**為達到某一目的而採用的系列性動作**。適用的範圍很廣，例如：

- 在收到車輛換牌照的通知之後，完成繳費動作並取得收據是公文處理（document processing）。
- 冷飲店製作珍珠奶茶的過程是食品加工（food processing）。
- 台塑將乙烯聚合成聚乙烯用的是化學過程（chemical process）。

在和商業有關的行為中，process 是指：
將某一事物轉變為可為顧客所能接受產品的過程。
而**在化學工業中的定義是**：
將原料轉變成為能被顧客接受產品的過程，過程是以化學反應為核心。

是以 process 一字的中文譯名，為「過程」；由於在過程中涉及到一定分量的技術，也有將 process 譯名「工藝」的，工藝的原意和英文的 technology 相近。流程是另外一種譯法。本書採用「製程」和「程序」。

化工製程設計是設計一個以化學反應為核心，將原料轉變為能為顧客所接受的產品的生產工廠，內容包含工廠的硬體，以及操作的原理和程序。

在前述的定義中，以「能為顧客所接受的」文字來界定產品的品質，而不用「最高品質」、「最純的產品」之類的形容詞。因為不同的產品有不同的市場；同一化學品用於工業製造是一種規格，用於醫藥或化粧品則完全是另一種規格，不能混為一談。「為顧客所能接受」或「滿足顧客的需要」是比較正確的說法。**在商業上要追求的是市場，不是盲目的追求「高品質」。**

化學工廠的產品是材料，這些材料在經過下游工廠加工之後，**成為終端商品**。例如化學工廠生產塑膠，下游的加工廠再將塑膠製造成不同的產品賣給顧客，人造纖維工廠將產品賣給紡織工廠將人織紡織成布料，染整工廠將布料加上自染料工廠買來的染料將布料美化，再賣給成衣工廠製作成賣給消費者的衣物。是以**化學工業是製造業的基礎**。德國以機械、電機和化工產業為基礎，可以在 3C 產品缺席，但仍是一等一的製造大國。

1.2　製程設計的目標

「簡單」是所有製程設計的最高指導原則，也是製程設計者所追求的終極目標。

製程中經常包含有一個以上的步驟（step），例如：

乙烯 ──→ 聚合 ──→ 單體回收等 ──→ 造粒 ──→ 成品

（原料）（化學反應）　（分離）　　（後處理）　（產品）

　　簡化一般是將原有的步驟合併或者消除，即是減少製程所需要的步驟；或者是減少製程中設備（equipment）的數量。

　　化工製程一般包含化學反應和分離操作兩部分。而化學反應決定在分離過程中要分出哪些物質，和每種物質的量是多少。即是化學反應決定分離操作的繁、簡，是以反應器的設計和操作條件的設定，是化工製程設計的重心。

　　在不損害到產品品質的前提下，比較簡單的製程具有下列優點：

- 容易操作。
- 由於步驟比較少，是以
  - 投資（capital investment）比較少。
  - 操作時所需要的水、電、蒸氣的量相對減少，亦即是操作費用（operating costs）比較低。

　　追求製造流程的簡化，是企業界的全民運動，從工廠到銀行和泡沫紅茶業者都是一樣。簡化的驅動力是要降低成本。用另外一種方式來表達，**簡化流程就是「合理化」生產流程。**

1.3　製程設計的基本資料

　　設立一座化學工廠所需要的、最基本的資料是什麼？在本節中，將以在技術轉讓（technology transfer）時，賣方所提供的技術資料為例，來作說明：

在購買技術以設立工廠時，有兩種作法：

- 一種是整廠輸入式（turn key，意思是就如同買汽車一樣，付了錢，坐上車，轉一下 key 就開走了），即是由技術出讓者除了技術之外，尚負責建廠和試俥等工作。台灣目前採這種方式建廠的人非常少。
- 另外一種方式，是只購買技術，並要求技術出讓者提供必要的指導和服務，自行建廠。

第二種購買技術方式的**技術內容是包含在下列三種文件中**：

1. 第一種是**設計原理**（design principle），或是**製程說明**（process description），即是設計最基本的資料，包括：

- **和化學反應相關的資訊**，包括反應機理（mechanism）、反應條件，包括反應的溫度、壓力、速率（rate）、反應熱、轉化率（conversion）和收率（yield），及副產品的種類和數量等；以及反應動力（reaction knietics）和熱力學（thermodynamic），以及需要注意的地方等。這是整個製程最核心的部分。
- **影響化學反應的因素**，例如原料中所含不同雜質對轉化率、收率及副產品生成的影響；操作溫度的極限和溫度變化對收率、轉化率及副產品生成的影響等。這些資訊有兩個可能的來源：一是由反應機理引伸，另一是來自對現場操作的觀察。
- **原料的規格**，包含各種雜質的可容許最大量等；檢測方法，安全及貯量存時需要注意的事項及要求等。
- **產品規格及檢驗方法**。
- **輔助原物料**例如催化劑、水、電、蒸氣和其輔助用品的**耗用量及規格**。

2. **PFD**（process flow diagram）及 **P&ID**（pipe and instrument dia-

gram），這是根據化學反應所作出的**基礎設計**（basic design），是**用於實地建廠細部設計**（detailed design）**的技術基礎**。其內涵將在下一節中（1.4 節）中詳細說明。**細部設計除了技術因素之外，還一定要加入該廠現場的環境及地理因素。**

3. 操作手冊（operation mannul），這是根據工廠的實際情況，加上**設計理念**（design philosophy）所訂定出來的詳細操作步驟，是要在工廠的硬體設備完全定案之後才能完整的訂定，包含：

- 管道清洗（cleaning）和測漏。
- 試俥（test run）。
- 正常操作（nomal operation）。
- 停俥（shut down）。
- 緊急事故（emergency）。

不包含在文件中的服務包含：

- 細部設計的核定和認可。
- 試俥。

在程序上，說明如下：

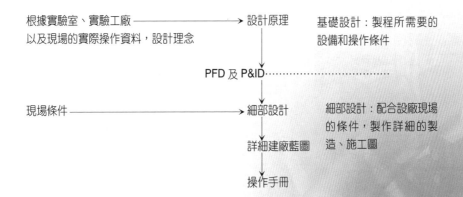

根據實驗室、實驗工廠 ────────→ 設計原理　　　基礎設計：製程所需要的
以及現場的實際操作資料，設計理念　　　　　　　設備和操作條件

PFD 及 P&ID ⋯⋯⋯⋯⋯⋯⋯⋯⋯⋯⋯

現場條件 ──────────────→ 細部設計　　　細部設計：配合設廠現場
　　　　　　　　　　　　　　　　　　　　　　　的條件，製作詳細的製
　　　　　　　　　　　　詳細建廠藍圖　　　　　造、施工圖

　　　　　　　　　　　　操作手冊

化學反應的資訊，包含了在實際現場操作中所發生的情況。操作現場的資訊中包含有：

- 在實驗室及實驗工場中觀察不到的現象，而在大量生產時顯示出來的資訊。例如微量副產品的形成和累積。
- 理論和實際操作的區別。

一般將已**具有工廠實地操作經驗的技術**，稱為成熟的（proven）技術，其可靠性較未實地使用過技術為高。

不包含在基本設計技術資料之內，而為設計所必須的資料有：

- 反應系統所含有各物質的物理性質例如比重、黏度，蒸氣壓等。
- 各物質之傳熱性質例如比熱和熱傳導係數等。

1.4　製程設計的內涵和次序

在這一節中說明製程設計要做那些工作。

將原料經由化學反應而取得產品的情形如下：

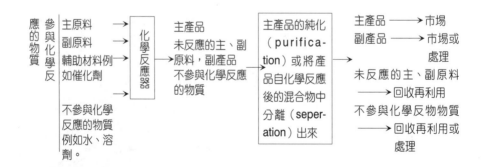

是以製程設計依次包含下列工作內容：

- 第一項工作是：根據預定要生產的量，和化學反應的機理，設計化學反應器。
- 第二項工作是：根據反應器的出料，設定分離的先後，設計各分離設備單元。
- 第三項工作是聯結各操作單元之間，例如反應器與分離設備之間的物流（mass flow）傳送設備的設計。
- 第四項工作是配合反應器及各分離單元對溫度及壓力的需求，而配置的換熱（heat exchang）和加、減壓裝置。
- 第五項是所有設備操作情況例如溫度、壓力、流量的測定和顯示儀表，以及控制儀器。

前列五項是基礎設計或製程設計的範圍。在實際設立工廠時，需要增加下列因地點和法令規章而可能有差異的項目：

- 以工廠所在地的物資供應和交通情況為依據，設計原物料和成品的貯存槽（tank）和倉庫，以及輸送設備。
- 依照工廠所在地的情況，設計水、電、蒸氣、壓縮空氧，以及其他氣體的產生、貯存和供應管線、儀表和控制設備。這些物質和能源統稱之為公用設施（utilities）。
- 污染處理設施，例如污水處理等。
- 緊急事故處理設施，例如備用發電機，緊急事故時的排放系統，例如 flare 等。

設計的次序是：

1. 根據化學資訊和工場實地操作經驗，以及產量，設計反應器，並列出反應器進出料的各種成分、數量、溫度和壓力。
2. 確定分離的方法和次序，至此可以劃出簡化的流程圖（simplied

flow diagram 或 block flow diagram，簡稱為 **BFD**）。BFD 包含製程中的主要設備（major equipments）。

3. 以 BFD 為基礎，設計及計算：

- 各主要設備的規格和要求，以及進出各主要設備的物流和狀態（溫度、壓力）。

- 各主要設備所需要的前置作業設備，例如泵（pump）和熱交換器（heat exchanger）的規格和要求，以及所需要的水、電、蒸氣等公共設施。

根據以上的設計，列出：

- 進、出各設備（包含熱交換器、泵和壓縮機）的分項質量（mass）和能量（energy）平衡表。

由各設備的質、能平衡表，製作：

- 物流總表（flow summary）。

將所有的設備列為

- 設備總表（equipment summary）。

將以上的資料綜合在一起，製作

- 製程流程圖（process flow diagram，簡稱為 PFD）。

PFD 是設計工廠最重要的資料。

4. 在 **PFD** 的基礎上，加上：

- 管路（piping）
- 儀表和控制（instruments）設備

即得到

- **P&ID**（pipe and instrument diagram）。

在一定的意義上，**製程設計相當於製作從 BFD 到 PFD 和 P&ID 的過程**。在 A1 中，說明了製作流程圖的方法和過程。

1.5　製程設計與經濟評估

為什麼要做製程設計？

- 第一個答案是要建立一座生產用的工廠，一圓從頭設計一座全新工廠的夢。
- 更常遇到的情形是作經濟評估（economical evaluation），例如：
  - 實驗室中發展一種可取代現存製程的新製程，新的製程是否具有競爭力？這就需要經過經濟評估。在經濟評估中，需要新製程的設廠成本和生產成本資訊，所以必須要先作新製程的設計至 PFD 階段，以便估算設廠成本。
  - 一個全新生產新產品的工廠，在決定設廠之前也必須要有設廠的投資額，以便確定所需要的全部總投資額。
- 在修改部分現有工廠的時候，也必須要評估修改所需要的預算，和經濟效益。其基礎就是修改部分的 PFD。要修改現有工廠的可能原因之一是環保，在這種情況下修改的成果是減少污染而不是降低成本，但是也必須要知道投資數，和增加多少費用。

是以**製作程設計的目的，除了真正的設立工廠之外，是作經濟評估**，也是因為這個原因，故而在課程的安排上，將製程設計和經濟評估統合在一起。

1.6 內容安排

根據 1.3 至 1.5 節的說明，本書內容的安排如下：

第一章　導論

第二章　化學反應

第三章　化學反應器的選擇與設計

第四章　多相分離

第五章　均相分離

第六章　綜合討論

第七章　從設計到建廠

第八章　成本與利潤

第九章　經濟評估

第二至第六章是說明程序設計的過程，第七至第九章是說明經濟評估的方法和意義。

複習

I. 請說明下列各項：

(A)process；(B)化工製程；(C)化工製程設計；(D)分離；(E)BFD；(F) PFD；(G)P&ID

II. 請討論

(A)和化工製程設計相關的單元操作有哪些？

(B)和化工製程相關的輸送現象有哪些？

(C)根據(A)和(B)的答案，請儘可能的詳細列舉在作製程設計時需要的物理性質。

(D)設計化學反應器需要那些最基本的資訊？

(E)用你自己的語言，在500字之內，說明自化學反應的資訊開始，將製程從基本資料設計到PFD的過程和步驟。

A1 流程圖的結構與內容

流程圖（flow diagram）是說明製程最方便的工具，也是構成製程的要件。
依照其內容詳盡的程度，流程圖有如下三類：

1. 簡化製程流程圖（simpilified process diagram），亦稱之為方塊製程流程圖（block flow process diagram, BFD）。
2. 製程流程圖（process flow diagram, PFD）。
3. 管路及儀表圖（pipe & instrument diagram, P&ID）。

以下將分別說明這三類流程圖的內涵與結構。

A1-1 簡化流程圖

簡化流程圖基本上是以方塊來代表製程中的一種功能單元（function unit）。圖 A1-1 是一般化學工廠的 BFD。

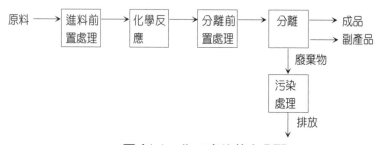

圖 A1-1 化工廠的基本 BFD

在圖 A1-1 中進料前置處理（feed preparation）中可能是純化設備，例如除去雜質的分餾塔、減低水含量的吸收塔；或是將原料升、降溫的熱交換器。

分離前置處理可能包含升、降溫，以及加入助劑，例如在聚合物中加入抗氧劑以避免聚合物在分離過程中裂解。

分離可能是分餾、結晶、過濾，或是汽提。

圖 A1-1 基本上是在顯示設計初期所需要考慮到的單元,特對某一製程,在確定製程中所需要的單元之後,其 BFD 如圖 A1-2。

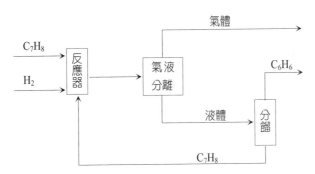

圖 A1-2 $C_7H_8 + H_2 \rightleftharpoons C_6H_6 + CH_4$ 的 BFD

圖 A1-3 是商業上用來說明以丁二烯(BD)和苯乙烯(SM)為單體,有機鋰為催化劑,用溶液法(solution polymerization)生產熱可熱彈性(TPE)的簡化流程圖。為了便於說明,圖中不用方塊而以不同單元的形狀來說明過程。

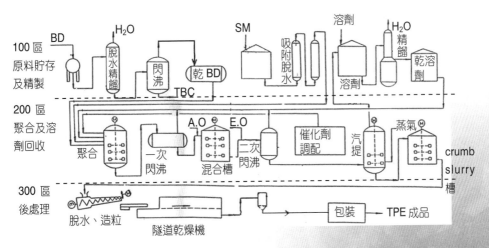

圖 A1-3 TPE 製程的簡化流程圖

為了便於識別,工廠一般依照操作的性質及安全要求分為**數區**,圖中最上面的部分是標定為 100 區的原料儲存和精製區。由於催化劑容易和水反應,故而所有的原料必須先脫水,其中 BD 和溶劑是用精餾脫水,SM 是用吸附脫水;脫水之後,通入貯槽備用。

圖中的中央部分是聚合區(左方),在聚合之後,閃沸脫去一部分的溶劑,進入混合槽,加入抗氧劑(AO)和擴展油(EO);然後再進入到溶劑回收區(右方),用蒸氣氣提法將溶劑和聚合物分開。此一製程 BD 和 SM 完全反應,不需要回收。本區標定為 200 區,是安全要求最高的一區。

圖中下方是後處理區,懸浮在水中的聚合物(crumb slurry)在脫水、造粒和乾燥之後,包裝為成品,本區標定為 300 區,是安全要求最低的。

圖 A1-4 是另一種 BFD 的表示方法,流程是由上而下,同時有數量。

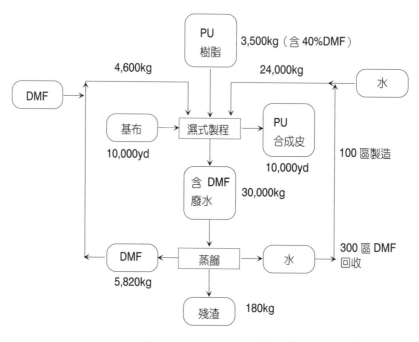

圖 A1-4　PU 合成皮濕式製程的 BFD

從圖 A1-1 至圖 A1-4 可以歸納出**製作簡化流程（或 BFD）的一般規律是：**

1. **用方塊表示製程中的一種操作功能單元。** 在不同的發展階段，操作功能單元可以變得更明確。例如圖 A1-1 中的分離單元，在圖 A1-3 中包含了汽提、脫水造粒和乾燥三個單元；又例如圖 A1-1 中的進料先置單元，在圖 A1-3 中包含了 BD 的精餾和閃沸、SM 的吸附脫水和溶劑精餾脫水等四個單元。

   一個可以作為發展 PFD 的基礎的 BFD，必須包含所有的主要單元（圖 A1-2 及圖 A1-3）以及簡單的基本質量平衡（圖 A1-4）。

2. **物流（flow line）用線表示，用箭頭表示方向。** 物流方向以自左向右，或由上至下為原則。

   比較輕的物流（氣體）由操作單元上方引出，較重的物流（液、固體）由單元下方流出。

3. **如果有重要的資訊和要求，則必須在 BFD 中標明。**

對成熟或已確定的製程來說，**簡化流程圖或 BFD 是表達該製程的最簡單工具。**

而在製程發展的過程中，**簡化流程圖的完成，代表該製程的主要加工步驟和方法，已經在經過實驗工廠的驗證、經驗的推估、或是計算之後而確定。** 也就是意味著製程設計初步工作的完成。以此為基礎，進一步作更詳細的 PFD 設計。

A1-2　製程流程圖，PFD

從已確定的製程步驟和設備，**設計 PFD 的過程是：**

1. **訂定設計基礎（design base），** 即是訂定一產量，此一產量可以是實際所需要的量，或是一個設定的標準產量。

2. **根據設計基礎，從反應器開始，依次在流程圖上自左向右設計各主要設備（major equipment）的：**

   A. 規格和要求。

   B. 進入和離開該主要設備物流的：

   　i. 量

　　ii.成分

　　iii.狀態，包括溫度和壓力。

3. 化學製程的核心是反應器，先決定反應器的操作條件和設計，以及進出料的狀態、數量和成分，再以此為依據來設計後續的純化（purification），或分離操作。例如圖 A1-2 中，氣液分離要處理的量和成分，是由反應器的出料來決定；而分離的進料即是氣液分離的液相出料。

　　反應器的設計和操作條件是由製程的化學動力和平衡資料來決定；原則是使製程中的分離過程變得最簡單，或是副反應（side reaction）為最小，或是副產品（by products）為最少。即是主產品的收率（yield）最高。

4. 為了要配合主設備的操作條件，物流在進入主設備之前，需要經過一些先置處理，例如：

　　A.升、降溫的熱交換器（heat exchanger），或加熱爐（heater）等。

　　B.升、降壓的泵（pump）、壓縮機（compressor）等。泵和壓縮機又可保持物流的流動。

　　C.維持物流進料速率的泵和壓縮機，在完成主設備的設計之後，再完成每套主設備所需要的先置輔助設備。

5. 統合整個製程中的熱交換系統（heat integration），達到減少製程所需能源的目的。熱交換系統包括：反應器、分餾器以及所有的熱交換器。

6. 依據供應、運輸和需求三個因素，決定原物料和成品的貯存設備。

是以一個完整的 PFD 包含有：

1. 完整的物料流向和各加工單元設備的流程圖，即是 **PFD**。

2. 物流總表（material summary）。

3. 設備總表（equipment summary）。

以下，將先說明流程圖中所通用的簡稱、代號和符號，及其所代表的意義，然後再說明 PFD 的結構。

A1-2-1　流程圖中所使用的簡稱、代號及符號

由於流程圖中所包含的資訊非常多，必須使用簡稱、符號和代號等來標

示，以下是用於 PFD 和 P&ID 中相關標示的說明。

表 A1-1 是和物流相關的符號。

表 A1-1　流程圖中物流的標示

符號	意義	
	中文	英文
◇ 物流編號	物流編號	STREAM I.D.
▭	溫度	TEMPERATURE
⏢	壓力	PRESSURE
⬖	流速，液態 $\left(\dfrac{體積}{時間}\right)$	LIQUID FLOW RATE
⬡	流速，氣態 $\left(\dfrac{體積}{時間}\right)$	GAS FLOW RATE
⬭	流速，摩爾 $\left(\dfrac{摩爾}{時間}\right)$	MOLAR FLOW RATE
▱	流速，質量 $\left(\dfrac{質量}{時間}\right)$	MASS FLOW RATE

例如，如果溫度以 ℃ 度表示，壓力以大氣壓（bar）表示，質量流速以噸

／小時，則 $\begin{array}{c}10\\ \boxed{25}\\ 2.0\end{array}$ 代表該物流的流速為每小時 10 噸（ ╱ 10 ╱ ），壓

力為 2 大氣壓（ ╱ 2.0 ╲ ），溫度為 25℃（ 25 ）。

設備的代號和符號如表 A1-2。

表 A1-2　流程圖中設備的代號及符號

代號	說明		符號
	中文	英文	
C	壓縮機	compressor 或 turbine	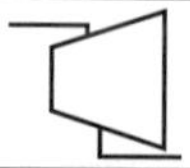
E	熱交換器	heat exchanger	 及 
H	加熱爐	fired heater	
P	泵	pump	
R	反應器	reactor	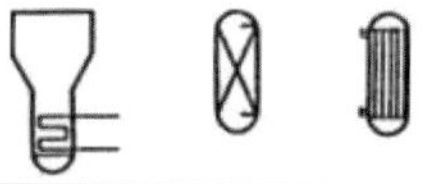
T	塔，包括分餾塔、吸收塔等	tower	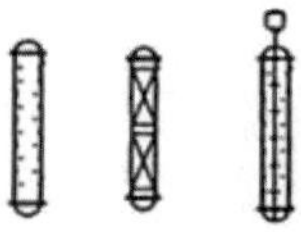
TK	貯槽	storage tank	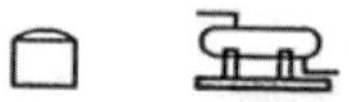
V	容器，包括混合、分離等	vessel	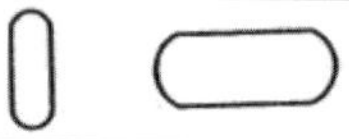

在流程圖上，設備的編號是由一至二個英文代號和三個數字，或再加上A/B 所組成，即是「XX-YZZ A/B」，說明如下：

XX：是設備的代號，參看表 A1-2，泵為 P，熱交換器為 E，貯槽為 TK 等。

YZZ：參看圖 A1-3，工廠依照操作的性質，一般分為幾個區，圖 A1-3 中的原料貯存和精製區的代號為 100 區，聚合和溶劑回收為 200 區，後處理為 300 區；還可以分得再細，例如將 100 區分為貯槽區和精製區，聚合及溶劑回收區分為聚合區和溶劑回收二區。區的代號一

定是以百為單位,但是不必要是連續的(100, 200, ⋯⋯),而是只
要由小至大(100 區之後是 300 區,300 區之後是 700 區)。Y 代表
某區的第一個數字。ZZ 則是在該區之內同類設備在流程圖上自左向
右的編號。

A/B:同一功能的設備,為了保持製程順利的連續運轉而需有備用,故而
相同設備有兩套,分別用 A/B 或 A 及 B 來標示。

參看圖 A1-3,BD 的精餾塔其代號會是 T-101(在 100 區中的第一個塔);
SM 的吸附脫水塔的代號分別為 T-102 和 T-103(100 區中的第 2 和第 3 個
塔)。200 區中的第一次閃沸槽的代號是 V-201(200 區中的第一個容
器),混合槽的代號是 V-202(200 區中的第二個槽)等。

除了表 A1-1 和 A1-2 中所列之外,其他和流程有關的符號如表 A1-3。

表 A1-3　與流程圖有關的一些符號

符號	意義	
	中文	英文
◐—	流程起點	PROCESS INPUT
—◑	流程終點	PROCESS OUTPUT
▷◁	閥門	valve
▷◁	手控閥	globe valve(manual control)
▷◁	控制閥	control valve
○	儀表標示	instrument flag

表 A1-3 中列出儀表的標示是用圓 ○,在圓內有 2 至 3 個大寫的英文字母,
這些英文字母所代表的意義如表 A1-4。

表 A1-4　流程圖中若干和儀表相關的主要符號和標示

符號	意義			
	位於首位		位於二、三位	
	中文	英文	中文	英文
A	分析	analysis	警示	alarm
C	傳導	conductivity	控制	control
D	密度	density	—	—
E	電壓	voltage	元件	element
F	流量	flow rate	—	—
H	手動	manually	高	high
I	電流	current	標示	indicate
J	電源	power	—	—
K	時間或時間表	time, time schdule	控制站	control station
L	液位	level	低	low
M	濕度	humidity	中間	middle, intermedite
O	—	—		orifice
P	壓力，真空度	pressure, racuum	點	point
S	速度、頻率	speed, frequeny	開關	smitch
T	溫度	temperature	傳送	transmit
V	黏度	viscosity	閥門	valve, damper 或 louver
W	重量	weight		well
Y	—	—	計算，傳送	compute, relay
Z	位置	position	驅動	drive

儀表的位置標示

○：位於廠內

⊖：位於控制室儀表板的正面

⊙：位於控制室儀表板的反面

儀表聯結方法的標示

──────：用毛細管聯結

──//──：壓縮空氣驅動（pneumatic）

--------：電聯結（electric）

例如：(PC)表示位於廠區內的壓力（P）控制（C）；(FIC)表示位於廠區內流量（F）顯示（I）及控制（C）；(LIC)表示位於廠區內液面（L）顯示（I）和控制（C）。和水、電、蒸氣和燃料等 utilities 的標示方法如表 A1-5

表 A1-5　水、電、蒸氣和燃料的標示方法

符號	意義
lps	低壓蒸氣，表壓 3～10kg/cm^2
mps	中壓蒸氣，表壓 10～20kg/cm^2
hps	高壓蒸氣，表壓 20～40kg/cm^2
htm	熱媒油，200～400℃
cw	冷卻水，一般範圍：自冷卻水塔流出：30℃，升溫後低於 45℃
rw	冷凍水，進入熱交換器溫度：5℃，離開熱交換器溫度：不高於 15℃
rb	冷凍鹽水，進入熱交換器溫度：−45℃，離開熱交換器溫度：不高於 0℃
cs	化學廢水，高 COD 含量的廢水
ss	生活廢水，高 BOD 含量的廢水
el	電熱，要標明電壓
ng	天然氣
fg	燃料氣
fo	燃料油
fw	消防水

表 A1-5 也說明了化工廠內不同熱源的規範。

A1-2-2　PFD 的建構與內容

在本節中，將以甲苯加氫脫烷基（hydro-dealkylation）為苯的反應作為建構 PFD 的例子。（取材自 Turton 等合著的《Analysis, Synthetic, and Design of Chemical Process》, Prentic Hall 1998 年版,第一章)。

化學反應:

$$C_7H_8 + H_2 \rightarrow C_6H_6 + CH_4$$

反應條件:

$H_2/C_7H_8 > 5$(摩爾比)

反應溫度:$600^\circ C \sim 680^\circ C$

甲苯轉化率(conversion):75%

副反應:可省略不計

這一個反應的 BFD 如圖 A1-2,其中所表達的是:

甲苯和氫混合後進入反應器,離開反應器的成分包含有:苯、甲烷和未反應的甲苯及氫,在氣液分離之後,氫及甲烷排出,甲苯和苯在分餾塔中分離,苯作為產品,甲苯則再循環反應。

進一步考慮:

1. 甲苯需要貯槽,氫氣由管路引入。

2. 甲苯和氫氣在進入到反應器之前,需要加熱到反應溫度($600^\circ C$),要用加熱爐才能到達 $600^\circ C$,在沒有進入加熱爐之前,甲苯和氫需要先預熱到 $300 \sim 400^\circ C$。同時甲苯要先氣化。

3. 反應之後分兩段(高及低壓)氣液分離。由於反應時氫是過量,故而在不影響反應的情況下,氣態的氫等需要再循環;可以直接加到反應器中,以降低反應器的溫度,維持反應器中甲苯的轉化率;或是聯接到原料預熱之前。

4. 氣液分離器所得到的液態產物進入到分餾器,將甲苯和苯分離,用回流(reflux)來控制苯的純度。分餾後的苯是產品;甲苯再循環回甲苯貯槽,液體中殘存的甲烷和氫則排出和自氣液分離器排出的氣體一起作為燃料或再循環。

將這些因素，用前節（A1-2-1 節）中所列的符號表示出來，即可得到圖 A1-5，圖 A1-5 是此一製程的 PFD 草圖。

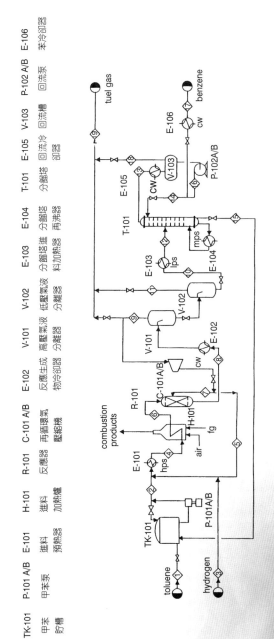

圖 A1-5 甲苯加氫脫烷基 PFD 草圖

TK-101	P-101 A/B	E-101	H-101	R-101	C-101 A/B	E-102	V-101	V-102	E-103	E-104	T-101	E-105	V-103	P-102 A/B	E-106
甲苯貯槽	甲苯泵	進料預熱器	進料加熱爐	反應器	再循環氣壓縮機	反應生成物冷卻器	高壓氣液分離器	低壓氣液分離器	分餾塔進料加熱器	分餾塔再沸器	分餾塔	回流冷卻器	回流槽	回流泵	苯冷卻器

自圖 A1-5 開始，進行下列計算：

1. 假設甲苯的進料量為 10MT/hr（109kg-mole/hr），所需要的氫大於 700kg-mole/hr（1.5MT/hr），以此為基礎，加上安全係數，設計熱交換器 E-101，以 E-101 的出料條件設計加熱爐 H-101。

2. 反熱爐 R-101 為絕熱（adiabatic）反應器，根據進料（物流線 ⟨6⟩）條件、反應的動力和熱力資料：

   A. 反應器設計及操作條件的設定。

   B. 由實驗工廠（pilot plant）或現場操作資訊取得反應器的出料資訊，出料資料包括成分、溫度、壓力和量（物流線 ⟨8⟩）。

3. 根據反應器的出料條件，設計物料冷卻器 E-102，和高低壓氣液分離 V-101 及 V-102；V-102 的氣態物基本上全部再循環（物流線 ⟨5⟩ 及 ⟨7⟩），以此為根據設計壓縮機 C-101 A/B。

4. V-102 的產物主要是苯及甲苯，根據量及純度要求設計分餾塔 T-101，以及進料加熱器 E-103、再沸器 E-104、回流冷卻器 E-105、回流泵 P-102 A/B，及苯冷卻器 E-106。

在完成前列設計之後

1. 所有物流的量、狀態（溫度、壓力）和成分均確定。物流均用數字標示；量和狀態直接顯示在圖上，更詳細的成分則列入物流總表和 PFD 同列在一起。

2. 主要設備的基本功能和設計要求均已完備，在 PFD 上，各主要設備均有編號及功能說明。主要設備的規格和要求則列入設備總表。

3. 各主要設備所需要的水、電、蒸氣和燃料及氣體均在 PFD 上標明。

4. 確定主要的儀表和控制的需求。

圖 A1-6 即是此一製程的 PFD 和物流總表，從圖中很清楚的可以看出：

1. 各物流的量、溫度和壓力，例如甲苯的進料（⟨1⟩）量為每小時 10 噸（/10/），溫度為 25℃（25），壓力為 1.9kg/cm^2（/1.9\），苯的產量（⟨15⟩）為每小時 8.21 噸，溫度為 38℃，壓力為 2.5kg/cm^2，其中含有甲苯 0.4 摩爾（0.38mole%，物流總表第 17 號物流）；排出燃料氣（⟨16⟩）2.61MT/hr，其中含有 H_2、CH_4、C_6H_6 和 C_7H_8 各 58.56%、

40.4%、0.94%、0.1% 摩爾百分比（物流總表第 16 號物流線）；原料在預熱後（〈4〉）的溫度是 225℃，壓力為 25.2 kg/cm²，反應器的進料（〈6〉）溫度是 600℃，壓力是 25 kg/cm²等。

2. 分餾塔（T-101）共有 42 板（plate），進料點在第 20 板。

3. E-101 用高壓蒸氣（hps）加熱，E-104 用中壓蒸氣（mps），E-105 和 E-106 用冷卻水（cw），H-101 用燃料氣（fg）加熱。

4. TK-101 有液位標示和控制（LIC），P-101 和 E-101 之間有流量標示和控制（FIC），加熱爐煙道氣的成分需要分析（A），R-101 要用溫度標示和控制（TIC）等。

物流總表中可以包含詳細的資料：

1. 各組分的摩爾比（mole fractions）、重量比（weight fraction）和流量（kg/hr）。

2. 體積流量（volumetric flow rate, M³/hr）。

3. 物流的物理性質如比重和黏度等。

4. 熱力學資料如比熱等。

必須包含在設備總表中的設備，和對每項設備設計資料的說明內容如下：

1. 塔（tower）包含分餾、吸收等。

設計資料：尺寸（直徑及高度）。

操作溫度及壓力。

板（trags, plate）的種類及板數。

填料（packing）的種類和填充高度。

材質。

2. 熱交換器（heat exchenger）

設計資料：功能：說明是用於冷凝（condenser）、氣化（vaporization），或是用於氣態與氣態、氣態與液態或是液態與液態之間的熱交換。

熱交換的量（duty）、傳熱面積（heat trasfer area）。

操作溫度和壓力。

熱交器的結構和材質。

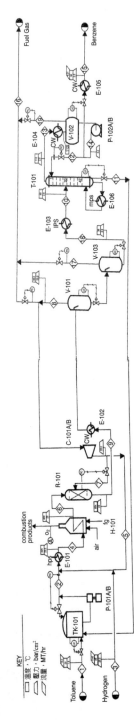

設備	名稱
TK-101	甲苯貯槽
E-101	進料預熱器
H-101	加熱爐
C-101 A/B	再循環氣壓縮機
R-101	反應器
V-101	高壓氣液分離器
V-102	低壓氣液分離器
E-102	反應生成物冷卻器
E-103	分餾塔進料加熱器
E-104	分餾塔再沸器
T-101	分餾塔
E-105	回流冷卻器
V-103	回流槽
P-102 A/B	回流泵
E-106	苯冷卻器

物流總表：

物流	1	2	3	4	5	6	7	8	9	18	17	10	13	12	11	14	15	19	16
溫度，°C	25	59	25	225	41	600	41	38	654	38	38	90	112	112	147	112	38	112	38
壓力，bar/cm²	1.90	25.8	25.5	25.2	25.5	25.0	25.5	23.9	24.0	2.9	2.8	2.6	2.5	3.3	2.8	3.3	2.3	2.5	2.5
氣液比	0.0	0.0	1.00	1.0	1.0	1.0	1.0	1.0	1.0	0.0	1.0	2.6	0.0	0.0	2.8	3.3	0.0	1.0	1.0
流量，MT/hr	10.0	13.3	0.82	20.5	6.41	20.5	0.36	9.2	20.9	11.5	0.07	11.6	22.7	14.0	3.27	22.7	8.21	0.01	2.61
k-mole/hr	108.7	108.7	301.0	1204.4	758.8	1204.4	42.6	1100.8	1247.0	142.2	4.06	142.2	290.7	185.2	35.7	290.7	105.6	0.90	304.6
組分，k-mole/																			
H_2	0.0	0.0	286.0	735.4	449.4	735.4	25.2	651.9	652.6	0.02	0.67	0.02	0.02	0.0	0.0	0.0	0.0	0.02	0.0
CH_4	0.0	0.0	15.0	317.3	302.2	317.3	16.95	438.3	442.3	0.88	3.10	0.88	0.88	0.0	0.0	0.0	0.0	0.88	178.0
C_6H_6	0.0	1.0	0.0	7.6	6.6	7.6	0.37	9.55	116.0	106.3	0.26	106.3	289.46	184.3	1.1	289.46	105.2	0.0	123.2
C_7H_8	108.7	1.0	0.0	144.0	0.7	144.0	0.04	1.05	36.0	35.0	0.03	35.0	1.22	0.88	34.6	1.22	0.4	0.88	2.85

圖 A1-6 甲苯加氫脱烷基化的 PFD 和物流總表

3. 容器（vessel）及貯槽（tank）

　　設計資料：尺寸和排列（直或橫立）方式。

　　　　　　　操作溫度和壓力。

　　　　　　　材質。

4. 泵（pump）

　　設計資料：流量、出口壓力（discharge pressure）、操作溫度、進出口

　　　　　　　壓差。

　　　　　　　動力。

　　　　　　　材質。

5. 壓縮機（compressor）

　　設計資料：流量，操作溫度和壓力。

　　　　　　　動力。

　　　　　　　材質。

6. 加熱爐（fired heater）

　　設計資料：型式。

　　　　　　　操作溫度及壓力。

　　　　　　　傳熱量（duty）。

　　　　　　　所用的燃料。

　　　　　　　材質。

配合圖 A1-6 的設備總表如表 A1-6

表 A1-6　配合圖 A1-6 的設備總表

熱交換器						
編號	E-101	E-102	E-103	E-104	E-105	E-106
型號（type）	Fl.H	Fl.H	MDP	Fl.H	MDP	Fl.H
傳熱面積（area），m^2	36	763	11	80	35	12
傳熱量（duty），MJ/hr	15,190	46,660	1,055	9,045	8,335	1,085

熱交換器						
編號	E-101	E-102	E-103	E-104	E-105	E-106
殼（shell）						
溫度，℃	225	654	160	185	112	112
壓力 bar	26	24	6	11	3	3
相（phase）	氣化 （vap.）	部分冷凝 （par. cond.）	冷凝 （cond.）	冷凝 （cond.）	冷凝 （cond.）	液（l）
材質（MOC）	316SS	316SS	CS	CS	CS	CS
管（tube）						
溫度，℃	258	40	90	147	40	40
壓力，bar	42	3	3	3	3	3
相（phase）	冷凝 （vap）	液（l）	液（l）	氣（vap）	液（l）	液（l）
材質（MOC）	316SS	316SS	CS	CS	CS	CS

說明：Fl.H：floating head, tube 一端固定，一端不固定；F.H.：fixed head，tube 兩端固定；
MDP：multiple double pipe，多重式雙管；氣化：（vap）stream being vaporiged，物
流由液態氣化為氣態；冷凝：（cond.）stream being condensed，物流由氣態冷凝為液
態；部分冷凝（par. cond.）：物流部分（partially par）冷凝；材質（MOC）：material
of construction；316SS：316 型不銹鋼（stainless steel, SS）；CS：carbon steel，碳
鋼。

槽、塔反應器						
編號	V-101	V-102	V-103	TK-101	T-101	R-101
溫度，℃	38	38	112	55	147	660
壓力，bar	24	3.0	2.5	2.0	3.0	25
組立方向，orientation	直立 （vertical）	直立	平放 （horizental）	直立	直立	直立
尺寸						
長或高	3.5	3.5	3.9	5.9	29	14.2
直徑，m	1.1	1.1	1.3	1.9	1.5	2.3
內部（internal）	防濺板 （S.P.）	防濺板 （S.P.）	—	—	SS316 的 sieve 板，42 板	填充催化劑
材質	CS	CS	CS	CS	CS	SS316

說明：防濺板（S.P.）：splash plate。

泵及壓縮機			
編號	P-101 A/B	P-102 A/B	C-101 A/B
流量，kg/hr	13,000	22,700	6,770
流體密度，kg/m^3	870	880	8.02
型別（type）/動力（drive）	往復式／電動	離心式／電動	離心式／電動
馬力（shaft），KW	14.2	32	49.1
機械效率，%	75	50	75
操作溫度，℃	55	112	38
壓力，bar			
入口	1.2	2.2	23.9
出口	27.0	4.4	25.5
材質	CS	CS	CS

說明：往復式：reciprocating；離心式：centrifugal；機械效率：fluid power/shaft power。

加熱爐	
編號	H-101
型別	加熱爐
熱量，MJ/hr	27,040
幅射（radiant）面積，m^2	106,8
對流（convective）面積，m^2	320,2
爐管壓力，bar	26
材質	316SS

將表 A1-6 中的設備，依照其功能分類，得表 A1-7。

表 A1-7　圖 A1-6 中設備的分類

功能	主設備	前置作業和輔助設備
反應	R-101	P-101 A/B, E-101, H-101, C-101 A/B
分離	V-101, V-102	E-102
	F101	E-103, E-104, V-103, E-105, P-102A/B
其他	TK-101, E-106	

表中可以很清楚的看出**分離設備**在整廠中佔有極大的比例。

A1-3　P&ID

和 **PFD** 相比較，**P&ID** 參加入了以下資料：

1. 設備：標明了所有的備用和平行設備。
2. 管路：標明了尺寸、規格、材質和是否需要保溫。
3. 儀表：標明所有儀表的位置和聯接方式。
4. 水、電、蒸氣等：標明所有水、電、蒸氣的聯結、包含進入到設備的位置，和排放途徑。

圖 A1-7 即是圖 A1-6 分餾部分的 P&ID。二者相比較，P&ID 多了

1. 將 P-102 A/B 分明標示。
2. 標明了各管路的尺寸、規格、材質和是否保溫，例如：通入到分餾塔的是 3"Sch40CS，即是直徑為 3 英吋（3"）、規格為 Sch40（管壁原規格）的碳鋼（CS）管，不需要保溫。

   自回流（reflux）到分餾塔頂的管路是同樣的 3"Sch40CS，但是要保溫。同時在分餾塔的進料和進料口（feed）的上、下方，各有取樣口（sample port）的管路。
3. 儀表部分詳盡標明，例如：

   在圖 A1-6 中，分餾塔標示再沸器上有液面顯示和控制，(LIC)，和在回流有流量顯示和控制 (FIC)。

而在 P&ID 上：

A. 液面顯示和控制包含有（圖左下方）：液面測定原件（sensor），(LE)；訊號傳送，(LT)，(LE) 和 (LT) 是聯結在分餾塔上的，然後以電線聯結到控制室，位於儀表板正面（參看表 A1-4）的高液位警報 (LAH) 和低液位警報 (LAL)，以及液位顯示和控制 (LIC) 上。由於直接影響到液面高低的是甲苯再循環至反應器的量，故而 (LIC) 的控制與甲苯回流管路的液控制閥 (LCV)，和控制起動 relay (LY) 用電線相聯結。在實務上，若干元件可以合併，例如 (LY) 和 (LCV) 可以合在一起，(LAH)、(LAL) 和 (LIC) 可以合併為一整體儀器。

B.而流量顯示和控制 $\widehat{FIC}$，則包含有直接安裝在管路上的：流量測定元件 $\widehat{FE}$ 和訊號傳送 $\widehat{FT}$，以及流量控制閥 $\widehat{FCV}$ 和 $\widehat{FY}$；這些元件用電線聯結到控制里儀表表前的 $\widehat{FAL}$，$\widehat{FAH}$ 和 $\widehat{FRC}$ 上，用 R 取代原來的 I，代表流量需要有記錄（R）。

C.除此之外，在 P&ID 上顯示在分餾塔上多加了 3 個溫度顯示（包括測量），$\widehat{T1}$；和一個壓力顯示 $\widehat{PI}$。

同時增加一套和再沸器蒸氣聯線（圖左下方內側）的溫度控制。

是以製程所需要的儀控，在發展 P&ID 階段完成。

4.參看圖左下方再沸器部分，分餾塔底的液體由再沸器（E-104）底部進入殼（shell），由再沸器頂端回流至分餾塔。18kg/cm² 蒸氣 1 經由控制閥進入再沸器的管（tube）；在正常操作時，蒸氣的冷凝水回收 2；在停俥、清洗整修或緊急狀況，在再沸器中的有機液體排放至 flare 3 燒去；蒸氣則放空 4 至地面水（clear 或 sarface water）下水道。

是以，在發展 P&ID 時，考慮到各種可能的操作情況。同時在 P&ID 上，沒有物流的標示，以及相對應的物流流量、成分和壓力等資料。在**做建廠用的細部設計時**，**PFD 和 P&ID 均不可缺**。

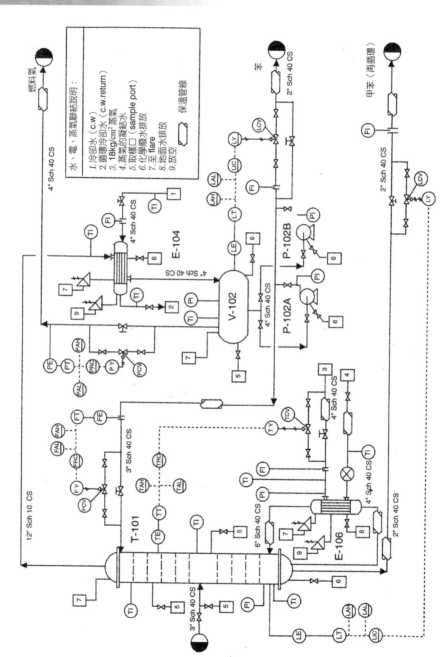

水、電、蒸氣聯結說明：

1. 冷卻水（c.w）
2. 循環冷卻水（c.w.return）
3. 18kg/cm² 蒸氣
4. 蒸氣的凝結水
5. 取樣口（sample port）
6. 化學酸水排放
7. 至 flare
8. 地面水排放
9. 放空

▭ 保溫管線

燃料氣

苯

甲苯（再循環）

圖 A1-7　圖 A1-6 分餾部分的 P&ID 圖

化學反應

反應器設計目標是要決定：

- 反應器的型式和大小。
- 反應器的操作條件（溫度、壓力和反應時間）。
- 反應器的進料條件（濃度、溫度和是一次或分批進料等進料方式）。

以**達到高產品收率（化學品）**，或合乎要求的鍊長度、鍊長度分佈及鍊結構（聚合物）的目標。**生產化學品和聚合物的要求不同**，本書的內容限於化學品的生產。

解答前列問題的基礎是有關該化學反應的資訊。本章將逐項討論**影響化學反應器設計的化學因素及所需要的資訊**，包括化學反應**速率式（rate eqation）**和平衡條件（**equilibrium condition**）。相關例題列在 A2。更詳盡的解說，請參閱熱力學、物理化學及反應工程學教材。

2.1 化學反應

化學反應的途徑（reaction path），或是反應機理（reaction mechanism）即是反應物在形成為產品過程中的詳細變化，是很複雜的。在這裡僅依照反應的結果，將化學反應可能的形式和結果例舉如下，重點是要弄清楚：

- 由原料形成產品的主反應是否是可逆反應。
- 反應後所有生成物的來源，例如副產品是由原料或是由產品所生成的。

本此，將化學反應分類如下：

1. **單純**（simple）**反應**，即是反應物形成產品，及副產品，例如：

> 原料 $\longrightarrow$ 產品 　　　　　　　　　　　　　　　（2-1）
>
> 原料 $\longrightarrow$ 產品＋副產品 　　　　　　　　　　（2-2）
>
> 或　原料 I ＋原料 II $\longrightarrow$ 產品 　　　　　　　（2-3）

反應（2-2）例如由異丙醇生產丙酮。

> $(CH_3)_2CHOH \rightarrow CH_3COCH_3 + H_2$

在這個反應中，異丙醇分解成為丙酮和氫，二者同步，由同一反應生成，不同於以下各反應中獨立生成的副產品。

2. **平行反應**（parallel）即同時生成產品及副產品，例如：

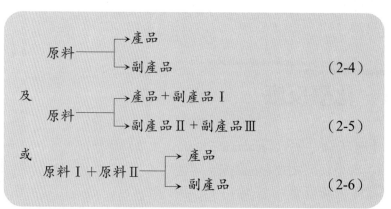

和（2-2）不同的是，副產品是直接由原料反應生成的，生成副產品的反應平行於生成產品的反應。

3.**系列式反應**（series），即是原料生成產品，產品生成副產品，例如：

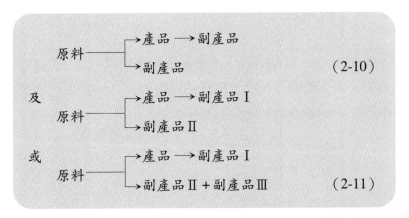

原料 ⟶ 產品 ⟶ 副產品　　　　　　　　　　（2-7）

及　原料 ⟶ 產品＋副產品Ⅰ

　　　　　└⟶副產品Ⅱ＋副產品Ⅲ　　　　（2-8）

或　原料Ⅰ＋原料Ⅱ ⟶ 副產品Ⅱ＋副產品Ⅲ　（2-9）

4.**平行及系列並存**（mixed parallel and series），例如：

原料───┬⟶產品 ⟶ 副產品

　　　　└⟶副產品　　　　　　　　　　　　（2-10）

及　原料───┬⟶產品 ⟶ 副產品Ⅰ

　　　　　　└⟶副產品Ⅱ

或　原料───┬⟶產品 ⟶ 副產品Ⅰ

　　　　　　└⟶副產品Ⅱ＋副產品Ⅲ　　　（2-11）

　　設計反應器和反應條件的目的，對化學品而言，**是增加產品的收率或減少副產品的生成**。是以必須瞭解副產品是從那裡來、是如何生成的，以便設計減少副產品生成之道。前列四類反應中的單純反應、副產品與產品共同產生，除非能改變取得產品的化學反應途徑，不能消除副產品的生成，但是可以藉由濃度和溫度對產品和副產品生成速率的影響不同而減少副產品的生成。其他的三種，均可能藉由改變反應條件，而減少副產品的生成。**對聚合物而言，是控**

制分子鍊的長度（分子量）、鍊長短的分佈（分子量分佈）以及支鍊的生成。

此外，原料中所含有的雜質也可能是副產品的來源，或是影響分子鍊的因素，果如是，則要考慮是否先將原料純化後再反應。同時，原料的來源不同時所含有的雜質亦可能會不同，換用來源不同原料時要留意。

2.2　反應速率

2.2.1　表達反應速率的方法

反應速率（rate of reaction）是指在單位體積內，某一反應物（原料）消失、或生成物（產品）形成的速度。即是，在反應系統中，第 i 項組份（component）的反應速率 r_i 是：

$$r_i = \frac{1}{V}\left(\frac{dN_i}{dt}\right) \qquad (2\text{-}12)$$

$$= \left(\frac{dN_i / V}{dt}\right) = \frac{dc_i}{dt} \qquad (2\text{-}13)$$

式中：

r_i：i 組份的反應速率，$mole/m^3 \cdot sec$，如 i 組份為反應物，r_i 為（－），如為生成物，r_i 為（＋）。

V：反應體積，m^3

N_i：i 組份的摩爾數，mole

t：時間，sec（秒）

C_i：i 組份的摩爾數濃度，mole/m^3

（2-14）是一不可逆（irreversible）化學反應式：

$$bB + cC \cdots\cdots \rightarrow sS + tT \cdots\cdots \qquad (2\text{-}14)$$

式中：B, C 為反應物；S, T 為生成物。

b, c, s 及 t 為**化學計量係數**（stoichiometry coefficienfs）。各組份，由於生成和消失的速率依照化學計量係數的比例是相同的，化學反應中各組分的反應速率之間的關係是：

$$\frac{r_A}{b} = -\frac{r_c}{c} = \cdots\cdots = \frac{r_s}{s} = \frac{r_T}{t} \qquad (2\text{-}15)$$

如果化學反應的速率和各組份碰撞的頻率或濃度成正比，則此一反應稱之為基元（elementary）反應，則

$$-r_B = k_B C_B^b C_C^c \cdots\cdots$$
$$-r_c = k_c C_B^b C_C^c \cdots\cdots$$
$$r_s = k_s C_R^r C_T^t \cdots\cdots \qquad (2\text{-}16)$$
$$r_T = k_T C_R^r C_T^t \cdots\cdots$$

式中：k_B, k_C, k_S 和 k_T 分別為組份 B, C, S 和 T 的反應速率常數（reaction rate constant）。b, c, r, t 稱之為**反應級數**（order of reaction），代表某一組份濃度對反應速率的影響。

- 反應速率如和反應物（reactant）的濃度無關，稱之為零級反應（zero order）

- 反應速率與反應物濃度的一次方成正比，稱之為一級（first order）反應。
- 如果反應速率與反應物濃度的平方成正比，稱之為二級（second order）反應。

如果化學反應的反應級數和化學計量係數之間沒有關聯，則表示化學反應途徑是複雜的，則稱之為**非基元**（non-elementary）反應，相對於（2-15），其反應速率的表達方式為

$$-r_B = k_B\, C_B^\alpha\, C_C^\beta \cdots C_S^\varepsilon\, C_T^\delta \cdots$$
$$-r_C = k_B\, C_B^\alpha\, C_C^\beta \cdots C_S^\varepsilon\, C_T^\delta \cdots$$
$$r_S = k_S\, C_B^\alpha\, C_C^\beta \cdots C_S^\varepsilon\, C_T^\delta \cdots \qquad (2\text{-}17)$$
$$r_T = k_T\, C_B^\alpha\, C_C^\beta \cdots C_S^\varepsilon\, C_T^\delta \cdots$$

式中：$\alpha, \beta, \varepsilon, \delta$ 分別為組份 B. C. S.和 T 的反應級數。

如果反應為可逆（rerersible）反應且為基元反應，例如：

$$bB + cC \cdots = sS + tT + \cdots \qquad (2\text{-}18)$$

其反應率為：

$$-r_B = k_B\, C_B^b\, C_C^c \cdots - k_B'\, C_S^s\, C_T^t \cdots$$
$$-r_C = k_C\, C_B^b\, C_C^c \cdots - k_C'\, C_S^s\, C_T^t \cdots \qquad (2\text{-}19)$$
$$r_s = k_s\, C_B^b\, C_C^c \cdots - k_s'\, C_S^s\, C_T^t \cdots$$
$$r_T = k_T\, C_B^b\, C_C^c \cdots - k_T'\, C_S^s\, C_T^t \cdots$$

　　反應速率式是由實驗得來，反應級數和反應速率常數，均由實驗取得，級數通常不一定是整數（參閱A2例題A2-2及A2-3）。化學反應速率式，代表此一反應在不同情況下的行為。

　　作為製程設計的基本資料，所有生成物，包括產品及副品的速率反應式均儘可能的要具備。

2.2.2　反應速率式的意義

　　式（2-15）、（2-16）及（2-18）是表達化學反應系統中各組份生成或消失速率的算式。是：

- 計算反應前後物質平衡（**mass balance**）的依據。即是在化學反應之前的成分數量是多少；在化學反應之後：原來的進料組份，還剩有多少，新形成的組份有那些，各有多少，均是依照反應速率算式來計算。示意圖如下：

原料 I
原料 II　　→　化學反應　　→　未反應的原料 I 及原料 II，產品，副產品等

反應前後的總質量是相同
已反應（消耗）的原料的總質量，和產品及副產品的總質量相同。

- 反應速率算式是計算反應器體積的依據，在後文中對此有詳細的說明。
- 反應速率算式中，**反應級數反映了速率對某一組份濃度的敏感度，是以可以藉由調整反應時各組份的濃度來調整收率**，例如：

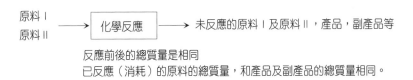

$$\frac{副產品生成率}{產品生成率} = \frac{r_2}{r_1}$$

$$= \frac{k_2 C_{原料}^{a_2}}{k_1 C_{原料}^{a_1}}$$

$$= \frac{k}{k_1} C_{原料}^{(a_2 - a_1)}$$

.
.
.
.

a_1，a_2 分別為 r_1 及 r_2 的反應級數

如果 $a_2 > a_1$ 即是高濃度有利於副產品的生成，則反應在低濃度發生時，有利於產品的生成，增加收穫。

如果 $a_1 > a_2$，即是高濃度有利於產品的生成，則反應要在高濃度發生。

在實務上，反應速率式是將實驗所得到的資訊，用數值方法歸納為一微分式（例題A2-1至A2-3）。即是，設法找出一個速率式，這個速率式可以代表在進行實驗的條件下，此一化學反應的行為。在不同的環境及操作條件下，所得到的實驗資訊會有差異，所得到的反應速率式也會不同，是以反應速率式不是唯一的，而限定於「在實驗的環境中」。

2.3　反應速率常數

式（2-15）至（2-18）中反應速率常數k，依照Arrhenius定理：

$$\frac{d\ln k}{dT} = \frac{E}{RT^2} \tag{2-20}$$

式中：E：活化能（activation energy），J/mol；

R：氣體常數（gas constant）

將（2-20）積分，得

$$k = k_0 \exp\left(-\frac{E}{RT}\right) \qquad\qquad (2\text{-}21)$$

式中：k_0：**頻率因子**（frequency factor），**或指前因子**（pre-exponential factor），指基元反應中分子或原子之間的碰撞頻率。

將（2-21）兩邊取對數：

$$\ln k = \ln k_0 - \frac{E}{RT} \qquad\qquad (2\text{-}22)$$

是以將 $\ln k$ 對 $\frac{1}{T}$ 作圖，其斜率為 $-\frac{E}{R}$，直線的截距為 $\ln k_0$。
（參閱例題 A2-5 及 A2-6）。

2.3.1 活化能的意義

式（2-20）表示：

- 溫度 T 愈高，則（E/RT）項愈小，$k \rightarrow k_0$，或趨向最大值，相對的，反應速率 r 也加快，是以高溫有利於化學反應加速進行。
- 活化能愈高，則速率常數 k 的值愈小，化學反應進行困難。故而催化劑（catalyst）的主要功能之一是降低活化能 E。
- 活化能 E 愈小，溫度 T 變化對（E/RT）值的影響愈大；即是對反應速率常數 k，和反應速率 r 的影響也愈大。或者是說 **E 愈小，反應速率對溫度愈敏感；反應速率對溫度的敏感度，由 E 來決定。**
- 假設 E 不受溫度的影響，令 r_{T_1} 及 r_{T_2} 分別為 T_1 及 T_2 的反應速率，則

$$\ln \frac{r_{T_1}}{r_{T_2}} = \ln \frac{k_{T_1}}{k_{T_2}}$$

$$= \frac{E}{R}\left(\frac{1}{T_1} - \frac{1}{T_2}\right)$$

控制化學反應的溫度，在一定程度上可以增加產品的收率。例如反應：

原料 $\underset{\overset{r_2}{\longleftarrow}}{\overset{r_1}{\longrightarrow}}$ 產品
$\lfloor r_3 \xrightarrow{} $ 副產品

令 E_1，E_2 和 E_3 分別為反應 r_1，r_2 和 r_3 的活化能。

如果：

$E_3 > E_1$，$E_2 > E_1$。即是 r_1 的活化能最低，在低溫反應有利於 r_1，而不利於 r_2 及 r_3。

$E_3 > E_1 > E_2$，低溫有利於逆反應 r_2，不利於 r_3；但是在反應初期，產品的濃度低，故而 r_2 的值低。即是在反應的初期，低溫有利於生成產品；而在反應的後期，可以提高溫度來增加產品的生成。

$E_2 > E_1 > E_3$，高溫有利於 r_1，反應初期採高溫，r_2 因濃度低而不高，然後可以降溫。

反應：

原料 $\xrightarrow{ r_1 }$ 產品 $\xrightarrow{ r_2 }$ 副產品

如果：$E_2 > E_1$，低溫不利於 r_2 或副產品的生成，反應初期用低溫，然後再加溫。

$E_1 > E_2$，高溫操作。

反應：

$$\text{原料} \xrightarrow{\ \ r_1\ \ } \text{產品}$$
$$\phantom{\text{原料}} \xrightarrow{\ \ r_2\ \ } \text{副產品}$$

如果：$E_1 > E_2$，高溫操作。

　　　$E_2 > E_1$，低溫操作。

反應：

$$\text{原料} \xrightarrow{\ \ r_1\ \ } \text{中間產物} \xrightarrow{\ \ r_2\ \ } \text{產品}$$
$$\quad \downarrow r_3 \qquad\qquad\qquad\qquad \downarrow r_4$$
$$\text{副產品 I} \qquad\qquad\qquad \text{副產品 II}$$

如果：$E_1 > E_2$，$E_3 > E_4$：高溫操作

　　　$E_2 > E_1$，$E_4 > E_3$：低溫操作

　　　$E_2 > E_1$，$E_3 > E_4$：先低溫，再高溫

　　　$E_1 > E_2$，$E_4 > E_3$：先高溫，再低溫

上面例子中所提到的「先」「後」，「先」是指反應初期；「後」是指反應後期，即是在反應已進行了一段時間之後。

在實務上，**活化能是由實驗取得**（例題 A2-5，A2-6）。

2.4　化學反應平衡及平衡常數

可逆反應的通式可寫為：

$$bB + cC \cdots \underset{r_2}{\overset{r_1}{\rightleftharpoons}} sS + tT \cdots\cdots \qquad (2\text{-}23)$$

當 $r_1 = r_2$ 時

$$\frac{r_2}{r_1} = 1$$

$$= \frac{k_2(C_S^s \cdot C_T^t \cdot \cdots)}{k_1(C_B^b \cdot C_C^c \cdot \cdots)} \qquad (2\text{-}24)$$

此時，反應（2-23）達到了**平衡**（equilibrium），即 r_1 和 r_2 相同。平衡與反應速率不同，反應速率表示的是反應進行的快慢；而平衡是反應的終極目標，不涉及到達此一目標所需要的時間。平衡的觀念來自熱力學（thermodynamic）。

Gibbs 的自由能（free energy）的定義是

$$G = H - TS \qquad (2\text{-}25)$$

式中：G：Gibbs 的自由能，kJ

H：焓（enthalpy），kJ

T：絕對溫度，°K

S：熵（entropy），KJ/°K

G 的絕對值，無法測得，一般能計算出來的是 **G** 的變化ΔG：

$$\Delta G = \Delta H - T\Delta S \qquad (2\text{-}26)$$

ΔG 與可逆化學反應走向的關係如圖 2-1。$\Delta G < 0$ 或為負數時，有利於正向反應物轉化為生成物，反應的進行正向反應的速率大於負向反應，ΔG 負數對價愈大，正向反應的速率愈快。$\Delta G > 0$ 或為正數時，有利於逆反應（生成物轉化為反應物）的進行；在平衡時，正、逆反應的速率相等，即是在化學反應達到平衡時：

$$\Delta G = 0 \tag{2-27}$$

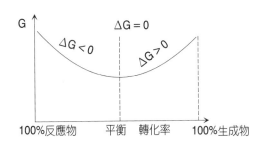

圖 2-1 △G 可逆化學反應的關係示意圖

用微分來表示，dG 亦可寫為：

$$dG = -SdT + Vdp \tag{2-28}$$

對反應（2-23）而言，在標準狀態（standard conditions）的恆溫（isothermal）反應：

$$\Delta G_0 = -RT\ln\left(\frac{a_S^s\, a_T^t\cdots}{a_B^b\, a_C^c\cdots}\right)$$

$$= -RT\ln k_a \tag{2-28}$$

$$k_a = \frac{a_S^s\, a_T^t\cdots}{a_B^b\, a_C^c\cdots} \tag{2-29}$$

式中：a：各組份 S、T、B、C 等之有效濃度（activity）

　　　k_a：平衡常數

對理想氣相反應而言：

$$k_a = K_p = \frac{(p_S^s \, p_T^t \cdots)}{(p_B^b \, p_C^c \cdots)} \tag{2-30}$$

$$= k_y \, P^{\Delta N} \tag{2-31}$$

$$= \left(\frac{y_S^s \, y_T^t \cdots}{y_B^b \, y_C^c \cdots}\right) P^{\Delta N} \tag{2-32}$$

式中：p_i：i 組份的氣壓。

y_i：i 組份的摩爾分率（mole fraction）

ΔN：反應系統中總摩爾的變化。

對理想液體而言：

$$k_a = \left(\frac{x_S^s \, x_T^t \cdots}{x_B^b \, x_C^c \cdots}\right) \tag{2-33}$$

式中：x_i：i 組份的摩爾分率。

自式（2-29）至式（2-33）所表達出來的是：

$$\text{平衡常數,} \; k_a = \frac{(各生成物有效濃度)^{級數}之積}{(各反應物有效濃度)^{級數}之積}$$

即是 k_a 規範了在化學反應達到平衡時，反應物和生成物各組份之間的關係，基本上界定了化學反應在特定條件下的最高轉化率。但是仍有可操作的空間，以反應

$$bB + cC \rightleftharpoons sS + tT$$

$$k_a = \frac{C_S^s \cdot C_T^t \cdots}{C_B^b \cdot C_C^c \cdots}$$

為例：

- 由於 $C_S^a C_T^b$ 在定溫下為定值，如果在反應時，人為的不斷減少 C_S 量，為了維持定值，則 C_T 的量會不斷的增加，而不受到正常平衡的限制。即是可以增加 C 的產量。
- 如果增加 C_B 的量，則在反應的終點，C_C 可以是很低的濃度，或者是說組份 C 在反應過程中幾乎可以完全消耗掉，而無需回收。
- 參閱式（2-26），依此可以計算 $\Delta G°$ 和 k_a 的關係如表 2-1：

表 2-1　溫度為 298°K，$\Delta G°$ 與 k_a 的關係

$\Delta G°$, KJ	k_a	說明
− 50,000	6×10^8	平衡時，組成絕大多數為生成物（反應接近 100% 完全）。
− 10,000	57	
− 5,000	7.5	
0	1.0	
+ 5,000	0.13	
+ 10,000	0.02	
+ 50,000	1.7×10^{-9}	平衡時絕大多數為反應物（反應幾乎完全沒有進行）。

同時，平衡時濃度，是某一組份濃度的極限。是以化學反應的驅動力（driring force）是反應系統中某組份濃度與其平衡濃度之差。在一定的條件下，平衡濃度是可以改變的。

2.5　溫度對平衡常數及化學反應常數的影響

當壓力維持不變時：

$$\frac{d(\ln K_a)}{dT} = \frac{\Delta H^\circ}{RT^2} \tag{2-32}$$

積分後得：

$$\ln K_{aT_1} - \ln K_{aT_2} = \frac{1}{R} \int_{T_1}^{T_2} \frac{\Delta H^\circ}{T^2} dT \tag{2-33}$$

$$\ln \frac{K_{aT_2}}{K_{aT_1}} = -\frac{\Delta H^\circ}{R} \left(\frac{1}{T_2} - \frac{1}{T_1} \right) \tag{2-34}$$

式中：K_{aT_1} 及 K_{aT_2} 分別為溫度 T_1 及 T_2 時的平衡常數

$\Delta H^\circ =$ 在標準狀態的反應熱。以 $\ln K_a$ 對 $\frac{1}{T}$ 作圖，斜率
即為 $\Delta H^\circ / k$。

放熱（exothermic）反應，$\Delta H^\circ < 0$，溫度上升，
K_a 下降。

吸熱（endothermic）反應，$\Delta H^\circ > 0$，溫度上升，
K_a 上升。

積分時，假設 ΔH° 不受溫度的影響，更精確的估算方法是：

$$\Delta H_T^\circ = \Delta H_{T_0}^\circ + \int_{T_0}^{T} C_{p\,產品}\, dT - \int_{T_0}^{T} C_{p\,原料}\, dT \tag{2-35}$$

式中：ΔH_T°：溫度為 T 時的反應熱。

$C_{p\,產品}$，$C_{p\,原料}$：產品及原料的熱容（heat capacity），
KJ/°kmol。

$$C_p/R = \alpha_0 + \alpha_1 T + \alpha_2 T^2 + \alpha_3 T^3 + \alpha_4 T^4 \tag{2-36}$$

α_0，α_1，α_2，α_3 及 α_4 可查表取得係數。

是以**對放熱反應而言，$\Delta H^\circ < 0$**，升溫會降低平衡轉化率。吸熱反應則相反。

圖 2-2 是溫度變化對放熱化學反應平衡影響的示意圖。

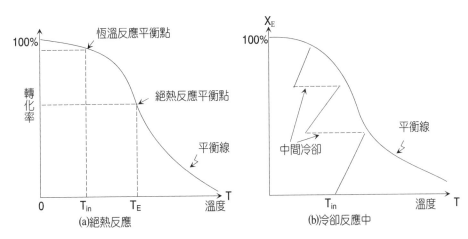

(a)絕熱反應　　　　　(b)冷卻反應中

圖 2-2　　**溫度變化對放熱反應的影響**
T_{in}：進行溫度；T_E：平衡溫度。

由於是放熱反應，平衡線隨溫度的上升而下降，或者是說在達到平衡時的轉化率隨溫度上升而下降。(a) 圖為絕熱狀態，即是反應系統所產生的熱量仍保存在系統中而不排出，故而溫度上升至 T_E，導致轉化率下降。如果在反應過程中逐步除去一部分熱量（圖(b)）。導致平衡點向高轉化率移動，則反應系統可以達到比較高的轉化率。這就是放熱反應系統中，必須包括冷卻功能的原因。

圖 2-3 是溫度對吸熱反應的影響。由於吸熱，故而反應開始之後，反應系統的溫度下降，平衡點向左移動至低轉化率量(a)；在 (b) 圖中，在反應過程中分段加熱，使溫度上升，轉化率提高。這是在吸熱反應中需要加熱的原因。

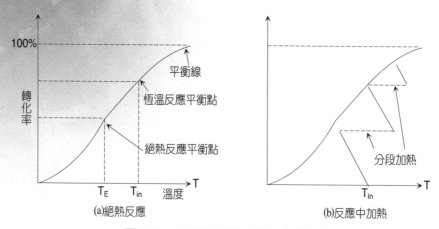

圖 2-3　溫度變化對吸熱反應的影響

T_{in}：進行溫度；T_E：平衡溫度

2.6　Le châtelier 原理

　　當一個達到平衡的系統，受到系統外所施加的因素影響之後，此一已平衡系統將會產生變化，變化的方向是減少外來因素的影響，這就是 Le châtelier 原理。是一種判斷系統在受到外來影響後，所導引系統應變方向的一種簡明原理。

　　例如，對放熱反應系統加熱，為了要抵消外來熱量的影響，系統本身即會降反應的速率，減少系統自身所產生熱的量。

　　對吸熱反應系統加熱，反應系統即會增加反應的速率，吸收更多的熱，以抵消外來的熱量。

　　根據 2.4 節和本節的討論，圖 2-4 列出改變平衡狀態的若干做法。

　　同時參閱例題 A2-10。

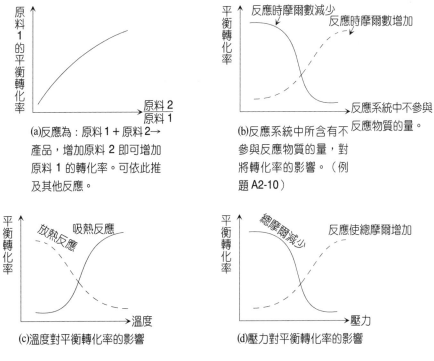

(a)反應為：原料 1 ＋ 原料 2→產品，增加原料 2 即可增加原料 1 的轉化率。可依此推及其他反應。

(b)反應系統中所含有不參與反應物質的量，對將轉化率的影響。（例題 A2-10）

(c)溫度對平衡轉化率的影響

(d)壓力對平衡轉化率的影響

圖 2-4　影響平衡狀態的外來因素

2.7　速控步驟

速控步驟（rate limiting step）是指在一系列的步驟中，速率最慢的那一個步驟，由於它是最慢的，其他所有的步驟都受制於此一步驟；除非能加快速控步驟的速率，其他任何措施均不能改善此一系列的反應速率。

$$B \xrightarrow{\ r_1\ } C \xrightarrow{\ r_2\ } S \xrightarrow{\ r_3\ } P$$

　　其中 r_2 最小，反應系統所顯示的速率即是 r_2；如不能改變 r_2，其他改變 r_1 和 r_3 的做法均不能改就整體速率（overall rate）。

　　不均相反應（heterogeneous reaction）**涉及到物質的擴散**（diffusion），**有很多情況，擴散是速控步驟。**

　　圖 2-5 是氣－液介面的示意圖，流動的氣態反應物分子在接近液態表面時，即到達一層靜止不流動的膜（film），而必須以擴散的方式穿透膜而達到液面，來與液態的反應物反應；反應後的生成物，同樣的也必須由液面，擴散到氣態中去。反應物和生成物擴散的過程，即可能是速控步驟。

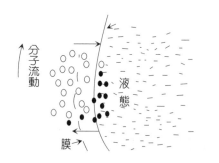
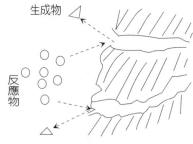

圖 2-5　氣－液介面　　　　圖 2-6　氣－催化劑介面示意圖

　　如果反應是在固態的催化劑（catalyst）表面發生，則情況更為複雜。固態催化劑一般是多孔的，孔的內徑一般小於 2 nm，表面積甚大，是反應的發生點。反應時可能的步驟如下：

- 氣態反應物的分子接近催化劑，擴散至催化劑表面。
- 反應物分子由催化劑表面擴散至小孔內部。
- 在小孔內，反應物分子化學吸附（chemical adsorption）在催化劑表面，發生反應。
- 生成物脫離催化劑表面（desorption）。由小孔內擴散到至小孔口，擴散至氣態中。在這一聯串的步驟中，擴散占有非常重要的地位，非常可能是速控步驟。

由上面的敘述可以看出，**在不均相反應時，除了化學因素之外，物理因素也是非常重要的**，其反應速率和平衡的表達方式也更為複雜。本書的範圍僅只考慮化學因素，或是僅討論均相（homogeneous）反應。

2.8 綜結

在本章中，列舉出在做程序或製程設計時所依據的化學資料：

- 列舉出化學反應所產生**每一項產品（產品及副產品）的來源**，及影響其生成的因素。包括濃度和溫度。對聚合反應來說，要找出影響聚合物分子量、分子量分佈和分子鍊結構的因素。
- 根據實驗資料，將濃度和溫度對反應速率的影響，寫成反應速率式（例題（A2-2）、（A2-3）及例題（A2-5）及（A2-6））；此一過程，是**將反應速率與溫度和濃度之間的關係用數學來模式化（modeling），在模式化之後，即可推斷此一反應在實驗資料範圍以外的行為**。聚合反應不一定能取得可用的數學模式。
- **將反應速率式積分，即可得到反應系統中各組份與反應時間之間的關係**（例題（A2-4））。
- 平衡常數規範了化學及反應以及各組份濃度的極限，是由熱力學的資料計算得來的。**根據速率式和平衡關係，可以推斷在什麼樣的操作條件下，可以達到最佳效果，即是如何可以取得最高的收率。**

在第三章中討論不同的反應器設計。

反應器設計請參閱範例 1，3 及 5。

同時要指出**生產化學品和聚合物之間的差異**：

- 在生產化學品時，我們關注產品的收率。而聚合反應中沒有收率的問題，原料 100% 的生成聚合物。

- 化學品以純度為品管的指標。聚合物以產品的性質為品管的指標，而影響聚合物性質的有：分子鍊的長短（分子量）、分子鍊的結構和不同分子量聚合物的分佈等。影響聚合物性質的因素，要比影響化學品純度的因素多而複雜。

本書的內容限於化學品的生產。

複習

I. 詳細說明下列各名詞的定義：

(A)化學反應；(B)不可逆化學反應；(C)可逆化學反應；(D)均相化學反應；(E)不均相化學反應；(F)化學反應速率；(G)吸熱化學反應；(H)放熱化學反應；(I)活化能；(J)化學反應平衡；(K)化學反應的平衡常數；(L)速控步驟；(I)化學反應的級數；(J)化學反應速率常數

II. 詳細回答下列各問題

(A)化學反應速率的數學表達方式以及式中各項的意義、以及反應物濃度和反應溫度對它的影響。

(B)活化能的意義，以及溫度對活化能的影響。

(C)平衡常數的意義，以及溫度對平衡常數的影響。

(D)利用 Le châtelier 原理來說明減溫對吸熱和放熱化學反應的影響。

(E)詳細討論，要如何設計某一化學反應動力學的實驗，以便：

   (a)以在最短的時間內取得速率式。

   (b)以取得確實可靠的資訊為唯一要求。

   (c)取實驗資料時，要注意那些事項？如何確定所取得的資料是可靠的。

A2　化學反應速率、速率常數、級數、平衡及平衡常數的計算

A2-1　轉化率（conversion）、選擇性（selectivity）及收率（yield）

【例題 A2-1】自甲苯加氫生產苯的反應是：

$C_6H_5CH_3 + H_2 \rightarrow C_6H_6 + CH_4$

反應器的進出料資料是：

成分	進料；kg mol/hr	出料，kg mol/hr
H_2	1,858	1,583
CH_4	804	1,083
C_6H_6	13	282
$C_6H_5CH_3$	372	93
$C_{12}H_{10}$	0	4

分別以 (a) 甲苯和 (b) 氫為基準，計算轉化率及收率。

解答

(a)甲苯為基準

$$甲苯的轉化率 = \frac{甲苯在反應中的消耗量}{甲苯進料量}$$

$$= \frac{372 - 93}{372} \times \%$$

$$= 72\%$$

$$甲苯生成苯的選擇性 = \frac{苯的生成量}{甲苯的消耗量} \times 化學計量係數$$

$$= \frac{282 - 13}{372 - 93} \times 1 \times \%$$

$$= 96\%$$

$$\text{自甲苯生成苯的收率} = \frac{\text{反應器中苯的生成量}}{\text{甲苯的進料量}} \times \text{化學計量係數}$$

$$= \frac{282 - 13}{372} \times 1 \times 100\%$$

$$= 72\%$$

(b)以氫為基準

同 (a)

氫的轉化率 $= 15\%$

氫生成率的選擇性 $= 98\%$

自氫生成苯的收率 $= 14\%$

A2-2　反應速率式及反應級數

做化學反應的實驗時,所取得的資料是:反應物在經過不同反應時間後的消失量,或是生成物在不同反應時間的生成量。要從這些基本資料中找出反應速率式及反應級數等,是要經過一定的資料處理。處理的原則是:

- 假設不同的反應機理,一一列出其反應速率式。
- 由於實驗的數據是不同反應時間的濃度,故而要求出反應速率式的積分形態。或者是用 trail and error 方式來推估反應速率。
- 將實驗的濃度變化數據分別與不同反應途徑所計算出的濃度作比較。取誤差最小的反應產率式,作為最佳的選擇。

請參考下列二例。

【例題 A2-2】化學反應

$C_6H_5CH_2Cl + CH_3COONa \rightarrow CH_3COOC_6H_5CH_2 + NaCl$

此一反應係在二甲苯溶液中進行,用 triethylamine 為催化劑;反應體積 $V = 1.321 \times 10^{-3}M^3$;反應溫度為 $102°C$ 恆溫;反應開始時之組份為:

C₆H₅CH₂Cl	1mole
C₆H₃COONa	1mole
甲苯	10mole
triethylamine	0.0508mole

實驗資料如下：

反應時間，小時	反應液中 C₆H₅CH₂Cl 已耗失的比例，mole%
3.0	94.5
6.8	91.2
12.8	84.6
15.2	80.9
19.3	77.9
24.6	73.0
30.4	67.8
35.2	63.8
37.15	61.9
39.1	59.0

求該反應的速率式。

解答

該反應在批式反應器中進行，其濃度與時間的關係可寫為：

$$t = \int_{N_{Ao}}^{N_{Af}} \frac{dN_A}{r_A V} \qquad (A2-1)$$

式中：N_{Ao} 及 N_{Af} 分別為 A 組份（在本題中為 $C_6H_5CH_2Cl$）在反應開始及取得樣品時的濃度。V 為反應體積。

假設 r_A 為零級、一級及二級反應，並積分：

反應級數	反應式	積分（A2-1）式
零級	$-r_A = k_A$	$\dfrac{1}{V}(N_{Ao} - N_A) = k_A t$
一級	$-r_A = k_A C_A$	$\ln\left(\dfrac{N_{Ao}}{N_A}\right) = k_A t$
二級	$-r_A = k_A C_A{}^2$	$V\left(\dfrac{1}{N_A} - \dfrac{1}{N_{Ao}}\right) = k_A t$

是以如果反應是零級，以時間 t 對 N_A 作圖應得一直線。其斜率為 $k_A V$。

是一級，以 t 對 $\ln\left(\dfrac{N_{Ao}}{N_A}\right)$ 作圖應得一直線。其斜率為 k_A。

是二級，以 t 對 $\dfrac{1}{N_A}$ 作圖應得一直線。其斜率為 k_A / V。

以實驗值作圖的結果如下：

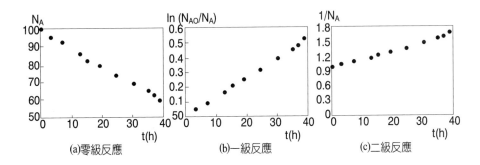

(a)零級反應　　　　(b)一級反應　　　　(c)二級反應

將實驗資料，與積分結果相對照，並取其 least square 誤差：

反應級數	k 值	least square 誤差
零級	$k_A V = 1.066$	26.62
一級	$k_A = 0.01306$	6.19
二級	$k_A / V = 1.59 \times 10^{-4}$	15.65

以一級反應的誤差最小，是以

$$r_A = k_A C_A \; ; \; k_A = 0.01306/hr$$

請注意，在解題的時候：

・**反應機理是假設的。**

- 最後的決定因素是：哪一種反應途徑與實驗結果之間的誤差比較少。

故而**所得到的結果是「合理的設定」，不能說成為是「真實的反應機理」**。考慮下列反應：

$$A + B \underset{k_A'}{\overset{k_A}{\rightleftharpoons}} C + D$$

可能的反應機制有：

n_1	n_2	反應速率式	積分後：濃度與時間的關係
1	1	$-r_A = k_A C_A - k' C_C$	$C_A = \dfrac{k_A \exp(-(k_A + k_A')t) \, k_A'}{k_A + k_A'} C_{A0}$
		$-r_A = k_A C_B - k_A' C_C$	
		$-r_A = k_A C_A - k_A' C_D$	
		$-r_A = k_A C_B - k_A' C_D$	
2	1	$-r_A = k_A C_A^2 - k_A' C_C$	$C_A = \dfrac{(k_A' - a)(2k_A C_{A0} + k_A' + a)}{2k_A(2k_A C_{A0} + k_A' - a)}$
		$-r_A = k_A C_B^2 - k_A' C_C$	$\qquad \dfrac{-(k_A' + a)(2k_A C_{A0} + k_A' - a)\exp(-at)}{\exp(-at) - 2k_A(2k_A C_{A0} + k_A' + a)}$
		$-r_A = k_A C_A^2 - k_A' C_D$	$a = \sqrt{k_A' k_A' + 4k_A k_A' C_{A0}}$
		$-r_A = k_A C_B^2 - k_A' C_D$	
		$-r_A = k_A C_A C_B - k_A' C_C$	
		$-r_A = k_A C_A C_B - k_A' C_D$	
1	2	$-r_A = k_A C_A - k_A' C_C^2$	$C_A = \dfrac{(k_A + 2k_A' C_{A0} + b)(k_A - b)}{-2k_A'(k_A + b)}$
		$-r_A = k_A C_B - k_A' C_C^2$	$\qquad \dfrac{\exp(-bt) - (k_A + 2k_A' C_{A0} - b)(k_A + b)}{+2k_A'(k_A - b)\exp(-bt)}$
		$-r_A = k_A C_A - k_A' C_D^2$	$b = \sqrt{k_A^2 + 4k_A k_A' C_{A0}}$
		$-r_A = k_A C_B - k_A' C_D^2$	
		$-r_A = k_A C_A - k_A' C_C C_D$	
		$-r_A = k_A C_A - k_A' C_C C_D$	
2	2	$-r_A = k_A C_A^2 - k_A' C_C^2$	$C_A = \dfrac{\sqrt{k_A k_A'}(1 + }{(k_A + \sqrt{k_A k_A'})}$
		$-r_A = k_A C_B^2 - k_A' C_C^2$	$\qquad \dfrac{\exp(2C_{A0}\sqrt{k_A k_A' t}))}{\exp(2C_{A0}\sqrt{k_A k_A' t}) - (k_A - \sqrt{k_A k_A'})} C_{A0}$
		$-r_A = k_A C_A^2 - k_A' C_D^2$	
		$-r_A = k_A C_B^2 - k_A' C_D^2$	
		$-r_A = k_A C_A C_B - k_A' C_C^2$	

$$- r_A = k_A C_A C_B - k_A' C_D^2$$

$$- r_A = k_A C_A^2 - k_A' C_C C_D$$

$$- r_A = k_A C_B^2 - k_A' C_C C_D$$

$$- r_A = k_A C_A C_B - k_A' C_C C_D$$

請注意：25 個反應速率式，共只有 4 個積分式。原因是反應前後的總摩爾數沒有改變（equal mole），否則積分式會更多。由於同一積分式代表不同的反應過程，是以所推算出來的反應速率式並不代表真正的反應機理，而是工程人員為解決問題的務實作法。

〔例 A2-2〕是用積分法來估算反應速率式，〔例 A2-3〕則是微分法。

【例 A2-3】下列反應

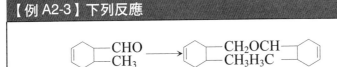

在 28°C 等溫進行，在反應開始時的濃度為 2mol/l，反應開始後其濃度變化為：

時間，hr　　 0　　 3　　 6　　 9　　 12

濃度，mol/l　 2　 1.08　 0.74　 0.56　 0.46

將濃度對時間作圖如右。反應速率 r_A 為：

$$r_A = - \frac{dC_A}{dt}$$
$$= kC_A^2$$

式中 C_A 為 的濃度。

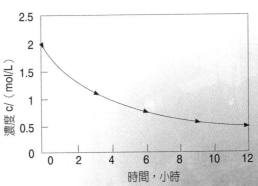

用 finite difference 方法，估算對應於 $\dfrac{dC_A}{dt}$ 的 r_A，所得結果如下：

t_1, hr	1.5	4.5	7.5	10.5
c_A,（mol/L）	1.43	0.872	0.643	0.492
r_A, [mol/(L・A)]	0.307	0.113	0.0600	0.0333
$\ln c_A$	0.356	-0.137	-0.441	-0.710
$\ln r_A$	-1.18	-2.18	-2.81	-3.40

取對數：

$$\ln r_A = \ln k + 2\ln C_A$$

以 $\ln r_A$ 對 $\ln C_A$ 作圖如右。

截距 $= -1.91 = \ln k$

　$\therefore k = 0.148$

斜率 $= 2.08 \doteqdot 2$

　　　$= 2$

$\therefore$ 反應速率

　$r_A = 0.148\, C_A^2$

A2-3　組份濃度與反應時間

當反應中各反應速率式為已知時即可計算在恆溫時，各組份的濃度與反應時間的關係。

【例題 A2-4】

反應

$$A \xrightarrow{\;k_1\;} B \xrightarrow{\;k_2\;} C$$

為一級反應，$k_1 = 0.1/\text{min}$；$k_2 = 0.05/\text{min}$；求 C_A, C_B 及 C_C 的濃度與時間的濃度。

令 A 的初濃度為 C_{A0}，在反應開始後，各組份之間存在有下列關係：

t = 0	C_{A0}	$C_{B0} = 0$	$C_{C0} = 0$
t = t	C_A	C_B	C_C

$$r_1 = -\frac{dC_A}{dt} = k_1 C_1$$

積分得：

$$C_A = C_{Ao}e^{-k_1 t}$$

$$C_B = 生成量 - 反應為 C 的量$$

$$\therefore \frac{dC_B}{dt} = -k_1 C_A - k_2 C_B$$

$$= k_1 C_{Ao}e^{-k_1 t} - k_2 C_B$$

上式兩端乘以 $e^{-k_2 t}$，並移項，

$$e^{-k_2 t}dC_B + k_2 C_B e^{-k_2 t} = k_1 C_{Ao}e^{(k_2 - k_1)t} dt$$

$$d(C_B e^{k_2 t}) = k_1 C_{Ao}e^{(k_2 - k_1)t} dt$$

積分

$$C_B e^{k_2 t} = \frac{k_1}{k_1 + k_2}C_{Ao}e^{(k_2 - k_1)t} - 1$$

$$\therefore C_B = \left(\frac{k_1}{k_2 - k_1}\right)C_{Ao}[e^{-k_1 t} - e^{-k_2 t}]$$

$$C_{Ao} = C_A + C_B + C_C$$

$$\therefore C_C = C_{Ao} - (C_A + C_B)$$

$$= C_{Ao}\left[1 - \left(\frac{k_1}{k_2 - k_1}\right)e^{-k_1 t} + \left(\frac{k_2}{k_1 + k_2}\right)e^{-k_2 t}\right]$$

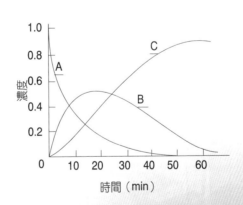

令 $C_{Ao} = 1$，得圖如右。

圖中 C_B 有一極大值，C_C 在 45 分鐘之後增加變趨緩。這些資訊有助於選擇反應條件。

A2-4　活化能

【例題 A2-5】測得某化應在不同溫度的 k 值如下：

T℃	0	20	40	60
k, 10^{-3}/min	2.46	475	576	5,480

求其活化能。

解答

將溫度轉為絕對溫度，取 $\ln k$ 及 $\frac{1}{T}$ 作圖如右，其斜率為 $-11,670$

$$E = -斜率 \times R$$
$$= 11,670 \times 8.314$$
$$= 97,024 \text{J/mol}$$

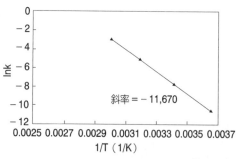

【例題 A2-6】乙醛在 791°K 時熱分解的反應為

$$CH_3CHO \rightarrow CH_4 + CO$$

在恆容反應器中得到下列數據。

乙醛的初壓 P_0，kPa	26.67	53.34
反應 100 秒後的總壓力，kPa	30.53	66.67

假設均為理想氣體（各組分的分壓即為濃度），計算：

(1)反應常數及級數。

(2)如果在 810°K 時的反應速度為 791°K 時的二倍，求活化能。

 解答

(1) $CH_3CHO \rightarrow CH_4 + CO$

    $t = 0$ P_o 0 0

    $t = t$ P_A $P_o - P_A$ $P_o - P_A$

    $\therefore P_{total} = P_A + (P_o - P_A) + (P_o - P_A)$

           $= 2P_o - P_A$

    則 $r = -\dfrac{dP}{dt} = kP_A^{\,n}$

    $kt = \dfrac{1}{n-1}\left(\dfrac{1}{P_A^{\,n-1}} - \dfrac{1}{P_o^{\,n-1}}\right)$ $(n \neq 1)$

    第一組實驗數據

        $P_o = 26.67$ kPa，$P_t = 30.53$ kPa

    $\therefore P_A = 2P_o - P_t = 22.81$ kPA

    第二組數據

        $P_o = 53.34$ kPa，$P_t = 66.67$ kPa

    $\therefore P_A = 40.01$ kPa

    由於兩組數據的溫度和時間均相同，故而可得

    $$\dfrac{1}{22.81^{n-1}} - \dfrac{1}{26.67^{n-1}} = \dfrac{1}{40.01^{n-1}} - \dfrac{1}{53.34^{n-1}}$$

    用數值法解上式，得

        $n = 1.975$

         $\doteqdot 2$

(2) $k = k_o e^{-E/RT}$

    $\therefore \ln\dfrac{k_{t2}}{k_{t1}} = \dfrac{E}{R}\left[\dfrac{T_2 - T_1}{T_1 T_2}\right]$

           $T_1 = 791°K$，$T_2 = 810°K$；$\dfrac{k_{t2}}{k_{t1}} = 2$

    $\therefore \ln 2 = \dfrac{E}{8.314}\left(\dfrac{810 - 791}{791 \times 810}\right)$

    $\therefore E = 194.3$ kJ/mol

A2-5　反應熱、化學平衡及平衡常數

在本節中將列舉計算反應熱、化學平衡及平衡常數的方法。

【例題 A2-7】 在有催化劑存在的情況下，二氧化硫可氧化為三氧化硫：

$$SO_2 + \frac{1}{2}O_2 \rightarrow SO_3$$

已知資料為

	ΔHf，298，J/mole	C_P，J/°K，mole
SO_2	− 297,085	$212.01 + 39.82 \times 10^{-3}T + 14.70 \times 10^{-6}T^2$
SO_3	− 395,443	$25.44 + 98.54 \times 10^{-3}T - 2.88 \times 10^{-6}T^2$
O_2	0	$25.74 + 12.99 \times 10^{-3}T - 3.86 \times 10^{-6}T^2$

求 473°K 和 673°K 的反應熱。

解答

在 298°K（25℃）的反應熱為：

$$\Delta H_{298} = (-395,443) - (-297,095)$$

$$= -98,348 \text{J/mole}$$

$$\Delta H_T = \Delta H_{298} + \int_{298}^{T} \Delta Cp\,\mathbf{dT}$$

$$= -98.348 + \int_{298}^{T}\left[\left(25.44 - 212.01 - \frac{1}{2}25.74\right) + \left(98.54 - 39.82\right.\right.$$

$$\left.\left. + \frac{1}{2}12.99\right) \times 10^{-3}T + \left(-2.88 - 14.70 + \frac{1}{2}3.86\right) \times 10^{-6}T^2\right]\mathbf{dT}$$

$$= -95,396 - 17.22T + 26.11 \times 10^{-3}T^2 - 5.212 \times 10^{-6}T^3$$

$$\therefore \Delta H_{473} = -98,253 \text{ J/mole}$$

$$\Delta H_{673} = -96,749 \text{ J/mole}$$

【例題 A2-8】

承上題，已知 $\Delta G_{298} = -70,045$ J/mole，求 $749°K$ 時的 ΔG_{749} 及平衡常數。

解答

在恆壓狀態：

$$\therefore \frac{d}{dT}\left(\frac{\Delta G_T}{T}\right)_P = -\frac{\Delta H_T}{T^2}$$

$$\therefore \frac{\Delta G_T}{T} - \frac{\Delta G_{298}}{298} = \frac{\Delta H_T}{T^2}$$

$$\therefore \frac{\Delta G_T}{T} - \frac{\Delta G_{298}}{298} = \int_{298}^{T}\left[\left(5.212 \times 10^{-6}T - 26.11 \times 10^{-3} + \frac{1}{T} \times 17.22\right.\right.$$
$$\left.\left. + \frac{1}{T^2} \times 95,396\right)\textbf{dT}\right.$$
$$= \frac{1}{2} \times 5.212 \times 10^{-6}(T^2 - 298) - 26.11 \times 10^{-3}(T - 298)$$
$$+ 17.22(\ln T - \ln 298) - 95.396\left(\frac{1}{T} - \frac{1}{298}\right)$$

代入已知數據

$$\Delta G_{749} = -27,687 \text{ J/mole}$$

$$\because -RT\ln K = \Delta G_T$$

$$\therefore K_{749} = \exp\left(-\frac{\Delta G_T}{R_T}\right)$$
$$= 85.3$$

【例題 A2-9】承前一題，假設該反應是用空氣作氧的來源，進料之成分為：

SO_2：	12%
O_2：	9%
N_2：	79%

反應壓力為 1.013×10^5 Pa，求 $749°K$ 及 $872°K$ 的平衡轉化率。

解答

令平衡時之轉化率為 x，則

	SO_2	O_2	SO_3	N_2	總計
t＝0	12	9	0	79	100
t＝t	12(1－x)	$9 - \frac{1}{2} \times 12x$	12x	79	100－6x

∴在平衡時，各組份的分壓為

$$P_{SO_2} = \frac{12(1-x)}{(100-6x)}$$

$$P_{O_2} = \frac{(9-6x)}{(100-6x)}$$

$$P_{SO_2} = \frac{12x}{(100-6x)}$$

$$K = \frac{P_{SO_3}}{P_{SO_2} \times Po_2^{\frac{1}{2}}}$$

$$= \frac{x(100-6x)^{\frac{1}{2}}}{(1-x)(9-6x)^{\frac{1}{2}}}$$

由上題得 T＝749°K，K＝85.3

∴$x_{749} = 0.941$

由 $K = e^{-\Delta G_T/RT}$

承上題

$K_{872} = 9.902$

∴$x_{872} = 0.691$

【例題 A2-10】乙苯脫氫為乙苯的反應如下：

$C_6H_5C_2H_5 \rightleftharpoons C_6H_5C_2H_3 + H_2$

已知反應溫度：800°K；壓力：1.013×10^5 Pa；平衡常數 K
＝4.688×10^{-2}。

計算：

⑴平衡時，乙苯的轉化率。

(2)如在反應系統中，相對於甲苯的摩爾數，加入 9 倍的水蒸氣（不參與反應），平衡時乙苯的轉化率是多少？

解答

(1)以 1mole 乙苯為基準，x 為轉化率，在達到平衡時，組份為：

$C_6H_5C_2H_5$ $1-x$

$C_6H_5C_2H_3$ x

H_2 $\dfrac{x}{1+x}$

$$k=\dfrac{\left[\left(\dfrac{x}{1+x}\right)\left(\dfrac{x}{1+x}\right)\right]}{\left(\dfrac{1-x}{1+x}\right)}=\dfrac{x^2}{1-x^2}$$

$$=4.688\times10^{-2}$$

$\therefore x=0.212$

(2)加入水蒸氣後，平衡時之組份為

$C_6H_5C_2H_5$ $1-x'$

$C_6H_5C_2H_3$ x'

H_2 x'

H_2O $\dfrac{10}{10+x}$

$$\therefore k=\dfrac{\left(\dfrac{x'}{10+x'}\right)\left(\dfrac{x'}{1+x'}\right)}{\left(\dfrac{1-x}{10+x'}\right)}$$

$$=4.688\times10^{-2}$$

$\therefore x'=0.497$

即是，加入了惰性的水蒸氣之後，轉化率由 **21.2%** 提升到 **49.7%**。在煉油廠的流動床催化裂解（FCC），和以輕油或天然氣裂解生成稀氫時，反應後的摩爾數均增加，均加入大量的水蒸氣，原因相同。

A2-6 利用 tracer 來推測反應途徑

tracer 一般是：分子結構與參與化學反應的組份相同，但是分子中的一部
分原子用同一原素的同位素取代，例如用 C^{14} 取代 C^{12}；故而 tracer 的化
學性質和反應系統中某一組份相同，但是可以很清楚的區別其來源。原料
和最後的生成物不能用 tracer，用作 tracer 的必定是中間產物。tracer 是一
次性加入，而不是連續加入。

考慮下列反應：

用 tracer 來測定 r_{12}，r_{23}，r_{34}，r_{24} 和 r_{14} 的相對值。

先考慮下列反應途徑：

$$A_1 \xrightarrow{r_{12}} A_2 \xrightarrow{r_{24}} A_4$$
$$\underset{r_{14}}{\big\downarrow}$$

在反應達到穩定狀態（steady state）時加 tracer A_2。由於是在穩定狀態，
故而 A_1，A_2，A_3 和 A_4 的濃度，C_1，C_2 和 C_4 均為定值，C_2^* 及 C_4^* 為含
C^{14} 的 C_2 及 C_4 濃度、且 $r_{12}=r_{24}$。C_4 中測得含 C^{14} 的部分來自 A_2 而非 A_1。

令：$\alpha = \dfrac{C_2^*}{C_2}$；$\beta = \dfrac{C_4^*}{C_4}$

$\quad$ A_4 的生成率 $r_4 = r_{12} + r_{24}$ $\hspace{4cm}$（A2-1）

對 α 作平衡：

$$C_2 \frac{d\alpha}{dt} = -r_{12}\alpha \hspace{4cm}（A2-2）$$

對 β 作平衡：

$$C_4 \frac{d\beta}{dt} = \alpha r_{12} - \beta r_4$$

$$= \alpha r_{12} - \beta(r_{12} + r_{14}) \qquad (A2\text{-}3)$$

當 β 達到最大值時，$\frac{d\beta}{dt} = 0$。（A2-3）即為

$$\alpha r_{12} = \beta(r_{12} + r_{14})$$

$$或 \frac{\alpha}{\beta} = 1 + \frac{r_{14}}{r_{12}} \qquad (A2\text{-}4)$$

再考慮：

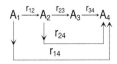

tracer 為 A_3^*，令

$$\eta = \frac{C_3^*}{C_3} \; ; \; \delta = \frac{C_4^*}{C_4}$$

同時

$$r_{23} = r_{34}$$

$$r_{12} = r_{23} + r_{24}$$

$$= r_{34} + r_{24}$$

A_4 的生成率　　$r_4 = r_{34} + r_{14} + r_{24}$

對 η 平衡

$$C_3 \frac{d\eta}{dt} = -r_{34}\Phi \qquad (A2\text{-}5)$$

對 δ 平衡

$$C_4 \frac{d\delta}{dt} = \eta r_{34} - \delta r_4 \qquad (A2\text{-}6)$$

當 δ 為極大值時

$$\frac{d\delta}{dt} = 0$$

$$\therefore \eta r_{34} = \delta r_4$$

$$= \delta[(r_{34} + r_{24}) + r_{14}]$$

$$\therefore \frac{\eta}{\delta} = 1 + \frac{r_{24}}{r_{34}} + \frac{r_{14}}{r_{34}}$$

$$\therefore r_{12} = r_{24} + r_{34}$$

$$\therefore \frac{r_{24}}{r_{34}} = \frac{r_{12}}{r_{34}} - 1$$

$$\therefore \frac{\eta}{\delta} = \frac{r_{12}}{r_{34}} + \frac{r_{14}}{r_{34}}$$

$$= \frac{r_{12} + r_{14}}{r_{34}}$$

（A2-7）

是以：自（A2-4）取得 r_{14} 和 r_{12} 的相對值。在取得 r_{14} 和 r_{12} 的相對值之後，自（A2-7）可取得 r_{34} 與 r_{12} 的相對值。同時 $r_{23} = r_{34}$。即取得各反應速率的相對值。

（A-2）的例題，取材自梁賦等《化學反應工程》，科學出版社（2003）。丁昌新等編《化學反應工程例題與習題》，清華大學出版社。及 Smith, R. 《Chemical Process Design and Integration》. John Wiley and Sons（2005）。

CHAPTER 3
化學反應器的選擇和設計

在第二章中說明了如果從實驗數據以及熱力學資訊中，找尋某一化學反應的行為模式。根據行為模式，選擇反應的濃度（壓力）、溫度、反應時間等操作條件，以達到設計要求，要求一般是以：

- **產品的高選擇率為最優先**，即是副產品的種類和量都要儘可能的減少，以有效利用原料和減少分離操作。聚合反應的收率為百分之百，其重點在控制與所生成聚合物性質相關的分子練結構、分子量及分子量分佈。
- **轉化率為第二優先**，低轉化率會使得原料的再循環量增加。
- **反應的速率必須合理**，反應的時間不能太長，生產效率不能太低。

是以在決定反應條件時，**設計人的理念**（design philosophy），**即是設計者對目標重要性先後次序的設定**，關係很大。也可以比較不同設計建廠所需成本，作為決策的依據。

同時，到目前為止，化學反應器尚不能僅依據實驗室中的資料來完整設計出保證一定可以達到要求的階段。而是經由小型生產（pilot production）、放大、修正等過程；尤其以不均相反應為然。

在本章中將依次討論：典型的反應器模型及比較、反應器中的混合和熱傳，以及反應器的放大（scale up）。

3.1 典型反應器

在本節中將討論化學反應在三種不同形態的反應器模型（mode）中的行為。目的是以此作為設計反應器的基礎。這三種模型是：

- 理想批式（ideal batch）反應器。
- 全混流（mixed-flow，或 contineous well mixed，或 continueous stirred tank, **CSTR**）反應器。
- 平推流（plug flow）反應器。

其中理想批式反應器模型與真實的操作情況最為接近。**CSTR**和平推流反應器模型和實際操作的差距比較大。在本節後列的陳述中，基本上是以反應器的體積，或是反應所需要的時間來作為比較的基準。

3.1.1 理想批式反應器

參看圖 3-1，反應開始的時候，t＝0，將反應物注入到反應槽中，在反應 t 時之後，再將反應器中所有的物質傾出，結束反應。

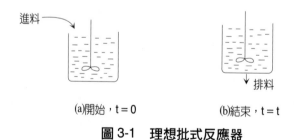

(a)開始，t＝0　　(b)結束，t＝t

圖 3-1　理想批式反應器

對系統中的 i 組份，並假設 i 組份為反應物，
則

$$已反應的 i 組份量 = - r_i$$

$$= - \frac{1}{V} \frac{dN_i}{dt} \tag{3-1}$$

式中　r_i：i 組份的反應速率，$k \, mole/m^3 \cdot sec$。

　　　N_i：i 組份的摩爾數，mole。

　　　V：反應器的體積，m^3。

將（3-1）積分得：

$$t = \int_{N_i 0}^{N_i t} \frac{dN_i}{V r_i} \tag{3-2}$$

式中　t：在反應器中的反應時間，

令 X_i 為 i 組份的轉化率，則

$$\frac{dN_i}{dt} = \frac{d[N_{io}(1 - X_i)]}{dt}$$

$$= - N_{io} \frac{d(X_i)}{dt}$$

$$= r_i V \tag{3-3}$$

（3-3）積分得

$$t = N_{io} \int_0^{Z_i} \frac{dX_i}{- r_i V} \tag{3-4}$$

$$\therefore X_i = \frac{N_{io} - N_{it}}{N_{io}}$$

$$= \frac{C_{io} - C_{it}}{C_{io}} \tag{3-5}$$

式中 C_{io}，C_{it} 分別為 i 組份的初摩爾濃度，及在時間 t 時的摩爾濃度。

$$C_{io} = \frac{N_{io}}{V}$$

$$\therefore -\frac{dC_i}{dt} = -r_i$$

反應所需要的時間 t 為：

$$\therefore t = -\int_{C_{io}}^{C_{it}} \frac{dC_i}{r_i} \tag{3-6}$$

批式反應器一般用於需求量小的產品生產，或者是用於多種類小批量產品的生產。當用於多種類產品生產的反應器時，設計的重點在於靈活性即是可適用於不同產品生產的要求。

3.1.2 CSTR

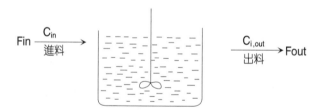

圖 3-2　CSTR 示意圖

參看圖 3-2，反應器中之反應速率為 r_i，在反應器內濃度均為 C_i，由於反應器內為完全混合，故而進料在進入反應器後，$C_{i,in}$ 即刻成為 C_i，出口濃度 $C_{i,out} = C_i$。質量平衡，在單位時間內：

（進料的摩爾數）－（已反應的摩爾數）＝（出料的摩爾數）

或

$$N_{i,in} - (-r_iV) = N_{i,out}$$

$$\therefore N_{i,out} = N_{i,in} + r_iV$$

$$\because N_{in,out} = N_{i,in}(1 - \overline{X})$$

$$\therefore V = \frac{N_{i,in}\overline{X}_i}{-r_i} \tag{3-7}$$

如比重不變，將（3-5）代入（3-7），得

$$V = \frac{N_{i,in}(C_{i,in} - C_{i,out})}{-r_iC_{i,in}} \tag{3-8}$$

令 F 為進料量（M³/sec）：τ = 停留時間（space time），即是以 F 的進料量來充滿反應器體積 V，所需要的時間。

$$\tau = \frac{V}{F} = \frac{C_{i,in}}{N_{i,in}}V \tag{3-9}$$

將（3-8）代入（3-9）：

$$\tau = \frac{C_{i,in} - C_{i,out}}{-r_i} \text{（比重不變）} \tag{3-10}$$

由於在反應器內，濃度均維持在 C_i，且為恆溫，故而 r_i 為一定值，即是在**計算 CSTR 的體積時，是解一代數式**；而不是微分式或積分式。即是**CSTR內的濃度和溫度等參數沒有時間或空間上的變化**。

3.1.3　平推流反應器

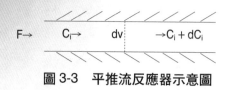

圖 3-3　平推流反應器示意圖

參看圖（3-3），平推流反應器基本為管狀，在管內的流動速度相同，故稱之為**平推流**（plug flow）反應器。取反應器中一微體積單元 dV，對進出 dV 的物質 i 作質量平衡：

$$N_i - (-r_i dV) = N_i + dN_i$$

$$或 \quad dN_i = r_i dV \qquad (3\text{-}11)$$

用轉化率 X_i 代替 N_i：

$$dN_i = d[N_{i,in}(1 - X_i)] = r_i dV$$

$$或 \quad N_{i,in} dX_i = -r_i dV \qquad (3\text{-}12)$$

積分，得

$$V = N_{i,in} \int_0^{z_i} \frac{dX_i}{-r_i} \qquad (3\text{-}13)$$

$$\tau = \frac{V}{F}$$

$$= C_{i,in} \int_0^{z_i} \frac{dX_i}{-r_i} \qquad (3\text{-}14)$$

如果系統中密度平衡：

$$\tau = - \int_{C_{i,in}}^{C_{i,out}} \frac{dC_i}{-r_i} \qquad\qquad (3\text{-}15)$$

（3-15）與（3-6）完全相同，即是**理想批式反應器和平推流反應器**，反應物和生成物在反應器內的停留時間，或是反應時間，完全相同。在以後的討論中，不再將批式反應器列入，而認為其行為和平推流反應器相同。

3.2 平推流反應器和 CSTR 之間的異同

3.2.1 反應濃度、停留時間及反應器體積的差異

全混流反應器（CSTR）的基本假設是：進料在進入到反應器中之後，由於是完全混合，其濃度立即降低到反應器中的濃度；而進料中的反應物濃度恆高於反應器中反應物的濃度以補充反應器中已反應的量。是以在 **CSTR 中，反應物的濃度恆低於進料中反應物的量**。或者是說，反應的速率會比較低，但是濃度是均勻而一致的。

平推流反應器，則是在進料中反應物的濃度開始反應，反應物的濃度在反應器中依反應速率逐漸減少。是以開始反應的濃度比較高，或是反應速率比較快。

使反應進行的推動力（driving force）是反應濃度與達到化學平衡時濃度之差。參看圖 3-4，可以看出在平推流反應器中的濃度差異，ΔC，一般大於 CSTR 中的濃度差；或者是說在**平推流反應器中，反應速率是比較快的**。或者是說，**對相同生成物的量（產量）來說，CSTR 需要比平推流大體積的反應器**。（參閱例題 A3-1）

　　反應物在**平推流反應器中的反應時間**，或停留時間（residence time），**是完全一致的**。而在 **CSTR** 中，由於完全混合，進料中的反應物有可能在進入到反應器中後立即排出，或是在反應器停留很久。即是**其停留時間的差異很大，或者是停留時間分布**（residence time distribution）**很寬**。

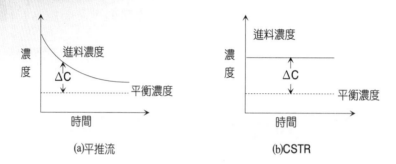

圖 3-4　平推流及 CSTR 反應器中濃度變化示意圖

3.2.2　平推流反應器的再循環

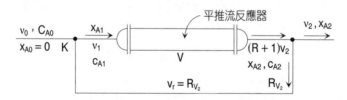

圖 3-5　平推流反應器再循環

　　參看圖 3-5，新料的進料量為 v_0、所含反應物 A 的濃度為 C_{A0}、A 的轉化率 $X_{A0}=0$（尚未反應）。新進料在 K 點與再循環的料相混後進入反應器。令再循環比 R 為：

$$R = \frac{再循環的量}{流出反應系統的量} = \frac{v_R}{v_2} \qquad (3\text{-}16)$$

式中　v_2：流出反應系統的量

離反應器的流量為 $(R+1)v_2$，濃度為 C_{A2}，轉化率為 X_{A2}。而新料在與再循環料混合後進入反應器的狀態分別是：流量 $= v_1 = (v_0 + v_R)$ $= (v_0 + Rv_2)$、濃度為 C_{A1}、轉化率為 X_1。在 K 點的質量平衡為：

$$v_0 C_{A0} + v_R C_{A2} = v_1 C_{A1} \qquad (3\text{-}17)$$

$$\text{式中：} C_{A2} = C_{A0}(1 - X_{A2})$$

$$C_{A1} = C_{A0}(1 - X_{A1})$$

$$v_1 = v_0 + v_R$$

$$v_R = Rv_2$$

當再循環量，R 增加的時候，v_0 相對的在減少，即是：

$$v_1 \rightarrow v_2$$

$$C_{A1} \rightarrow C_{A2}$$

$$X_{A1} \rightarrow X_{A2}$$

或者是說，**在反應器進口和出口的濃度及轉化率，趨向於相同。或者是說，趨向 CSTR**。一般當 **R** 達到 **25** 以上時，平推流反應器的行為在計算時即相當於 **CSTR** 的行為。

在工業上：

- 轉化率低的反應，需要再循環。
- 再循環的物流，可以在達到混合點（K）之前，以冷卻或加熱來改變其溫度（所含的熱量），是以可以調節反應器的溫度。

3.2.3　多個串聯的全混流反應器

　　參看圖 3-6，假設有 N 個全混流反應器串聯在一起，多個反應器的進、出料條件如圖所示。

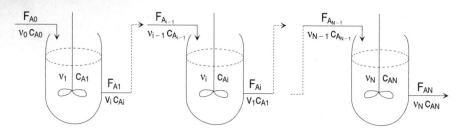

圖 3-6　多個串聯在一起的 CSTR

　　則：

$$F_{A1} = F_{A0} - F_{A0}X_1$$

......

$$F_{Ai} = F_{A0} - F_{A0}X_i \tag{3-18}$$

......

$$F_{AN} = F_{A0} - F_{A0}X_N$$

$$\because F_{A(i-1)} - F_{Ai} - v_i r_{Ai}$$

$$\therefore V_i = (F_{A(i-1)} - F_{Ai}) / r_{Ai} \tag{3-19}$$

$$= F_{A0}(x_i - x_{i-1}) / r_{Ai}$$

$$= v_0 C_{A0}(X_i - X_{i-1}) / r_{Ai} \tag{3-20}$$

同時 $\tau_i = \dfrac{(C_{A(i-1)} - C_{Ai})}{r_{Ai}} \tag{3-21}$

總體積 V 為

$$V = \sum_i^N V_i$$

$$= \sum_i^N v_0 C_{A0} \frac{\Delta X_i}{r_{Ai}} \tag{3-22}$$

當 N 趨近於無窮大時，由於（$C_{A0} - C_{AN}$）為定值，每一反應器趨向於相當於平推流反應器中的一個小段節。或者是說，**當 N→∞ 時，CSTR 的行為和平推流反應器相同。**可以用數學推算出，當 N→∞ 時，（3-22）的解為：

$$V = \int_0^{X_A} v_0 C_{A0} \frac{dX_A}{r_A} \qquad (3\text{-}23)$$

按 $v_0 C_{A0}$ 是組分 A 的進料總量，和式（3-13）中的 $N_{i,in}$ 相同。即是當 N→∞ 時，N 個串聯 CSTR 的總體積，和平推流是相同的。**在工業上，5 個串聯在一起的 CSTR，其行為和平椎流反應器就幾乎相同。**

參看圖 3-7，圖中的斜線部分相當於反應器體積。圖 3-7 (c) 是平推流反應器，其體積是積分 $\frac{dX_A}{r_A}$ 而得。圖 3-7 (a) 是 CSTR，其體積是 $\frac{1}{r_i}$ 和 X_i 的乘積。圖 (b) 是多個串聯的 CSTR，相當於將 $\frac{X_A}{r_A}$ 切割為小段相加，在切割為 N 份，而 N→∞ 時，即是積分。

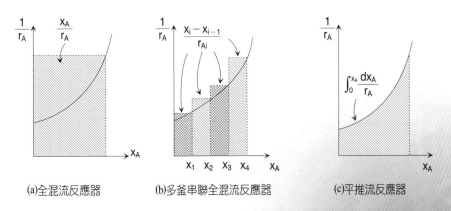

(a)全混流反應器　　(b)多釜串聯全混流反應器　　(c)平推流反應器

圖 3-7　多個 CSTR 串聯效應示意圖

3.3　收率與反應器的形態

　　平推流和全混流反應器都是極端理想化的反應器,真實反應器的行為是介於二者之間。設計反應器的首要工作,是儘可能的去了解所要處理化學反應(第二章);然後根據平推流和全混流反應器的特性,去設想為了滿足設定的目標所需要的反應器的形態和行為。

　　在本節中將討論四類不同化學反應所需要的反應器,假定**收率是首要考慮**,而不包含反應溫度的影響。在A3中有相同性質的例題。

　　聚合反應(polymerization)的收率,加成(additional)聚合是100%,縮合(poly condensation)或逐步(stepwise)聚合為單純反應(p.36,反應(2-2)),即是收率均為最大值,**提高收率不具意義**。聚合反應的控制重點在控制聚合物的分子鍊長度(分子量)、鍊長度的差異(分子量分佈),以及鍊結構(支鍊的多少)。與合成化學品的控制重點不同。

3.3.1　簡單反應

最簡單的化學反應,即是只有正向反應而沒有逆向反應,例如:

$$原料 \longrightarrow 產品$$

相對應的反應速率式為

$$r = kC_{原料}^{a}$$

　　即是進料中原料的濃度愈大,則反應速率愈快;或者是說高反應物濃度有利於產品的生成。故而選用批式反應器,或平推流反應器。

3.3.2　原料同時產生副產品

在下列反應中，原料可以同時產生產品及副產品：

$$原料 \longrightarrow 產品 \qquad r_1 = k_1 C_{原料}^{a_1}$$
$$\longrightarrow 副產品 \qquad r_2 = k_2 C_{原料}^{a_2}$$

所生成副產品與產品的比為：

$$\frac{r_2}{r_1} = \frac{k_2}{k_1} C_{原料}^{a_2 - a_1}$$

是以，如果

- $a_1 > a_2$，高濃度有利於減少 $\left(\dfrac{r_2}{r_1}\right)$，將用平推流或批式反應器。

- $a_2 > a_1$，則高濃度會使得 $\left(\dfrac{r_2}{r_1}\right)$ 增加，要選擇在低濃度反應，或是選擇 CSTR。

如果原料有一種以上，則情況變得比較複雜：

$$原料 1 + 原料 2 \longrightarrow 產品 \qquad r_1 = k_1 C_1^{a_1} C_2^{b_1}$$
$$\longrightarrow 副產品 \qquad r_2 = k_2 C_1^{a_2} C_2^{b_2}$$

則

$$\frac{r_2}{r_1} = \frac{k_2}{k_1} C_1^{a_2 - a_1} C_2^{b_2 - b_1}$$

如果 $a_1 > a_2$ 則高濃度基本上有利於減少 $\left(\dfrac{r_2}{r_1}\right)$，再考慮原料 2：

$b_1 > b_2$ 則高濃度反應都是有利的,將用平推流或批式反應器。

$b_2 > b_1$ 即是高濃度的原料 2 會增加副產品的生成,故而原料 2 要保持低濃度。可能的做法包含有:

- 在使用批式反應器的時候,原料 2 分批加入,而不是一次加足,以保持原料 II 在低濃度。
- 在使用平推流反應器的時候,將原料 2 沿反應器長度分散加入。
- 如果使用 CSTR,則採取多個串聯的方式,將原料 2 分別加入到各個反應器中。

前列三種情況的示意圖如圖 3-8

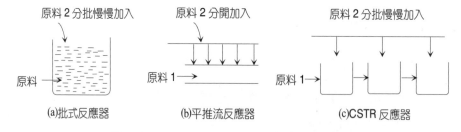

圖 3-8　$a_1 > a_2$ 而 $b_2 > b_1$ 加料方式示意圖

$a_2 > a_1$,基本上要在低濃度進行反應,即是採用 CSTR,如果:

$b_1 > b_2$,即是高濃度的原料 2 有利於降低 $\left(\dfrac{r_2}{r_1} \right)$,即可採用圖 3-9 的加料方式,但是原料 1 和原料 2 對調,即是用分批方式來保持原料 1 在低濃度。

$b_2 > b_1$,反應系統要維持在低濃度,採用全混流反應器。(參閱例題 A3-2,A3-3 及 A3-4)。

3.3.3　原料及產品同時產生副產品

這是一個比較複雜的情況，其中最簡單的是：

$$原料 \xrightarrow{\quad r_1 \quad} 產品 \xrightarrow{\quad r_3 \quad} 副產品$$

$$r_1 = k_1 C_{原料}^{a_1}$$

$$r_2 = k_2 C_{原料}^{a_2}$$

$$r_3 = k_3 C_{產品}^{a_3}$$

考慮下列情況：

- $a_1 > a_2$，則應在高原料濃度進行反應。如果產品在反應器中的停留時間長，由產品而生成的副產品就會多，是以必須控制產品的停留時間。採用平推流反應器。
- $a_2 > a_1$，則應該採取何種型的反應器？是CSTR嗎？從 3.3.1 和 3.3.2 可以知道：
  - 副產品是由產品生成時，平推流反應器比較好。
  - 副產品是由原料生成時，CSTR 比較好。

當上列兩情況同時存在時，答案應該是介於平推流和全混流之間的反應器。從 3.2 節中可以知道當多個 CSTR 反應器串聯在一起時，全混流反應器的行為接近平推流反應器；或者當平推流反應器再循環比增加時，其行為接近 CSTR；是以採取多個串聯的 CSTR 或是再循環的平推流都可能是答案。

在另一方面，將平推流和全混流反應器串聯在一起，也可能是答案，要由實驗來決定。

3.4　反應器內的能量平衡及反應熱

在前節的討論中，是設定化學反應是在恆溫進行；而沒有將系統與環境之間的能量交換以及反應考慮在內。在本節中討論反應器內的能量平衡及反應熱。對一個化學反應系統：

> 能量積累的速率＝流入的熱量－對環境所作的功＋物流帶入的能量－物料流出所流出的能量　　　　　　　（3-24）

在式（3-24）中，流入系統的採（＋）號，流出的採（－）號。假設對環境所作的功為零，另一表達能量積累速率的表達方式為：

> 能量積累的速率＝流入（出）的熱量＋反應所產生的熱量－將流入物流的溫度增加至反應器溫的熱量　　　（3-25）

如果為恆溫反應，則系統能量積累項為零，則

> 反應所產生的熱量＝流入（出）的熱量＋將流入物流的溫度增加到反應器溫度的熱量　　　　　　　　　（3-26）

計算反應熱的方法如（例題 A2-7）：流入（出）系統的熱量即是放熱反應所需要移出或冷卻的熱量，或是吸熱反應所需要加入的熱量；（3-26）式右側第二項有時可略而不計，即是需要自反應系統移出或加入之熱量，相當於反應熱。

前段的討論假設在反應器中反應速率為一定值，這一點只適用於全混流反應器。對平推流反應器來說，反應物在進入反應器開始

反應，相對應的濃度也開始降低，故而會導使反應速率下降，所產生的反應熱也會減少，前段的討論即不能真正的適用。由於反應速率與由反應熱所導致的溫度變化互為函數，一般需要用數值分析方法來解一對聯立微分方程式。（例題 A3-6）

反應溫度對收率的影響見例題 A3-7。

恆溫與絕熱反應見例題 A3-5。

3.5　反應器內的混合

在 3.1 節中所提到的典型反應器，均對反應器內物質的移動狀態，提出假設，例如：

- 假設平推流內流體的流速是相同的。從流體力學可以知道，當流體是層流（laminar flow）狀態時，反應器中央的流速高於反應器壁旁的流速。流速相同的情況只可能發生在湍流（turbulent）情況下。
- 全混流反應器假設原料在進入反應器之後，立即完全均勻混合，在實務上這不可能做到的。

以放熱反應為例，反應器中央部分的散熱比較慢，是以溫度會比較高，高的溫度一般會導致反應速率的上升，釋放出更多的反應熱，如此循環下去，終會導致**化學反應失控（run away）。在工業上是使用攪拌（mixing）來達到使反應器內部的濃度和溫度均勻的目的。**

攪拌一般是使用漿葉的轉動來帶動流體流動，並使得流體在流動的過程中相互碰撞而達到混合的目的。圖 3-10 是商業用攪拌漿葉。圖 3-11 是在反應器中，不同漿葉安排流動線的示意圖。(a) 圖是只用一個例如圖 3-10 中的 a 或 b 形式的漿葉，在轉動時，流體向下流動，在達到反應器底部後沿反應器壁反向上流，然後再向下流動。由於除了向下流動之外，漿葉的旋轉會帶動流體作轉動，即是橫向的移位，故而會使得流體有相互碰撞的機會。圖 3-10 中 a 和 b 漿葉向下的角度不同，混合的效應並不完全相同。圖 3-11 中的 (b) 圖有兩個漿葉，一向下，一作水平轉動。即是在上方的漿葉使得流體向下，下方的漿葉使流體平行移動，達到混合的效果。圖 3-11(c) 則利用上、下漿使得流體分別向上、下流動，中間的漿葉使流體平行移動，混合的效果更好。

當流體的黏度很高時（大於 50Pa、S），圖 3-9 中的漿葉即帶不動流體，而必須改用如圖 3-11 所示的漿葉。當流體的黏度過低時，則要在反應器內加設擋板（buffer）以打亂流體的流動線而達到混合的效果（圖 3-10(d)）。

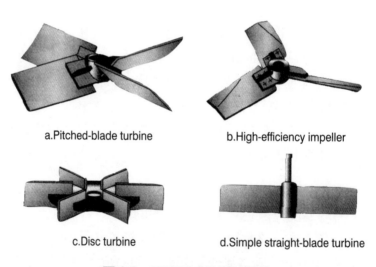

a.Pitched-blade turbine   b.High-efficiency impeller

c.Disc turbine   d.Simple straight-blade turbine

圖 3-9　不同形式的攪拌漿葉

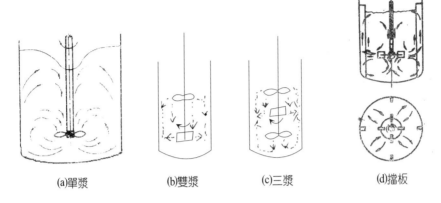

(a)單漿   (b)雙漿   (c)三漿   (d)擋板

圖 3-10 不同漿葉安排時的流動線示意圖

攪拌一般不在化工教材內討論，實務上，有歷史的專業攪拌器和反應器生產公司，對流體在不同攪拌條件下的流動行為有比較多的資料。在選用時，應該是主要的諮詢對象。

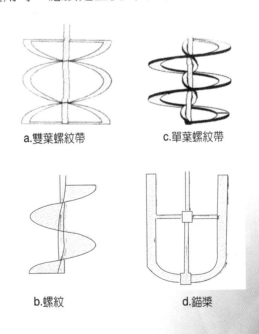

a.雙葉螺紋帶   c.單葉螺紋帶

b.螺紋   d.錨槳

圖 3-11 高黏度流體攪拌用漿葉

在選用反應器時，

- 要確定對混合的要求和製程上的限制，例如乳化聚合（emulsion polymerigation）時，流體的剪切力不能太高，以避免造成乳化粒子被破壞。對高黏度的流體來說，由於流動的速度比較慢，完全混合需要一定的時間，在設計時都必須考慮在內。
- 對攪拌來說，攪拌葉的雷諾數（Regnold's number）的定義是：

$$N_{RE} = \frac{\rho ND}{\mu} \tag{3-27}$$

式中：ρ：流體的密度，kg/m³
　　　N：槳葉的轉速，m/sec
　　　D：槳葉的直徑，m
　　　μ：黏度 Pa、S，如果黏度在反應過程中會改變，採用平均值。

- 槳葉的大小和反應器的內徑之比很重要，一般為 1：3。槳葉和反應器底部的距離也很重要，一般為 1：3。
- 進出料的位置會影響到流體的流動，要在設計時考慮在內。

在將反應器放大時，攪拌設備經常是主要的限制因素之一，有很多生產技術的要點，即是反應器及攪拌設備的設計。為了能使得高黏度的流體能均勻混合，聚胺酯（polyurethane）等的聚合過程是在雙螺桿擠出機（fwin screw extruder）中進行。

3.6 反應器的熱傳

參看圖 3-12，(a)、(b) 與 (c) 是在反應器內安裝傳熱設備；(d) 與 (e) 是在反應器外加裝傳熱設備。分別討論如下：

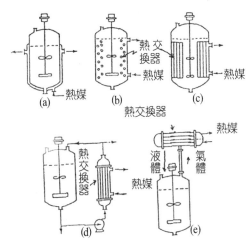

圖 3-12　不同反應器與外接熱傳設備示意圖

- (a) 是在反應器外加裝夾套（Jacket），熱媒在夾套中流動，帶入或帶出熱量。傳熱面積即為反應器的內表面面積。在放大時，反應器的體積以直徑的三次方增加，而表面積是以直徑的二次方增加，故而放大時會有很嚴重的傳熱不足的問題。

- (b) 和 (c) 是針對 (a) 傳熱面積不足而作的改進，即是在反應器內加裝熱交換器。(b) 是用盤管（coil）式，(c) 是用直立式，這種做法有下列問題：

  - 熱交換器使得在反應器內的流動變得複雜，不容易做到使反應器內的流體能均勻流經熱交換器。
  - 若干反應會有結垢（scaling）的問題而導致傳熱係數降低，

在反應器內加裝換熱器會使得結垢變得更嚴重。同時大幅度增加清理反應器內部的困難度。按，對若干反應來說，保持反應器內不結垢很重要，故而會要求反應器內壁拋光，甚至於加裝高壓水槍來定期除垢。

▪ 是以有 (d) 和 (e) 兩類的外接熱傳裝置。(e) 是將反應器內蒸氣壓高的組份在熱交換器內冷凝為液體後，再回流至反應器內；以控制壓力的方式來控制揮發物的量，藉以控制移去的熱量。氣壓高的組份一般是溶劑。有時亦可用此一方法來除去反應生成物中的副產品，例如酯化反應中的水，以增加轉化率。如果反應器中的反應物蒸氣壓高，是在冷凝過程中的媒體，這種做法就會影響到反應系統中的濃度分布，則 (e) 不適用。如果流體的黏度很高，在熱反交換器內的流速慢，熱傳的速率低，則 (d) 不適用。如果在反應系統中加入低沸點、高蒸氣壓的、不參與反應的溶劑，則 (e) 變為可用；在反應系統中加入不參與反應的溶劑以降低其黏度，則 (d) 變為可能。這兩種做法都會增加反應後的分離操作。加入不參與反應的溶劑，是在將反應系統中的反應物和生成物稀釋，一個直接的後果就是減少了每批、或單位時間中的產量。而將反應器放大的目的是增加每批或單位時間中的產量。**熱傳問題是反應器放大時的另一主要困難點。**

在另一方面，反應熱是製程中唯一的熱源，如果高溫對收率和產品的品質影響不大，則反應器不加冷卻而任由昇溫保留熱量作作分離所需要的熱源。例如在聚合聚苯乙烯（polystyrene, PS）時，反應器不加冷卻，在反應終止時溫度可以達到 260℃，熱量足夠單體回收和聚合物造粒，不需外加熱源，降低了生產成本。但這不是通例，同一聚合配方，低溫聚合有利於生成直鍊的聚合物高溫會生成技鍊，前者的強度比較者高。

無論反應器是否有除熱裝備，在設計上都力求減低反應器
橫切面的溫度梯度。是以一定要考慮到反應器內的混合問
題。溫度差異導致反應速率的差異，進而影響反應熱的釋
放率，造成更大的溫度差異，終會導至失控（run anray）。

3.7 實務上的考量

為了操作上的方便，在實務上：

- 反應產率快的反應，和連續式例如 A→B→C 式的反應，以及
  氣相反應，只能選用平推流反應，**唯一能精確控制反應時間
  的是平推流或管（tuber）式反應器**。氣相反應如果要在 CSTR
  中進行。因為濃度低，故而效率極低而費用非常高。
- 液相的均相反應比不均相反應容易處理。是以很多反應是在
  溶液狀態進行，溶劑不參與反應而具有的功能是：
  - 將反應物以分子型態帶到一起，增加反應的機率。
  - 使原為氣相的反應物溶解在溶劑中，不需要用到高壓而可
    達到增加濃度的目的。
  - 液相反應多在 CSTR 中進行，但是也可以在平推流反應器
    中進行。
- 不均相反應多半是氣或液相的反應物，在固態的催化劑表面
  上反應。催化劑的功能為增加選擇性或收率。
- **流動床（fluidized bed）式反應器沒有混合的問題**，其先決條
  件是固態的催化劑要能做到顆粒大小均勻、以及具有耐和反
  應器壁不斷挫擊的強度。

　　圖 3-13 是若干不均相反應器的示意圖。(a) 是填充塔型，(b) 是連續攪拌型，(c) 是噴布（spray）型；(a) 至 (c) 是氣－液相，或是相溶性低或是比重差異大的液－液相反應。(d) 及 (e) 為氣－固相反應器，(d) 是絕熱反應，(e) 是管式反應器，管外可冷卻或加熱。

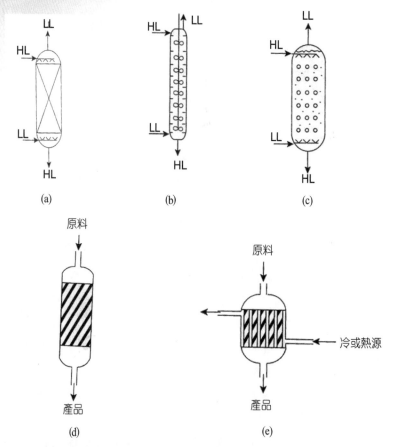

(a)　　　　　　　(b)　　　　　　　(c)

(d)　　　　　　　　　(e)

圖 3-13　不均相反應器示意圖。(a) 至 (c) 氣－液相，HL：液相，LL：氣相。(d) 及 (e) 氣固相，斜線部分代表催化劑。流動床沒有顯示。

　　當化學反應中所涉及到所有的速率式均為已知時，可以用優化來設定反應器。圖 3-14 是為一例。實質上，圖上半部六個 CSRT 串聯相當於平推流反應器；即是 3-14 圖相當於一個平推流反應器和一個 CSRT 並聯，但是溫度和進料控制得非常細緻。

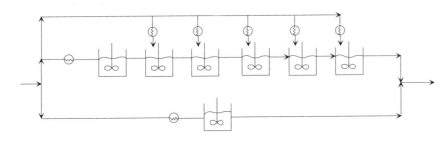

圖 3-14　一優化後反應器裝置的示意圖

3.8　反應器的放大

　　一般在實驗室內所用的反應器，其體積在 2 公升或以下，實驗工廠中反應器的體積在 500 至 2000 公升，攪拌到近似完全混合是可能的。同時單位反應系統中的質量所能占有反應器的傳熱面積，相對是大的，故而熱傳也不是問題。這兩個條件在放大時都會有問題。

　　當反應器變大，攪拌所需要的功率，和攪拌器的結構所能承受的力，都大幅度的增加，轉速也有限制，為了達到完全混合，所要解決的是機械問題。同樣的，當反應器變大，單位反應系統物質所能分攤到的傳熱面積變小，造成傳熱不足，這是反應系統設計上的另一主要問題。

　　如果要處理不均勻相的化學反應系統，如第 2.7 節所述，擴散變得非常重要，真實的情況變得更不容易掌握。輸送現象的理論可以提供思考的方向，更要輔以經驗和判斷力，這就是工程師們解決問題的方式。

　　反應器在放大之後的行為，和原型反應器會有差異，設計時要
預留一定的空間來調整。在發展反應系統的過程中，要能把握到影
響反應行為的因素，以及這些因素影響反應行為的程度。然後考慮
反應器的結構和操作，以及對這些因素的影響；這些不一定是能由
目前的數學模式所能完整表達的。

　　反應器設計的例題，請參閱範例 3 及 5。

3.9　停留時間分布

　　平推流和全混流反應器的主要區別是：前者反應物在反應器內
的停留時間完全一致；而後者反應物在反應器內的停留時間差異性
極大，可以是在進入反應器之後立即就流出，也可能停留在反應器
中非常長。或者是說，平推流反應器的停留時間分布（residence time
distribution, RTD）狹，而全混流反應器的 RTD 非常寬。是以可以將
RTD 和反應物在反應器中的行為聯結在一起。

　　RTD 是可以藉由 tracer 來實地測定的，用 RTD 來推測反應器中
的情況，在一定的情況下是有用的。

複習

Ⅰ. 詳細說明下列各名詞

(A) 平推流（plug flow）反應器；(B) 全混流（CSRT）反應器；(C) 批式（batch）反應器；(D) 停留時間（residence time）；(E) 停留時間分布（residence time distribution, RTD）；

Ⅱ. 詳細回答下列各問題

(A)平推流和全混流反應器的差別。討論在下列各情況下，何者為較佳的選擇：

　(a) 反應器效率，即在一定的反應器體積和一定的時間內所能生產出產品的量。要說明理由。

　(b) 要嚴格控制反應器的溫度，何者是較佳的選擇？說明原因。

(B)一般來說，反應的溫度愈高，反應的速率愈快，有助於提升反應器效率，提高反應溫度有沒有上限？如果設定上限？要說明理由。

(C)如何決定反應器的進料溫度？

(D)如何決定反應器的反應溫度？反應時間？反應濃度？要說明理由。

(E)您負責化工新產品開發工作，現在要在實驗室內試行合成一種新產品，請問您要如何訂定實驗計畫？請詳細說明。

(F)反應器內的溫度，一般是用調節冷卻水的流量來控制。現在反應器的溫度在上升，增加冷卻水的流量使得溫度上升的速率減少了一點，但是並不能使溫度下降，即是反應器即將失控。對下列三類反應器，您要採取那些措施？要詳細說明理由。

　(a) 批式反應器。

　(b) 平推流反應器。

　(c) 全混流反應器。

(G)和(F)的情況相同，你可以切斷工廠內的動力嗎？說明原因。

[A3] 反應器

在本節中以例題的方式來顯示如何計算反應條件的方法，例題中經常用到反應器的體積。按計算所得到的反應器體積是推論值；在實務上，槽式（tank）反應器，例如批式反應器，一般充滿到體積的 $70 \sim 80\%$；或者是說反應器的實際體積要比推論值高 $20 \sim 30\%$。同時，如第三章文中所敘，教學模型與實際操作之間有差距，所得的結果是提供了方向。

A3-1　批式反應器的反應時間和體積

【例題 A3-1】乙酸與乙醇的酯化反應為：

$$\overset{(A)}{CH_3COOH} + \overset{(B)}{C_2H_5OH} \underset{k_2}{\overset{k_1}{\rightleftharpoons}} \overset{(C)}{CH_3COOC_2H_5} + \overset{(D)}{H_2O}$$

已知：$k_1 = 8.0 \times 10^{-6}$ m³/(kmol · sec)；$k_2 = 2.7 \times 10^{-6}$ m³/(k mole · sec)

　　　　正、逆反應均為二級反應。

每 m³ 中加入乙酸 300 kg，乙醇 550 kg，水共 295 kg，反應混合物之比重為 1.145，反應溫度 100℃。計算：

⑴乙酸轉化率達到 40% 所需要的反應時間。

⑵如果每批加料和出料的時間共為 45min，每天生產 10 噸乙酸乙酯需要多大的反應器。

解答

$r = -\dfrac{dC_A}{dt} = \dfrac{dx}{dx}$　x 為轉化率

　$= k_1 C_A C_B - k_2 C_C C_D$

$C_A = C_{A0}(1 - x)$，$C_{A0} = \dfrac{300}{60} = 5$ kg-mole/m³

$$= 5(1 - x)$$

$$C_B = C_{B0} - C_{A0}x \text{，} C_{B0} = \frac{550}{46} = 11.96 \text{ kg-mole/m}^3$$

$$= 11.96 - 5x$$

$$C_C = C_{A0}x = 5x$$

$$C_D = C_{D0} + C_{A0}x \text{，} C_{D0} = \frac{295}{18} = 16.39$$

$$= 16.39 + 5x$$

$$\therefore r = k_1 \times 5 \times (1 - x)(11.96 - 5x) - k_2 \times 5 \times (16.39 + 5x)$$

$$= \frac{dx}{dt}$$

$$\therefore t = \int_0^{0.4} \frac{10^6 dx}{5 \times 8.0 \times (1 - x)(11.96 - 5x) - 2.7 \times 5 \times (16.39 + 5x)}$$

$$= 5979 \text{ sec} = 99.65 \text{ min}$$

乙酸的轉化率需要 99.65 分鐘，才能達到 40%。

或者單位體積的產率為：

$$\frac{5.0 \times 0.4 \times 88}{45 + 99.65} = 1.216 \text{ kg/m}^3\text{-Min}$$

$\therefore$ 日產量為 10 噸時所需要的反應器體積為：

$$V = \frac{10,000}{1.216 \times 24 \times 60} = 5.76 \text{ m}^3$$

A3-2 反應器的型態與收率

在 3.3 節中討論了不同型態的反應器，對收率的影響，本節是作進一步的解說。

【例題 A3-2】反應

$$A + B \xrightarrow{\ r_1\ k_1\ } D$$
$$\downarrow{\ r_2,\ k_2\ } E$$

已知：$r_1 = 1.0(C_A C_B^{0.3})$

$r_2 = 1.0(C_A^{0.5} C_B^{1.8})$

$C_{A0} = C_{B0} = 20$ mol/l，（C_{A0}，C_{B0}：A 和 B 的初濃度）

反應器出口轉化率為 90%

計算下列三種反應安排的收率，假設為恆容反應，即在反應過程中總體積不變。

(1)平推流反應器。

(2)全混流反應器。

(3)平推流反應器，進料方式為 A 自反應器入口加入，B 是沿反應器長度分點加入，假設在反應器中 C_B 均為 1mol/l。

解答

反應器內的瞬間選擇性為：

$$s = \frac{r_1}{r_A} = \frac{D\ 的生成率}{A\ 的消失率}$$
$$= \frac{1.0(C_A C_B^{0.3})}{1.0(C_A C_B^{0.3}) + 1.0(C_A^{0.5} C_B^{1.8})}$$

反應器的總選擇性：

$$S = \frac{1}{x_A} \int_0^{x_A} s\,dx_A$$
$$= \frac{-1}{C_{A0} - C_{Af}} \int_{C_{A0}}^{C_{Ax}} \frac{dC_A}{1 + 1.0(C_A^{-0.5} C_B^{1.5})} \quad （C_{Af}\ 為反應終止時\ C_A\ 的濃度）$$

(1)平推流反應器

C_A 和 C_B 在混合後進入反應器，由於體積增加了一倍，$C_{A0} = C_{B0} = 10$mol/l；在離開反應器時，90% 轉化，故而 $C_{Af} = 1$mol/l。

$$S = \frac{-1}{C_{A0} - C_{Af}} \int_{C_{A0}}^{C_{Af}} \frac{dC_A}{1 + 1.0C_{AX}}$$

$$= \frac{1}{9} \ln(1 + C_A)\big|_1^{10}$$

$$= 0.19$$

A 轉化為 D 的選擇性為 19%。

(2)全混流反應器，（$C_A = C_B = $ 常數）

$$S = \frac{1}{1 + 1 \times C_{Af}}$$

$$= \frac{1}{2} = 0.5$$

A 轉化為 D 的選擇性為 50%

(3)B 沿平推流反應器加入反應器中 C_B 恆為 1 mole/l；則 $C_{A0} = 19$ mole/l；

$C_B = 1$ mole/l；$C_{Af} = 1.9$ mole/l

$$S = \frac{-1}{C_{A0} - C_{Af}} \int_{C_{A0}}^{C_{Af}} \frac{dC_A}{1 + 1 \times (C_A^{-0.5})}$$

$$= \frac{1}{18}[2\sqrt{C_A} - C_A - 2\ln(1 + \sqrt{C_A})]\big|_{19}^{1.9}$$

$$= 0.709$$

A 轉化為 D 的選擇性為 70.9%

自速率式中可以看出高濃度的C_A有利於產品 D 的生成，高濃度的C_B則有利於副產品E的生成。在前列三種情況中，C_B的濃度依次減少，而選擇性依次提高。

【例題 A3-3】反應

$$A \xrightarrow{r_A, k_1} B \xrightarrow{r_B, k_2} C$$

為恆容積反應，且均為一級反應。求在平推流及全混流反應器中，生成 B 的最佳停留時間。

解答

(1)平推流反應器

對反應器中一體積單元作質量平衡，

$dF_A = r_A dV$

$dF_B = r_B dV$

$dF_C = r_C dV$

式中 F 為摩爾流量＝流量×濃度

$$= v_0 \times C$$

V 為體積＝流量×停留時間（τ）

$$= v_0 \times \tau$$

$$\therefore \frac{dC_A}{d\tau} = -k_1 C_A$$

$$\therefore C_A = C_{A0} e^{(-k_1\tau)}$$

$$\frac{dC_B}{d\tau} = k_1 C_A - k_2 C_B$$

$$= k_1 C_{A0} e^{(-k_1\tau)} - k_2 C_B$$

$$\tau = 0 \text{，} C_B = 0$$

$$\therefore C_B = \frac{k_1}{k_2 - k_1} C_{A0} [e^{-k_1\tau} - e^{-k_2\tau}]$$

令 C_B 為最大值時（$dC_B/d\tau = 0$）的停留時間為τ_{opt}，

$$\therefore \tau_{opt} = \frac{1}{k_1 - k_2} \ln \frac{k_1}{k_2}$$

C_B 的最大值 $C_{Bopt} = C_{A0} \left(\frac{k_1}{k_2}\right)^{\left(\frac{k_2}{k_2 - k_1}\right)}$

同時：$\because C_A + C_B + C_C = C_{A0}$

$$\therefore C_C = C_{A0} \left[1 - \frac{k_2}{k_2 - k_1} e^{-k_1\tau} + \frac{k_1}{k_2 - k_1} e^{-k_2\tau}\right]$$

圖 3A-1 是 C_A，C_B 和 C_C 和 τ，以及轉化率 X 的關係。

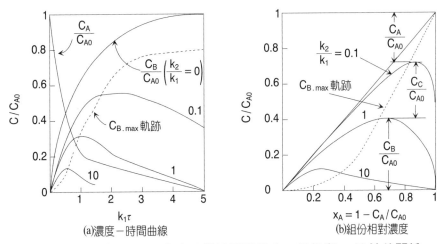

(a)濃度－時間曲線　　　　　(b)組份相對濃度

圖 3A-1　反應 A→B→C 在平推流反應器中，組份與 τ 及 X 的關係

(2)全混流反應器

$$\tau = \frac{C_{A0} - C_A}{k_1 C_A}$$

$$= \frac{C_B}{k_1 C_A - k_2 C_B}$$

$$= \frac{C_C}{k_2 C_B}$$

$$\therefore C_A = \frac{C_{A0}}{1 + k_1 \tau}$$

$$C_B = \frac{k_1 \tau C_{A0}}{(1 + k_1 \tau)(1 + k_2 \tau)}$$

$$C_C = \frac{k_1 k_2 \tau^2 C_{A0}}{(1 + k_1 \tau)(1 + k_2 \tau)}$$

$$\frac{dC_B}{d\tau} = \frac{k_1 C_{A0}(1 + k_1 \tau)(1 + k_2 \tau) - k_1 \tau C_{A0}[k_1(1 + k_2 \tau) + k_2(1 + k_1 \tau)]}{(1 + k_1 \tau)^2 (1 + k_2 \tau)^2}$$

$$= 0$$

$$\therefore \tau_{opt} = (k_1 k_2)^{-\frac{1}{2}}$$

$$C_{Bopt} = \frac{C_{A0}}{\left(\sqrt{k_2/k_1} + 1\right)^2}$$

圖 A3-2，是此反應全混流反應器中的行為。

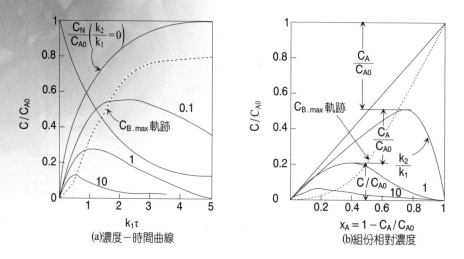

(a)濃度－時間曲線　　　　　　(b)組份相對濃度

圖 A3-2　反應 A→B→C 在全混流反應器中的行為

圖 A3-3 是此一類型的反應在平推流（——實線）和全混流（…虛線）反應器中行為的比較。可以看出 B 的選擇性，以平推流為優。

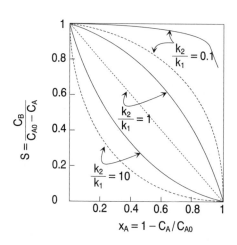

圖 A3-3　反應 A→B→C 在平推流和全混流反應器中行為的比較

【例題 A3-4】醋酸甲酯的水解反應：

$$\overset{(A)}{CH_3COOCH_3} + \overset{(B)}{H_2O} \rightarrow \overset{(C)}{CH_3COOH} + \overset{(D)}{CH_3OH}$$

已知：反應速率和醋酸甲酯與醋酸（具催化作用）成正比。

在批式反應時，$C_{A0} = 500 \ mol/m^3$，$C_{B0} = 50 \ mol/m^3$，反應時間為 5,400 秒時，A 的轉化率為 70%。

求：(1)根據批式反應資料，求反應速率常數及最大反應速率。

　　(2)在全混流反應器中，A 達到 80% 轉化率需要多少停留時間。

　　(3)在平推反應器中，A 達到 80% 轉化率需要多少時間。

　　(4)如果在全混流反應器後聯結一平推流反應器，在 A 達到 80% 轉化率時，總停留時間，及在全混流和平推流反應器中的停留時間為多少。

　　(5)反應在再循環的平推流反應器中進行，$C_{A0} = 500 \ mol/m^3$，$C_{C0} = 0$，A 在出口處的轉化率為 80%，使停留時間為最短的再循環比是多少。

解答

$$-r_A = kC_A C_C$$

$$= kC_{A0}(1 - X_A)(C_{C0} + C_{A0}X_A)$$

$$= kC_{A0}^2(1 - X_A)\left(X_A + \frac{C_{C0}}{C_{A0}}\right)$$

$$= -C_{A0}\frac{dX_A}{dt}$$

(1) $kC_{A0}dt = \dfrac{dX_A}{(1 - X_A)\left(X_A + \dfrac{C_{C0}}{C_{A0}}\right)}$

　　積分：

$$kC_{A0}t = \frac{1}{\left(1 + \dfrac{C_{C0}}{C_{A0}}\right)} \ln \left[\frac{X_A + \left(\dfrac{C_{C0}}{C_{A0}}\right)}{\left(\dfrac{C_{C0}}{C_{A0}} - \dfrac{X_A C_{C0}}{C_{A0}}\right)}\right]$$

$$\therefore k = \frac{1}{500 \times 5400 \times (1 + 0.1)} \ln \left[\frac{0.7 + 0.1}{0.1 - 0.1 \times 0.7}\right]$$

$$= 1.106 \times 10^{-6} \, m^3 / mol \cdot sec$$

$$-r_A = (1.106 \times 10^{-6})(500)^2 (1 - X_A)\left(X_A + \frac{C_{C0}}{C_{A0}}\right)$$

$$= 0.2765(-X_A^2 + 0.9X_A + 0.1)$$

$$\frac{dr_A}{dX_A} = 0.2765(-2X_A + 0.9)$$

$$= 0$$

$\therefore X_A$ 的最大值，$X_{Amax} = 0.45$

$X_A = X_{Amax}$ 時的反應速率 $(r_A)max$ 為

$$-(r)_{max} = 0.2765(-0.45^2 + 0.9 \times 0.45 + 0.1)$$

$$= 8.364 \times 10^{-2} mol / m^3 \cdot sec$$

(2)全混流反應器，停留時間 τ ：

$$\tau = \frac{C_{A0}X_A}{(-r_A)}$$

$$= \frac{C_{A0}X_A}{kC_{A0}^2(1 - X_A)\left(X_A + \dfrac{C_{C0}}{C_{A0}}\right)}$$

$$= \frac{500 \times 0.8}{(1.106 \times 10^{-6}) \times 500^2(1 - 0.8)(0.8 + 0.1)}$$

$$= 8.037 \times 10^3 \, sec$$

(3)平推流反應器

$$\tau = C_{A0} \int_0^{X_A} \frac{dX_A}{(-r_A)}$$

$$= C_{A0} \int_0^{X_A} \frac{dX_A}{kC_{A0}^2(1 - X_A)(X_A + C_{C0}/C_{A0})}$$

$$= \frac{1}{C_{A0}k\left(1 + \dfrac{C_{C0}}{C_{A0}}\right)} \int_0^{X_A} \left(\frac{1}{1 - X_A} + \frac{1}{X_A + C_{C0}/C_{A0}}\right)dX_A$$

$$= \frac{1}{kC_{A0}\left(1 + \dfrac{C_{C0}}{C_{A0}}\right)} \ln \left[\frac{(C_{C0}/C_{A0} + X_A)}{C_{C0}/C_{A0} - X_A C_{C0}/C_{A0}}\right]$$

$= 6.258 \times 10^3$ sec（小於全混流的 8.037×10^3 sec）

(4)第一個反應器為全混流，第二個反應器為平推流。根據本題第 (1) 部分 $X_A = 0.45$ ，在全混流反應器，當 $X_A = 0.45$ 時，其停留時間 τ_1 為

$$\tau_1 = \frac{C_{A0} X_A, \max}{-(r_A)\max}$$

$$= \frac{0.45}{1.106 \times 10^{-6} \times 500(1 - 0.45)(0.45 + 0.1)}$$

$$= 2.690 \times 10^{-3} \text{sec}$$

在平推流反應器中的停留時間 τ_2：

$$\tau_2 = C_{A0} \int_{0.45}^{0.8} \frac{dX_A}{kC_{A0}^2(1 - X_A)\left(X_A + \dfrac{C_{C0}}{C_{A0}}\right)}$$

$$= 2.473 \times 10^{-3} \text{ sec}$$

$\tau_1 + \tau_2 = 5.163 \times 10^{-3}$ sec（小於(2)及(3)）。

(5)平推流加再循環

$$\tau = C_{A0}(1 + R) \int_{\frac{R \times 2}{1 + R}}^{X_2} \frac{dX_A}{(-r_A)}$$

R 為再循環比，X_2 為反應器出口處的轉化率。

$$\because -r_A = kC_A C_C$$

$$= kC_{A0}(1 - X_A)C_{A0}X_A \quad (C_0 = 0，現在進料中不含 C)$$

$$\therefore \tau = C_{A0}(1 + R) \int_{\frac{R \times 2}{1 + R}}^{X_2} \frac{dX_A}{kC_{A0}(1 - X_A C_{A0} X_A)}$$

$$= \frac{1 + R}{kC_{A0}} \ln\left[\frac{1}{R(1 - X_2)} + 1\right]$$

令 $\dfrac{d\tau}{dk} = 0$，得

$$\frac{1 + R}{R[1 + R(1 - X_2)]} = \ln\left[\frac{1 + R(1 - X_2)}{R(1 - X_2)}\right]$$

$$\because X_2 = 0.8$$

$$\therefore \frac{1 + R}{R(1 + 0.2R)} = \ln\left[\frac{1 + 0.2R}{0.2R}\right]$$

用數值法解，得

$$R_{\min} = 0.74$$

$$\tau_{\min} = 6446 \text{ sec}$$

即是全混流串聯平推流的停留（反應）時間最短。

A3-3 恆溫及絕熱反應

【例題 A3-5】反應

A→B

為一級反應，已知條件為：

在 163℃ 時，k＝0.8 / hr；活化能 E：121.25 KJ / mol

反應熱：347.5 J / g，A 及 B 的分子量均為 250

$C_{PA}＝C_{PB}＝2.093J / g・℃$，比重 $\rho_A＝\rho_B＝0.98 / cm^3$

A 的轉化率為 0.97。

反應為批式，裝、排料的時間為 22 min，

由室溫升溫至 163℃ 需 14 min，假設在此期間內不發生反應。

要求日產 3113 kg，求在恆溫及絕熱操作時，反應器所需之體積。

解答

(1)恆溫反應

$$\text{反應時間 } \tau = C_{A0}\int_0^{0.97}\frac{dX_A}{(-r_A)}$$

$$= C_{A0}\int_0^{0.97}\frac{dX_A}{kC_{A0}(1-X_A)}$$

$$= \int_0^{0.97}\frac{dX_A}{k(1-X_A)}$$

$$= \frac{1}{0.8}\ln\left(\frac{1}{1-X_A}\right)\Big|_0^{0.97}$$

$$= 4.38 hr$$

$$\text{每批生產所需時間} = 4.38 + \frac{22+14}{60}$$

$$= 4.98 \text{ hr}$$

∴ 每日可生產 24 / 4.98＝4.82 批，　要日產 3113 kg，需 3113 / 4.82

＝645.95 kg / 批

∵假設反應器裝料量為體積的 90%。

∴反應器的體積 $= \dfrac{645950}{0.9}$

$\qquad\qquad\qquad = 71.7719 \text{ cm}^3 = 717.72\text{l} = V$

每小時需要移出的熱量 $= (-\Delta H)(-r_A)V$

$\qquad\qquad\qquad\qquad = (-\Delta H)kC_{A0}V$

$\qquad\qquad\qquad\qquad = (-\Delta H)kn_{A0} \quad (n_{A0}：A 的初濃度)$

$\qquad\qquad\qquad\qquad = 347.5 \times 0.8 \times 645950$

$\qquad\qquad\qquad\qquad = 17.96 \times 10^7 \text{ J/hr}$

(2)絕熱反應：反應熱會使得反應系統的溫度升高，因而使得反應速率上昇，反應熱與系統溫度升高之熱平衡為：

$$(-\Delta H_{T0})n_{A0}X_A = \Sigma\left(n_i \int_{T_0}^{T} C_P d\tau\right)$$

假設 C_P 不隨溫度改變，則

$$T = T_0 + \frac{(-\Delta H_{T0})n_{A0}X_A}{\Sigma(n_i C_{pi})}$$

$\quad = 436 + 166X_A \quad (C_{PA} = C_{PB}；n_A = n_B = n_{A0})$

$$\because \ln\frac{k_2}{k_1} = \frac{-E}{R}\left(\frac{1}{T_2} - \frac{1}{T_1}\right)$$

$$\therefore k_2 = 2.61 \times 10^{14}\exp\left(\frac{-14,584}{T}\right) \quad (k_1 = 0.8；T_1 = 436；R = 8.314)$$

$$\because t = \int_0^{0.97} \frac{dX_A}{k_2(1 - X_A)}$$

$$\quad = \int_0^{0.97} \frac{dX_A}{2.61 \times 10^{14}\exp\left(\frac{-14584}{T}\right)(1 - X_A)}$$

用數值法解：

t = 0.12 hr

每批生產需：$0.12 + \dfrac{22 + 14}{60} = 0.72$ hr

同 (1)，反應器體積為 103.77 l

是以絕熱反應時，反應速率快，所需要反應器的體積小，而且沒有冷卻問題。

對不可逆反應來說，絕熱反應時的溫度上限為：

化工程序設計

・原料及生成物的穩定性，即是否會在高溫分解或變化。

・反應器材質的耐溫程度。

可逆反應則必須要考慮升溫對收率的影響。

不可逆反應：

$$A \xrightarrow{k_1} B$$

已知：$k_1 = 1.8 \times 10^5 e^{-6039/T}$

比重 $= \rho = 1.2 \, g/cm^3$；$C_p = 3.768 \, J/g\text{-}°C$；$\rho$ 及 C_p 均為定值（假設）

A 以 $200 \, cm^3/$秒速率進入全混流反應器；反應器體積 $= 10 l$

$C_{A0} = 4 \, mol/l$；$\Delta H = -1.92.59 \, KJ/mol$。

求穩定操作溫度及相對應的轉化率。

解答

全混流反應器：

停留時間 $\tau = \dfrac{C_{A0} - C_A}{(-r_A)}$

$= \dfrac{C_{A0}X_A}{kC_{A0}(1 - X_A)}$

$\therefore X_A = \dfrac{k\tau}{1 + k\tau}$

$= \dfrac{k\left(\dfrac{V}{v_0}\right)}{1 + k\left(\dfrac{V}{v_0}\right)}$

$= \dfrac{90 \times 10^5 \exp\left(\dfrac{-6039}{\tau}\right)}{1 + 90 \times 10^5 \exp\left(\dfrac{-6039}{\tau}\right)}$ （$V = 10 \, l = 10000 \, c.c.$；$v_0 = 200$；）

(A)

熱平衡：

由進料帶入的熱量 + 反應熱 = 移出熱量

由於是絕熱反應，故而移出熱量 = 0

$\therefore v_0 \rho C_p(T - T_0) + \Delta(H)F_{A0}X_A = 0$

$\therefore X_A = \dfrac{-V_0 \rho C_p(T - T_0)}{\Delta H F_{A0}}$

$\qquad = \dfrac{-\rho C_p(T - T_0)}{\Delta H C_{A0}}$

$\qquad = 5.87 \times 10^{-3}(T - 293)$ (B)

X_A 需同時滿足 (A) 及 (B)，依照 (A) 及 (B)，以 X_A 對 T 作圖如圖 A3-4。

A 及 C 點為主要穩定操作點。在 A 點：T = 296°K，X_A = 1.5%。

C 點為 453°K，X_A = 94%。

B 為次穩定點。

在全混流和平推流反應器中，是以控制反應器內反應物變化量的多少來控制溫度。絕熱，完全不代表不需要控制反應器的溫度。

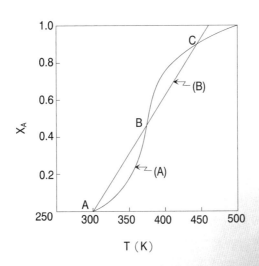

圖 A3-4 絕熱反應穩定操作點

【例題 A3-7】可逆反應的反應溫度與收率

反應：$A \underset{k_2}{\overset{k_1}{\rightleftarrows}} B$

已知：正向及逆流反應均為一級反應；

$\quad k_1 = 8.83 \times 10^4 e^{\frac{-6290}{T}}$，$sec^{-1}$；$k_2 = 4.17 \times 10^{15} e^{\frac{-14947}{T}}$，$sec^{-1}$；

$\quad C_{PA} = 1225 \ J/mol \cdot °K$；$C_{\rho B} = 1172 \ J/mol \cdot °K$。

反應器為全混流，求：

(1)反應熱，

(2)在 $340°K$，求 A 最大的轉化率。

(3)在 $340°K$，停留時間 $\tau = 480 \ sec$，$X_A = ?$

(4)$\tau = 480 \ sec$，劃出 340 至 $370°K$ 之間的 $X_A v_S T$ 圖。

(5)$\tau = 480 \ sec$，進料溫度 = ？時，X_A 為最大值？

解答

(1)平衡常數 $K = \dfrac{k_1}{k_2}$，代入 k_1 及 k_2

$$= 2.12 \times 10^{-11} e^{8657/T}$$

$$\therefore \ln k = \ln(2.12 \times 10^{-11}) + \frac{8657}{T}$$

$$\therefore \frac{d\ln k}{d\left(\dfrac{1}{T}\right)} = 8657$$

$$= \frac{-\Delta H_{298}}{k}$$

$$\therefore \Delta H_{298} = 8657 \times R$$

$$= -71.9 \ kJ/mole \ （放熱反應）$$

(2)$T = 340°K$，平衡常數 K

$\quad K = 2.12 \times 10^{-11} \exp\left(\dfrac{8657}{340}\right)$

$\quad\quad = 2.4224$

$$= \frac{C_{A0}X_{Ae}}{C_{A0}(1-X_{Ae})}$$

（X_{Ae}：平衡時的轉化率，亦為 340°K 時最大的轉化率）

$$\therefore X_{Ae} = 0.708 \text{ 或 } 70.8\% \text{。}$$

(3)全混流反應器，停留時間 τ

$$\tau = \frac{C_{A0}X_A}{(-r_A)}$$

$$= \frac{C_{A0}X_A}{k_1 C_{A0}(1-X_A) - k_2 C_{A0}X_A}$$

$$= \frac{X_A}{8.157 \times 10^{-4}(1-X_A) - 3.371 \times 10^{-4}X_A} \quad \text{（代入已知條件）}$$

$$= 480\text{sec}$$

$$\therefore X_A = 0.252 \text{ 或 } 25.2\% \quad \text{（低於平衡轉化率）}$$

(4)由(3)得：

$$\tau = \frac{X_A}{k_1(1-X_A) - k_2 X_A} = 480$$

$$\therefore X_A = \frac{480 k_1}{1 + 480(k_1 + k_2)} \quad \text{(A)}$$

$$= \frac{480 \times 8.33 \times 10^4 \exp\left(\frac{-6290}{\tau}\right)}{1 + 480(k_1 + k_2)}$$

X_A 之最大值，對 (A) 微分

$$\frac{dX_A}{dT} = 0$$

$$\therefore (1 + 480k_2)\frac{dk_1}{dT} = 480k_1\frac{dk_2}{dT} \quad \text{(B)}$$

$$\because k = A \exp\left(-\frac{E}{k_T}\right)$$

$$\therefore \frac{dk}{dT} = A \exp\left(-\frac{E}{k_T}\right)\left(-\frac{E}{k}\right)\left(\frac{-1}{T^2}\right)$$

$$= kE / kT \quad \text{(C)}$$

將 (C) 代入 (B)，整理後：

$$A_2 \exp\left(-\frac{E_2}{kT_{max}}\right) = \frac{E_1}{480(E_2 - E_1)}$$

（E_1 及 E_2 為 k_1 及 k_2 之活化能；A_2 為 k_2 的常數）

相當最大值 X_A 時之反應溫度 T_{max}

化工程序設計

$$T_{max} = \cfrac{E_2}{R \ln \left[\cfrac{E_2}{A_2(480)(E_2 - E_1)} \right]}$$

$= 352°K$ （代入已知條件）

將 $T_{max} = 352°K$ 代入(A)，得：

$X_{A\ max} = 0.299$ 或 29.9%

(5)反應器的熱平衡

反應熱＝進料帶入的熱量－出料所帶出的熱量

$(-\Delta H)F_{A0}X_A = [F_{A0}(1 - X_A)C_{pA} + F_{A0}X_AC_P](T_{out} - T_{in})$

$\therefore T_{in} = T_{out} - \cfrac{-\Delta H X_A}{(1 - X_A)C_{PA} + X_AC_{PB}}$

$\quad = 352 - \left[\cfrac{71.9 \times 10^3 \times 0.298}{(1 - 0.29q) \times 1225 + 0.29q \times 1172} \right]$

（$T_{out} = 352°K$，$X_A = 0.298$，代入已知條件）

$\quad = 334.2°K$

最佳進料溫度為 $334.2°K$。

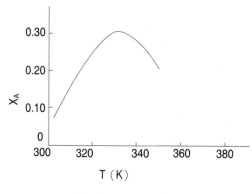

圖 A3-5　$X_A V_S T$

A3-4 恆溫反應之熱傳

$$A \xrightarrow{\ k_1\ } B$$

已知：$C_{A0}=2.0\,mole/l$；其他為惰性物質；進料溫度 $=20℃$

反應溫度：$65℃$；A 之分子量 $=125$；$C_{PA}=C_{PB}=3.762$ $kJ/kg\text{-}°K$；

$\rho_A=\rho_B=0.9\,kg/l$；$x_A=86.7\%$；$k_1=2.0\times10^{13}\exp\left(-\dfrac{11324}{T}\right)$；

B 之產率 $=180\,kg/hr$。

求：(1)反應器之體積。

(2)反應熱 $=-108.9\,kJ/mol$；反應器外層夾套與反應器間的傳熱面積 $=2.9\times V^{\frac{2}{3}}\,M^2$，V 為反應器體積；傳熱係數 $=546.8\,kJ/℃\text{-}hr\text{-}M^2$。冷卻水溫 $=47℃$；假設 ρ 及 C_P 均為定值。求最適反應溫度。

解答

(1)全混流反應器

$$\tau=\frac{C_{A0}x_A}{(-r_A)}$$

$$=\frac{C_{A0}x_A}{kC_{A0}(1-x_A)}$$

$$=\frac{x_A}{k(1-x_A)} \tag{D}$$

在 $65℃$，

$$k=2.0\times10^{13}\exp\left(-\frac{11324}{5.64\times10^{-2}}\right)$$

$$=5.64\times10^{-2}\,mm^{-1}$$

$$\therefore \tau=\frac{0.867}{5.64\times10^{-2}(1-0.867)}$$

$$=115.58\,min$$

$$每小時產量 = 180 \text{ kg}$$

$$= 180000$$

$$= v_0 C_{A0} M_A x_A \quad （M_A，A 之分子量）$$

$$\therefore v_0 = \frac{180000}{C_{A0} M_A x_A} \quad （代入已知條件）$$

$$= 830.45 \text{ l/hr}$$

反應器體積 $V = \tau v_0$

$$= \frac{115.58 \times 830.45}{60}$$

$$= 1599.7 \text{ l} = 1.5997 \text{ m}^3$$

(2) 對反應器作熱平衡

反應熱 $= (-\Delta H)(-r_A)V$

$$= (-\Delta H)kC_{A0}(1 - x_A)V \qquad (E)$$

由 (D) $1 - x_A = \dfrac{1}{1 + k\tau}$，代入 (E)，並代入已知條件，整理後得：

$$反應熱 = \frac{4.182 \times 10^{20} \exp\left(-\dfrac{11324}{\tau}\right)}{1 + 2.312 \times 10^{15} \exp\left(-\dfrac{11324}{\tau}\right)} \quad （\text{kJ/hr}） \qquad (F)$$

將進料加溫至反應溫度所需之熱：

$$= v_0 \rho C_P (T - T_m)$$

$$= 2811.74(T - 293) \quad （\text{kJ/hr}） \qquad (G)$$

夾套冷卻傳熱：

$$= UA(T - T_{H_2O})$$

$$= 2191.4(T - 320) \quad （\text{kJ/hr}） \qquad (H)$$

平衡時，(F) = (G) + (H)

用數值法或疊解得

$T = 334.3°\text{K}$ 或 $61.3℃$

由計算所得之最適反應溫度低於 65℃。即是在實際操作中，熱傳是限制因素之一。

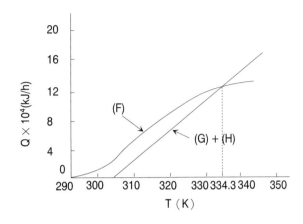

圖 A3-6　反應器的熱平衡

〔A3 取材自梁斌等編著《化學反應工程》，科學出版社（2003）；及丁富新等編著《化學反應工程例題與習題》，清華大學出版社，（1991）〕

多相分離

在討論了設計反應器的原則之後，本章開始討論如何選擇分離（seperation）過程，來將所需要的產品自反應後混合物中分離出來。**工程師在設計分離過程的首要工作是確定目標及限制**，例如：

- 和產品品質相關的，例如**對純度、雜質的含量以及產品的形態的要求**。
- 和產品性質相關的，例如**處理溫度的上限**等。
- 和銷售相關的，例如分離費用不能超過某一上限。

在分項列舉對分離操作的要求之後，要訂定：

- **各項要求的優先次序**，即是哪些條件是不能打折扣一定要滿足的，哪些是可以修正的。

然後考慮這些分離要求要如何達成。**分離的費用一定是考慮的重點**，從費用的觀點出發：

- 分離所涉及的步驟，愈少愈好。
- 儘可能的不改變被分離系統的狀態（相、溫度、壓力），改變狀態增加費用。
- 儘可能的不要在被分離系統中加入其他物質，加入的必須要再分離出來，一定會增加費用。

必須要指出，製程設計一般只涉及到如何應用現有的技術和設備，而不涉及到發展新的分離技術或設備。發展新的分離技術要另定專題研究，不可與製程設計混在一起。同時化學工程師不具有單獨設計設備的訓練，在實務上要了解設備生產廠商的能力，而不要閉門設計。

4.1 分離原理

不同的物質具有不同的性質，**不同的分離方法是針對不同類性質上的差異而設計出來的**。要選擇那一種方法來分離物質A和物質B，是要比較 A 和 B 的性質有那些差異，**差異愈大，分離的條件愈容易滿足**，分離的結果也比較能接近完全分離。要考慮到的性質有：

- 在不同溫度時相（phase）的差異
- 物理性質，如比重。
- 分子的性質包括：
  - 分子的大小
  - 分子之間的作用力，例如
    * 沸點和蒸氣壓，
    * 溶解，或和其他分子之間的作用力；以及介面性質。
- 分子的結構，包括：
  - 極性，
  - 形成離子的難易，
  - 化學性質。

一般來說，**不同相的分離，及利用不同比重來分離是最簡單，而且也是費用最少的分離方法。利用化學方法來分離是最複雜也是最貴的分離方法**。分離過程中如果需要用到物質的潛熱（latent heat），例如氣化（vaporization），**所需要的能也會比較高**。

4.2 多相分離

在化工製程中所遭遇到的多相包括有：

- 氣態和液態，
- 氣態和固態，
- 不相容的液態和液態，
- 液態和固態，
- 不同性質（例如介面性質）的固態和固態。

使用到的分離方法有：

- 沉澱法（settling and sedimentation），這是利用物質在比重，或是重力（gravitional force）上的差異來分離。
- 離心及動量（centrifugal and momentum）法，如果比重差別不大，加快物質運動的速度，其動能（monentum）所呈現的差異性會比較大，使能分離過程加速和更有效進行。
- 靜電沉澱（electrostatic precipition），在電場中，使易離子化（ionization）的物質變成離子，而吸附在電極上。
- 過濾（filtration）及膜分離（membrone seperation），利用物質體積的不同，在流經具有小孔的介質時，將大小不同的物質分開。可以用於固態和液態的分離，也可用於大小分子的分離。
- 水滌（scrubbing），一般用於分離氣態物質及小粒徑粉狀固態物質的分離。
- 乾燥（drying），這是利用熱能來將固—液混合體中的液體揮發出來，能耗比較高，液態的多半是水，通常是在利用沉澱、離心或過濾等機械方式，脫水之後要除去最後剩餘水分時所採用的方法。

前列方法分述如後。

4.3　沉澱法

沉澱法是利用物質在比重上的差異，因承受的地心引力的不同，來將物質分開。可以應用到氣－液、液－液、固－液的分離上。

參看圖 4-1 (a)，氣體和液體的混合物，進入到氣、液分離器（seperator）中後，流動的速度減慢，重的液體向下聚集流出，輕

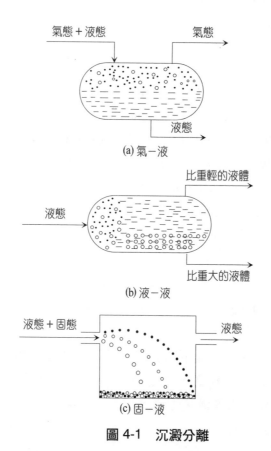

(a) 氣－液

(b) 液－液

(c) 固－液

圖 4-1　沉澱分離

的氣態物質則自上方排出。由於這是一種簡單、方便而又省錢的分離方法，故而經常會被用到。同時也可先冷凝一下，造成氣液兩相。例如在300℃時，物質都是氣態，如果從300℃冷凝到150℃，則有物質會是液態，如此即可應用此一方法將沸點比較低的和比較高的物質分離出來。另一種情況是先將溶液加熱之後，注入分離器中，溶劑氣化由上方排出，濃度更高的溶液則在下方。這種分離方法不適用於分離性質相差小的混合物。是一種方便、簡單易的、分離性質差別大的混合物。

相容性低，或者是說**溶解參數**（solubility parameter）**相差大，的液體，在靜置時會分層**，例如水和油，再將比重小的物質自上方抽出、比重小的由下方流出。參看圖 4-1 (b)、在用作油（有機物）水分離時稱之為**油水分離器**（decanter）。生產芳香族的工廠，其原料是重組汽油（reformate），成分包含有 $C_5 \sim C_9$ 的烷和 BTX（bengene, toluene 及 tylene）；加工的第一道工程即是要將烷和 BTX 分離，說明如下：

芳香族中的苯可以和重組汽油中的多種烷形成共沸（azeotropic）物，故而不能直接用分餾法分離。解決這個問題的方法，是在重組汽油中加入溶劑，溶劑對 BTX 的溶解度高於對烷類的溶解度，形成烷，及溶劑和 BTX 所形成的溶液的混合物。

在通入到靜置分離器（settler）中之後，比重大的溶劑和 BTX 的溶液沉在底部，抽出後在分餾塔中分離出 BTX 和溶劑，BTX 繼續進入進一步的分離裝置；溶劑則回收再利用；烷則由分離器上方抽出作為汽油。這種藉由分子之間作用力的不同，因而造成與其他分子之間相容性上的差異（溶解參數不同），來分離不同分子的方法，稱之為**溶劑萃取**（solvent extraction）。是一種工業上會使用到的分離方法。

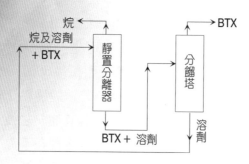

圖 4-2　溶劑萃取流程示意圖

　　液態和固態的分離如圖 4-1 (c)，自來水廠的沉澱池即是使用這種分離方法。當水中的含泥量高的時候，沉澱池中會加設慢速的攪拌裝置導使向下流動，同時也將泥漿向下排出。

4.4　離心及動量法

　　在 4.3 節中所討論的沉澱方法，進料的速度一般不大；是利用不同物質的比重不同，所受到的重力來分離。**當固體的粒子變小時，粒子單位質量的表面積增加，於是浮力（buogancy）增加，抵消了向下的重力，使分離的效果變得很差。圖 4-3 是三種加大進料的流速，使得固態粒子向下的動量增加，來加強分離的效果。**

　　如果再進一步增加進料的流速，同時將分離器做成上大下小的錐形，並調整進料的角度。則物流在分離器中環流，比重大的粒子向分離器壁移動，然後向下沉積；比重小的流體則向中間移動，由上方流出，即是旋風分離器（cyclon）（圖 4-4）。分離的效果，依照設計而不同。生產廠家會提供不同型號分離器對不同大小和比重粒子的分離效率。一般對粒子尺寸在 30μ 以上的效率比較高。

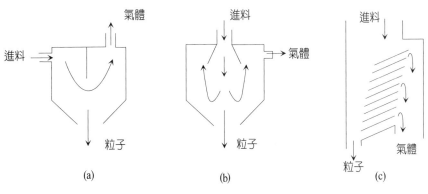

圖 4-3　利用進料流速

　　工業上要連續高效率的分離固相和液相，或是相容性低的液態混合物，其設備的示意圖如圖 4-5。進料在分離器中，依照比重的不同，在離心力的作用下，而向外壁和中心部位集中後排出。

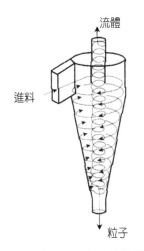

圖 4-4　旋風分離器

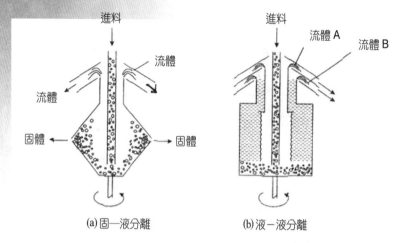

(a)固－液分離　　　　　　　(b)液－液分離

圖 4-5　離心、固－液及液－液分離

4.5　靜電分離

　　4.3 節所討論的固態和氣態的分離方法，適用於比較大的固態粒子（200μ 以上）；在 4.4 節所討論的旋風分離器可以有效的分離 30μ 的粒子；對再小，尤其是 1μ 左右或更小的粒子則分離效力甚低，甚致於無效。**為了消除粉塵散布到大氣中去，工廠會採用靜電吸塵的做法，來除去粉塵。**圖 4-6 是靜電吸塵器的示意圖。除塵器的中央設置電極，而外壁接地；帶有粉塵的氣體流入分離器，粉塵在電場中離子化而在電場的作用下，移向外壁；氣體則自上方流出。這是目前大量分離細小塵粒的方法。

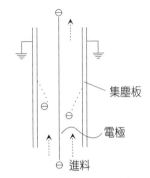

圖 4-6　靜電分離示意圖

4.6　過濾

　　過濾是使固態和液態的混合物流經一多孔的介質（medium），尺寸大於介質孔徑的固體體積留在介質上，尺寸小於介質孔徑的則流出，固態一班是有用的產品。介質一般是不同材質的濾布。圖4-7 (a)是框板式過濾，進料在壓力下流過濾布，固體留在濾布上形成濾餅（cake），濾液（filtrate）經過濾布流出。在固體充滿之後，打開過濾機，取出濾餅，是批式操作。

　　圖4-7(b)是袋濾（bag filter），進料流經濾袋，固體留在袋內，氣體則流經濾袋排出。這種過濾的方式，基本上是批式。生產碳黑即是利用袋濾。

　　圖4-7 (c) 和 (d) 是利用真空作為驅動力、連續過濾的示意圖。

　　如果產品是固態，過濾和離心是固液分離的主要操作，二者的主要區別是離心可以在密閉的空間中操作，故而可以回收液相，而過濾不能在密閉的空間中操作，故而液相會有比較大的耗失。在固液分離之後，必須有乾燥操作。

　　前列的過濾方法，受限於濾布上孔徑的大小，可分離 10μ 及以

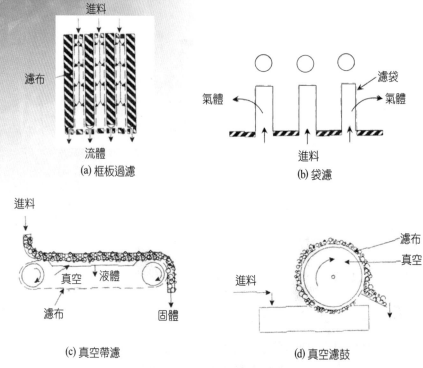

(a) 框板過濾

(b) 袋濾

(c) 真空帶濾

(d) 真空濾鼓

圖 4-7　過濾裝置示意圖

上大小的粒子。再細微的分離，則需用具有微孔由聚合物所製成的膜作為介質，稱之為微濾（microfiltration, MF），及超微濾（ultra microfiltration, UF）。一般粒子大小的分類如表 4-1

表 4-1　粒子大小的分類

粗粒	直徑 0.1～2 mm（100～2,000 μ）
細粒	10～100 μ（0.01～0.1 mm）
微粒（micro）	0.5～10 μ
大分子（分子量 > 500）	10～500 nm
小分子及離子	0.1～10 nm（0.0001～0.01 μ）

微濾和超微濾的範圍如表 4-2。

表 4-2　微濾和超微濾

項目	微濾（MF）	超微濾（UF）
膜的材料	纖維素*，PVC 等，微孔膜等	PAN，聚碸等，複合膜
操作時的壓差，MPa	0.01～0.2	0.01～0.5
分離的物質	> 0.1 μ 的粒子	分子量 > 500 的分子，和膠體懸浮物
分離機理	篩分，和傳統過濾相同	篩分，以及膜的物、化性
處理量（水的滲透量），立方米／（m²·日）	20～200	0.5～5

* 醋酸纖維，人造絲（rayon）等。

　　由於膜是由聚合物構成，而在一定的程度上，可以**使製膜的聚合物帶有功能性**，例如離子交換（ion exchange），**這就進一步的擴大了分離膜的分離能力**。現在用圖 4-8 來說明，圖中的分離膜是以聚合物為基材製作的，具有親油性，或者是說具有斥水性；要分離的流體中包含有親油性和親水性兩種分子；親油性的分子可以接近通過膜，但是親水性的分子則被膜排斥而不能接近膜，故而完全不能通過；加強了分離的效果。即是說，除了膜中孔徑的大小以外，功能性的分離膜尚具有吸引或排除某些分子的功能，分離的效果更強。在第五章中有更多的討論。

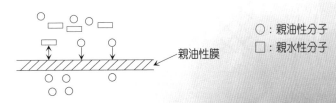

○：親油性分子
□：親水性分子

親油性膜

圖 4-8　親油性過濾膜。

　　在工業上，在離子交換膜之間加上電極的膜電解（electrolysis）

用於食鹽的電解；電滲析（electrodialgsis）用於海水淡化等。膜可以分離出氧氣中微量的氧和二氧化碳。食品業中用於果汁的濃縮等。在醫療上用於洗腎等。

4.7　水滌

　　水滌是利用水沖洗的方式，來除去氣體中所含有的固態微粒子，或是可溶解在水中的氣態組份。其操作情況如圖 4-9 所示。圖 4-9 (a) 是在一填充塔內，進料由下向上流動，洗滌水由上向下，由於填充料的存在，水和進料可多次接觸，氣體由塔的上方流出，水及塵粒由塔的下方排出。圖 4-9 (b) 是噴水洗滌，進料由塔底向上流動，經過多次與水流相遇後由塔頂流出，水及塵粒由塔下方排出。

　　火力發電廠和水泥廠，其尾氣（tailgas）的排放量很大，同時尾氣中含有塵粒，一般是要先經過水滌後才能排放到大氣中。尾氣中可能含有硫和氯的化合物，是酸性的，需要耐腐蝕的材質。在水滌之後含塵量如仍過高，則需要靜電分離。

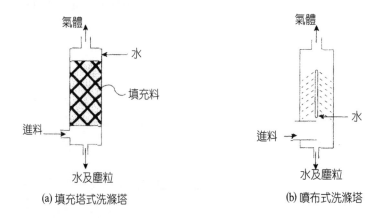

圖 4-9　洗滌塔示意圖

4.8 乾燥

前述所有的固態和液態分離方法，所得到的固態產品中均含有液體。如果固態是所需要的產品，就必須進一步除去固態中所殘存的液體，這就必須用到乾燥。圖4-10是四種常用到乾燥器的示意圖。

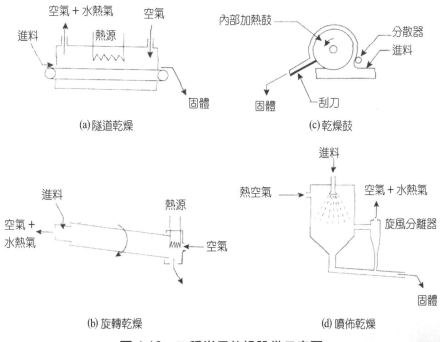

圖 4-10　四種常用乾燥設備示意圖

基本上，進料和熱空氣相對流動（counter flow），以增加熱傳效率。隧道乾燥器中有時會加裝振動器（vibrator），使得被乾燥物跳動而增加乾燥效率，稱之為流動床乾燥器（fluidized bed dryer）。被乾燥物停留在乾燥設備內的時間，以噴佈乾燥最短；同時由於液態是經由噴嘴（atomiger）噴出，顆粒小而容易吸熱揮發，故而乾燥器內溫度不會過高；適宜於食品加工。

複習

Ⅰ. 請詳細說明下列各名詞

(A)沉澱法分離;(B)離心及動量分離;(C)靜電沉澱分離;(D)水滌分離;

(E)乾燥;(F)溶劑萃取;(G)膜分離。

Ⅱ. 儘可能詳細回答下列問題。

(A)在決定分離

(a)固態和氣態

(b)固態和液態

(c)液態和氣態

你需要了解被分離物的那些資料?

(B)如果固態:

(a)是所需要的產品,

(b)不是所需要的產品

你分別會考慮應用那些分離方法,依照固態和氣態、以及固態和液態分別討論。要說明理由。

(C)氣相和液相分離,如果:

(a)氣相是主產品,

(b)液相是主產品,

你會分別用什麼方法分離,詳細說明理由。

(D)你所需要的是固態產品,要經過二個以上的分離操作,乾燥會是你分離操作順序中的什麼地方?要說明理由。

(E)本章中所討論的分離方法,可以應用在:

(a)主要的分離步驟之一,或是

(b)用於除少量的物質,或是

(c)用於和環保相關的操作。

請詳細說明理由。

CHAPTER 5

均相分離

在化學工業中，**80%** 的均相分離是使用分餾（distillation）因為分餾具有：處理量大、可作高純度分離、適用範圍廣，以及對分餾的理論和應用有比較清楚的了解等優點。分餾的基礎是利用不同組份蒸氣壓（vapor pressure）的不同來作區分。例外的情況有：

- 各組份蒸氣壓的區別甚少，例如形成共沸物（ageotropic），則或可利用分餾劑（mass seperation agent 或 entrainer）來使得各組份之間蒸氣壓的差別加大，以增加分餾效果；或是使用其他分餾方法。

- 被分餾的組份對熱敏感，即是在較高的溫度中會變質，例如食品、藥物等。則必須使用費用較高的真空或減壓分餾（vacuum distillation），減壓的目的是降低沸點；或是使用其他的分離方法。

- 被分離的組份分子量小或是沸點低，在分餾時需要用到高費用的冷凍（refrigeration），或者利用到高壓分餾（提高組份的液化溫度）；由於分餾的成本高，可以考慮其他的分離的方法。

- 組份中包含有沸點差別小，但分屬於不同化學結構的族，例如烷類和芳香族，則需要用到其他的分離方法。

- 需要被分離出組份的量很少，用分餾方法來分離的費用太高，需要考慮用其他的方法，例如吸附（adsorption），來除去少量的組份。

本章將依次討論：分餾的理論基礎和裝置、分餾設計程序、特殊分餾、分離的次序及整合以及其他的均相分離方法，包含吸收（absorption）、汽提（stripping）、萃取（extraction）、吸附（adsorption）、結晶（crystallization）和蒸發（evaporation）和膜（membranes）分離。

在實務上，分餾塔之設計過程包含有：

- 設定操作條件及設計參數。
- 用電腦模擬及優化，以取得最佳設計。
- 在全廠設計完成之後，再進行整個製程優化。全廠優化的結果可能再一次的改變由得到單一操作優化所得的結果。

5.1 分餾的理論基礎和裝置

均相的分離通常極為困難，通常是人為的生成另一相以便分離。例如組份 A 的沸點比較低（蒸氣壓高）、組份 B 的沸點比較高（蒸氣壓低）。如果 A 和 B 同為液相，加熱使產生氣相：則相對的氣相中的 A 變多，液相中的 A 相對的比較少；氣相中的 B 較原系統中少，液相中的 B 相對比較多。即是加溫使蒸氣壓高的組份移向氣相，蒸氣壓低的組份向液體相移動。同樣的，如果 A 和 B 同為氣相，加以降溫後產生液相，蒸氣壓低的組份 B 向液相移動，蒸氣壓高的組份 A 多數留在氣相。在此一過程中，組份 A 和組份 B 被分離的程度，是以在該溫度和壓力下，A 和 B 由液態轉為氣態的速率，及由氣相轉為液相的速率相成為上限。除了 A 和 B 的蒸氣壓差異極大的情況之外，一次（一級，single stage）分離的效果有限；如果將蒸氣部分向上送至另一段（級）部分冷凝為液體，則在蒸氣中，組份 A 的濃度進一步增加；將液體部分，送到另一級中進一步氣化，則在液態中 B 的濃度會進一步增加。如此重複，直至沸點低（蒸氣壓高）的組份 A 在氣相中的濃度接近 100%（或接近

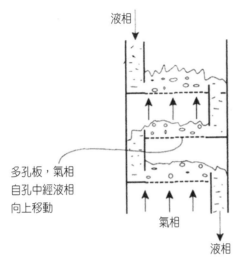

液相

多孔板，氣相
自孔中經液相
向上移動

氣相

液相

圖 5-1　分餾示意圖

產品規格的要求）；同時在液態中，沸點高的組份 B 的濃度接近規格的要求值。

在實務上，**分餾是利用氣相與液相的大面積接觸來達到氣－液平衡**。同時為了要能連續整個過程，**每一級平衡是在一個塔板（tray）或板（plate）上進行**。參看圖 5-1，塔板上有大量的小孔，氣相由小孔流經液相，與液體接觸達到氣－液平衡，然後再向上方移動，達到另一塔板，重複與液態接觸。而液相則自上向下流動，流經有孔的板面從另一側向下方。此一系統能運作的必要條件之一是液相不能經由小孔向下流動，如果液相自小孔向下流動，阻礙了氣相向上流動，稱之為**液漏（weeping）**；另一種情況是氣相的壓力太大而導致液相不能向下流動，稱之為**液泛（flooding）**。這兩種情況均使得氣－液相互接觸的功能消失，分離的效果喪失。

整個分餾過程中，是以氣－液相相互接觸達到平衡為基礎，是以分餾塔必須包含有使氣態轉變為液態的冷凝器（condenser），和使液態氣化的**再沸器（reboiler）**。參看圖 5-2，進料由塔的中部進入，在進料點以上稱之為**精餾段（rectifging section）**，意指蒸氣壓高的組份和低的組份已大致分開，在這一段中作進一步的細分。在進料以下的稱之為**氣提段**（stripping section），即是將蒸氣壓高的組份自液態中移至氣相。塔頂為冷凝器，一般是將所有的氣相全部冷凝為液體，一部分作為產品引出，一部分自塔頂向下回流，回流與引出的比例稱之為**回流比**（reflux ratio）。塔底的液相，一部分作為產品引出，另一部分則氣化為氣態。冷凝器和再沸器都是分餾塔必備的。分蝕塔內的壓差，即是再沸器的蒸氣壓，與冷凝器的蒸氣壓之差。

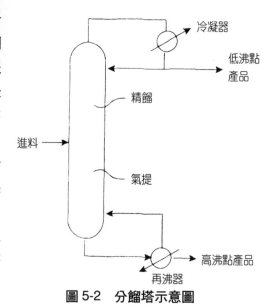

圖 5-2　分餾塔示意圖

　　如圖 5-1，**每一層塔板代表一次氣－液平衡**，塔板有不同的設計及不同的專業生產商。**泡罩**（bubble cap）和**浮閥**（floating valve）塔如圖 5-3，由於分餾的基礎是藉由氣－液相的大面積接觸而達到氣－液平衡、以分離蒸氣壓不同的組份的效果。不同型的塔板是經由氣相自液相中通過而達成此一目的。如果塔內堆集有粒狀的固體，液態沿固體粒狀物的處壁流下，而氣相則在固體粒狀物之間的空隙流過，其所在達到的效果和塔板相同，亦就是說具有分餾分離的效果。這一類**由塔內固態填充物取代塔板的分餾裝置稱之為填充塔**（**packed bed**）**分餾**。參看圖5-4，塔內的填充料可粗分為兩大類：

- 一類是圓棒、圓筒、馬鞍等形狀的粒形填充物，材質包含有陶瓷、鋼材及塑膠等。（圖 5-4 (a) 及圖 5-5）。
- 另一類則是以金屬片材製作，具有一定形狀的填充物。有這一類中，藉由不同的形狀，可以規範液態和氣態的流動途徑，比較容易預測分餾塔的行為。圖 5-4 (b) 中的黑色部分為填充材料，白色部分為空隙。

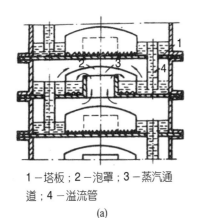

1－塔板；2－泡罩；3－蒸汽通道；4－溢流管

(a)

1－閥件；2－塔板；3－閥孔；
4－起始定距片；5－閥腿

(b)

圖 5-3 (a) 泡罩及 (b) 浮閥塔板示意圖。每片浮閥的重量為 25～35 g。

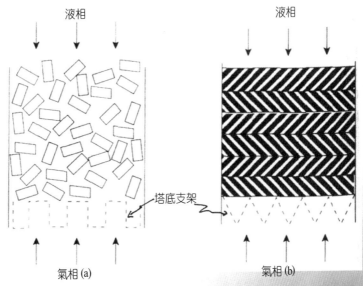

(a) 粒狀填充料，填充料為隨機排列。(b) 結構型填充料，排列方式規則。

圖 5-4 填充塔分餾示意圖

塔板型和填充塔型分餾裝置的主要區別如下：

- 填充塔型一般用於比較小產量，例如每小時 10 噸或以下，
  小型塔板的製造費用比較高；同時大型填充塔（大半徑）內
  氣－液分佈不易控制。

- 填充塔一般只能用於固定組份的分離，一旦裝置完成之後，
  不容易調整內部的填充材料安排，以適應不同組份的分離。
  而塔板型可以調整每一塔板的參數，來適應分離不同組份的
  分離。即是塔板型的靈活度（flexbility）比較高。

- 填充塔內的壓差比塔板型的小，如果要採用低壓或真空分
  餾，填充塔比較容易設計及操作。

- 如果有腐蝕問題而必須選用特殊材料，則用特殊材料來製作
  填充材料，遠比用特殊材料製作塔板容易。

- 填充塔內液相的殘留量（hold up）處低於塔板型。同時如果
  有產生泡沫的問題，填充塔內產生的內泡沫較少。

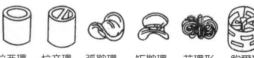

拉西環　拉辛環　弧鞍環　矩鞍環　花環形　鮑爾環

三角線圈　　θ型網環　馬鞍型網　　壓延孔環

圖 5-5　不同形狀的填充材料。上方為陶瓷或塑膠材質；下方為金屬材質。

5.2 分餾設計程序

設計第一步是設定目標,對分餾來說,其首先要設定的目標就是分餾所得產品的純度要求或是產品規格(product specifications)。一般是先設定主產品的要求,如果塔頂和塔底產品都具有商業價值,則必須決定何者為主產品;設計的要求以主產品為準。

在設定產品規格,或是分餾的目標,之後,需要先預設分餾的條件,這些條件包括:壓力、回流比、進料條件及冷凝器的的操作條件,在設計過程中,這些條件會再作修正,逐步走向最終設計。分述如後。

5.2.1 設定操作條件

低壓或真空操作,以及使用冷凍的費用高,在設計分餾設備時,一般均在合理範圍內避免在這兩種情況下操作。

5.2.1.1 壓力

分餾塔內壓力的來源是各組份在某溫度蒸氣壓的總和,塔壓高;塔內的溫度相對應的也高。提高塔壓有如下的效應:

- 由於各組份相對的蒸氣壓差,會隨著總壓力的增加而減少,故而使分離變得困難。
- 氣化的潛熱下降,故而再沸器及冷凝器的熱量減少。
- 高壓力導致氣相的密度增加,故而分餾塔的總體積會減少,或塔徑變小。
- 再沸器和冷器的操作溫度會上升。

一般是將塔壓儘可能設定在略高於一大氣壓,以便於用水或空氣來冷卻冷凝器以節省費用。但是塔壓必須高到能維持塔內液相的

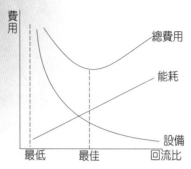

圖 5-6　回流比與投資及能耗的關係示意圖。

存在。故而分餾低分子量的碳氫化物時，塔壓會相當高，同時凝器也必須使用冷凍。

5.2.1.2　回流比

分餾塔內的氣相組份，在塔頂的冷凝器中冷凝為液相，一部分冷凝後的液相回流到塔內，其他的作為產品或中間產品排出。**低的回流比表示塔中的分離效果好，或者是塔中塔板的數量要夠多，相對的投資費用高**；如果回流比高，即是大部分的冷凝物都回到塔中，作為產品排出的少；相對於相同量的產品，高回流比代表所需要的能耗高。參看圖 5-6，可以估算出最佳回流比。

在實務上，一般將回流比設定在 1.1 附近，此一數值通常高於估算值。

5.2.1.3　進料狀態

所謂的進料狀態，即是進入到分餾塔中的組份，是處於氣態或是介於氣和液態之間的狀態。**預先加熱進料有下列效果：**

- **精餾部分的板數加多，而氣提段的板數減少。**
- **再沸器所需要的熱量減少，而冷凝器的冷凝器需求加大。**

進料一般是處於飽和和液體（saturated liquid）和飽和蒸氣（saturated vapor）之間，在設計時先假設進料是飽和液體。

5.2.1.4　冷凝器

對冷凝器所要作出的設定是要將到達塔頂的成分全部或是部分冷凝，一般的做法是採取全部冷凝，以便於作為產品的貯運或加工。

如果塔頂組份中含有比主產品蒸氣壓高（分子量小）而不作為產品出售的組份，則可採用部分冷凝，繼之以相對簡單的氣－液分離。

5.2.2　分餾塔設計

分餾塔設計的重點，是設計塔內所需要塔板的數量，其基本計算的方式和教材中所陳述的相同，但是要參考塔板生產廠商所提供的參數。填充塔則必須要以填充材料生產廠商所提供的參數作為主要依據。

在計算出所需要的塔板數之後，即可計算分餾塔的高度。分餾塔的高度包含下列各項：

- 塔板本身的高度。
- 塔板之間的距離（tray spacing）一般定在 0.45 至 0.6m 之間。依照不同的塔板設計最低可以到 0.35m。對填充塔來說，依照不同的填充材料，0.2 至 0.9m 的高度相當於一層塔板，或是理論塔板數（number of theoretical plate HETP）。
- 在計算塔板數量時，是假定在每一層塔板都達到了平衡；在實務上塔板效率（overall trag efficiency）在 0.7 至 0.9 之間。將塔板效率考慮在內，另外再增加 5～10% 的塔板數，小數點均以整數計算，所得到的是最終的塔板數。
- 依照塔板的數量和高度及塔板之間的距離，然後再在塔底和塔頂各留 1 至 2m 的空間，即為塔的高度。
- 塔本身是一結構體，即是在設計時要考慮在不同氣候，災變時所需要的強度。一般以 100m 為分餾高度的極限，計算出來的高度接近 100m，就要考慮分為兩個塔處理。

- 填充塔的高度一般以 6m 高為極限，或者是塔高為塔直徑的十倍值，取前二者的較小值，外加塔頂及頂底各 1 至 2m 高度，為塔的提高度。

估算塔的直徑程序如下：

- 計算塔內氣相和液相的流量，按各層塔板的流量的均不同，估算時先考慮最上及最下一層。
- 氣相的流速一般設定在每秒 0.5 至 2m 之間，根據塔板或填充材料生產工廠的資料，由氣相流速再計算液相的泛流速（flooding velocity）。
- 以液泛流速的 80% 為基準，估算液相在塔板間流動所需要的面積。實務上，此面積占塔板總面積的 5～15%，以 10% 為基準估算。以此倒推塔板的面積及直徑。由於氣和液相的流速及流量在各層塔板之間不同，計算出來的結果一般是塔底所需要的直徑大，塔頂的直徑比較小，故而分餾塔的直徑一般是底部比較大。

前列的估算結果，在逐步精算時均需修正。

請參閱範例 2。

5.3 特殊分餾

分餾是依照物質沸點或蒸氣壓的差異來將不同的組份分開，如果組份會**形成共沸**（azeotropic），**或者是沸點的差異小**，分餾即達不到分離的目的。**這時需要在系統中加入助分離劑**（entrainer）；例如在提取高純度酒精時，加入乙二醇，以打破酒精 95% 水 5% 時的共沸點。加入助分離劑，有可能會在分離物中滲入了另一需要分離的物質而導致其他的問題。

萃取分餾（extractive distillation）是一在工業上應用已久的分離法。例如要分離輕油裂解（naphtha cracking）後混合碳 4（mixed C_4）中的 1，3，丁二烯。混合碳 4 的成分及沸點如表 5-1：

表 5-1　混合碳四的成分及性質

組份	沸點，℃	比重	含量，%
異丁烷	− 11.7	介於 0.55 至 0.6 之間（液態）	0.7～0.8
異丁烯	− 6.9		18～21
正丁烯	− 6.3		16～17
1，3，丁二烯	4.4		50～57
反-2-丁烯	− 0.8		2～5
正丁烷	− 0.5		1.5～1.8
順-2-丁烯	3.27		2～3
1，2，丁二烯	10.8		小於 0.1

從表中可以看出，1，3，丁二烯的沸點和正丁烯及異丁烯非常接近，不易分餾。如果在分餾時加入強極性（分子中電子分布不均勻）的物質作為溶劑，則由於飽和碳 4 的極性最低（分子中電子分布均勻）、丁二烯中有兩個雙鍵極性最高；故而丁二烯在極性溶劑中的溶解度最好，丁烯次之，丁烷最差。如果溶劑的沸點高於被分離物的沸點，則在形成溶液之後，其沸點的差異變大。表 5-2 是若干用於 1，3，丁二烯分離溶劑的性質。

表 5-2　用於丁二烯分離溶劑的性質

溶劑	分子式	沸點℃	比重
糠醛（furfural）	O⟍CHO	161.7	1.159
乙腈（acetonitrile）	CH_3CN	81.6	0.783
二甲基甲醯胺 （N, N, dimethylformamide, DMF）	$NCON(CH_3)_2$	152.7	0.944
N，甲基吡咯烷酮 （N, methyl, pyrrolidone）	CH_3 N⟍O	202	1.027

表 5-3　丁烷、烯及二烯在溶劑中的沸點

組份	沸點 *，℃			
	糠醛**	乙腈	DMF	甲基吡咯烷酮
正丁烷	9.0	14～32	12～26	12～27
1-丁烯	27.0	35	49	48
丁二烯	98～118	95～115	106～115	96～170
*溶劑含水量 0-10% **含水量 4%				

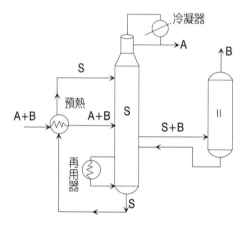

圖 5-7　萃取分餾示意流程圖

　　這些溶劑的沸點都比混合碳 4 組份的沸點高出 70 ℃ 以上，在與碳 4 混合之後，丁二烯、丁烯與丁烷的沸點有如表 5-3 的變化：

　　即是烷、烯和雙烯的沸點差距大幅度的拉開以便於分離。圖 5-7 是利用溶劑 S，萃取分餾 A 和 B 的示意圖。Ⅰ 為分餾塔，Ⅱ 為氣－液分離的**閃沸**（flash vaporization）塔。進料 A 和 B 在預熱之後自塔的中段進入分餾塔，組份 A 由塔頂排出。組份 B 及溶劑 S 由塔下半段抽出至塔 Ⅱ，閃沸後 B 自閃沸塔頂取出。S 及殘餘的 B 由閃沸塔底回到塔 Ⅰ 中。溶劑 S 由號塔頂取出，由塔頂引入。自混合碳 4 中抽取丁二烯的流程，因為碳 4 中組份多，要比圖 5-7 複雜很多。

5.4 分餾的次序及整合

在化工廠中，**分離自反應器中排出的混合物，一般是先作不均相分離**，例如在 A-1 的甲苯氫化為苯和甲烷的反應，在反應之後立即氣－液分離出液相的苯和甲苯，以及氣相的氫和甲烷。氫和甲烷再循環至反應器，苯和甲苯則再作均相分離。本節中所要討論的是：如果需要分離出來的產品不止一項，那麼要如果去決定分離的先後次序（參看範例 7），以及如何將數個分餾過程整合。

5.4.1 分餾的次序

考慮現有 ABCD 四種物質需要逐個分離，其可能的分離途徑如圖 5-8 共 5 種。如果有 5 種組份，可能的分離途徑是 14 種；6 種組份是 42 種；7 組份是 132 種。要如何**決定應該採取那一途徑？一般基於費用的判斷**是：

- **將最難分離的兩個組份放在最後分**。最後分的總量最少。而分離困難的原因如果是相對蒸氣差小，則需要用到塔板數多的、貴的塔；或者分離困難的原因是形成共沸，則需要添加入助分離劑，使分餾過程變得複雜。是以將最難分離的組份放在最後，是比較省錢、省事的做法。這是第一原則。

- **依照蒸氣壓的高低來分**，將蒸氣壓最高的組份先分出來，再依次分出蒸氣壓次高的。分餾的溫度依序上升，這應該是最合乎經濟原則的做法。這是第二原則。

- **量大的先分**，將最大量的組份分離出來之後，要處理的總量大幅度的減少，分離費用應該是最少的。這是第三原則。

- **第四原則是儘可能的使塔頂和塔底的摩爾流量相接近**，避免為了要分離出少量的組份而需要處理大量物料的情形。這種分離方式是不浪費的分離方式。

除了費用上的考慮之外，**其他的考慮有：**

- **不穩定的組份應該先分離出來**，以避免在過程中造成問題。這是原則五。
- **原則六是未反應的原料（反應物）儘早分離離出來**，再循環回反應器。

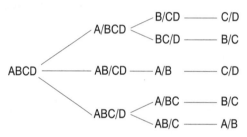

圖 5-8　四種物質混合物的可能分離途徑

即使僅只考慮費用，這些原則均有不一致的時候。例如：如果量最大的組份又同時是最難分離的組份，則要遵循原則三或是原則一？是以在實務上，簡單的判斷不一定能解決問題。

從費用上考慮，比較總氣相流量（total vapor flow rate）是可採用的方式之一。估算的方式是將所有分餾塔的回流比定在最低的 1.1，然後將不同分餾途徑中各塔的氣相流量相加，選取總氣相流量最小的途徑。由於在不同壓力時，各組份之間的蒸氣壓差會不同，是以需要在不同的塔壓作比較；或者是設定塔壓在冷凝器儘可能可以使用水冷（被冷凝物的液化溫度比水溫高 10 ℃ 及以上）。**這種方法的基礎是蒸氣量少，即代表在整個過程中所耗用的能源少。**（請參閱範例 7）

5.4.2　分餾過程的整合

　　在一個分餾塔中，基本上的要分離出蒸氣壓高的和蒸氣壓低的兩種組份。如果要分離 AB 和 C 三組份，其中 A 的蒸氣壓最高，B 次之，則可能的安排方式如圖 5-9。即是先分離出 A，再在第 II 塔中分離出 B 和 C；或者是先在第 I 塔中分出最重（蒸氣壓最小）的 C，再在 II 塔中分離開 A 和 B。

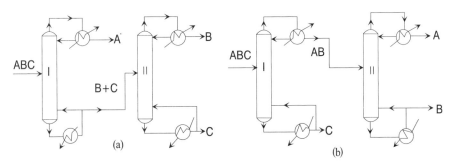

圖 5-9　ABC 二組份分離組合：(a) 先分離最輕（蒸氣壓高）的 A；(b) 先分離最重（蒸氣壓最高）的 C。

　　在特殊的條件下，可以從單一分餾塔將 ABC 分離開。這些條件是：

- 在進料中 B 的含量大於 50%。
- (a)C 的含量少於 5%，同時 B 和 C 的蒸氣壓差異大。或是 (b) A 的含量少於 5%，A 和 B 蒸氣壓的差異大。

　　合乎於這些條件，則可用如圖 5-10 的安排，可以取得高純度的 A 和 C 以及 B。在實務上，在塔內使液相分流為一部分流向塔下，另一部分從塔中抽出，可以做得到。要使氣相分流則相當困難，一種做法是將塔內分隔（partitioned）為兩部分，一部分繼續在塔內向

上流動，另一部分抽出。分隔壁必須不能導熱，後文中將有更多的
討論。

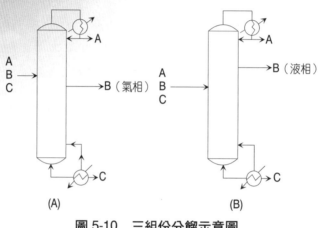

圖 5-10　三組份分餾示意圖

用一個塔來分離三種或更多組份的困難是：

- 如果組份 B 的蒸氣壓和 A 相差大，和 C 比較少，則組份 B
  的濃度最低點是在塔頂（塔頂濃度最高的是 A，一點點 B，
  完全沒有 C）沿塔向下逐步增加；塔底濃度最高的是 C，有
  一些 B，而沒有 A；B 在接近塔底的時候和大量的 C 遭遇相
  混，濃度反而下降。B 和 C 的回混（remixing），抵消了原來
  的分離效果，需要再分一次，對能耗來說是一大浪費。
- 如果組份 B 的蒸氣壓和 C 相差大和 A 比較小，則 B 會和 A
  回混，同樣的浪費能源。要避免回混，圖 5-11 是兩種可能的
  安排：

圖 5-11 (a) 是使用三個分餾塔，塔 I 將 ABC 三組份分出 AB 和
BC，採用部分冷凝及部分再沸；然後在塔 II 中分離出 A 和 B，及
在塔 III 中分離出 B 和 C；這種排列稱之為 distributed 或 sloppg 分

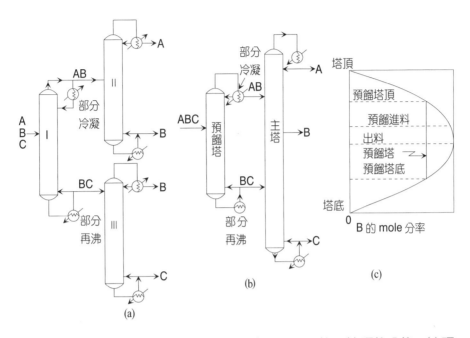

圖5-11 三組份的分餾：(a) distributed（sloppg 分餾；(b) 預餾分餾；(c) 預餾分餾中組份 B 的 mole 分率）。

餾。圖 5-11 (b) 是採用一個預餾塔（prefractionator）及一個主塔。圖 5-11 (c) 組份 B 的 mole 分率在預餾塔中的分布。組份 B mole 分率最大值，即是 B 的出料點，而且完全沒有回混。可以估算出，圖 5-11 (a) 和 (b) 的組合，較圖 5-9 的組合，節省能源約 30% 以上。

如 5.1 節所敘，每個分餾塔均需要一個將氣相轉為液相的冷凝器，以及一個將液相轉為氣相再沸器。圖 5-12 示出在需要兩個塔分餾時，將第一個塔或第二個的再沸器取消（圖 5-12 (b)(c)）；或者是將第一或第二個塔的冷凝器取消（圖 5-12 (b1) (b2)）的做法。這種做法稱之為 thermal coupling。圖中將塔分為 1，2，3，4 四部分，餾份依輕（蒸氣壓高）重（蒸氣壓底）由 1 至 4 增加。圖 5-12 (c) 顯示相當於在塔之處加了一個側精餾（side rectifier）塔；圖 5-12 (c1)

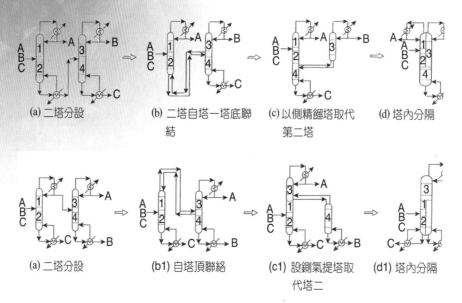

(a) 二塔分設　　(b) 二塔自塔一塔底聯　(c) 以側精餾塔取代　(d) 塔內分隔
　　　　　　　　　　　 結　　　　　　　　 第二塔

(a) 二塔分設　　(b1) 自塔頂聯絡　　(c1) 設銷氣提塔取　(d1) 塔內分隔
　　　　　　　　　　　　　　　　　　　　 代塔二

圖 5-12　thermal coupling 示意圖

顯示相當在主塔處加裝了一個側氣提（side stripper）塔。圖 5-12 (c)
是作氣相分流，在實務上不容易作到，圖 5-12 (d) 和 (d1) 顯示在塔
內裝分隔板，如前述，此一分隔板必須不能導熱。thermal coupling
設計的能耗比較低；而採用分隔板更能減少設備投資費。在本節
（5.4.2）所討論到的設計，一般需要用到程序模擬和優化。

　　石油的組份非常複雜，而且蒸氣壓的範圍也非常非常的寬，圖
5-13 是煉油廠中常壓分餾塔的示意圖，它是將五個分餾塔整合在一
起的，是今日餾設備的典範。圖中餾份最要（蒸氣壓低）的部分標
示為 1，依次增中到 10 為最輕，和圖 5-12 相反。

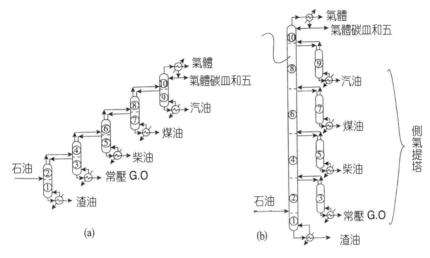

圖 5-13　石油常壓分餾塔示意圖 (a) 獨立塔；(b) 整合後的單一主塔

5.5　吸收和氣提

當氣相和液相相遇時，考慮下列兩種情況：

- 一種情況是氣相中的某單一或部分組份，溶解在液相中，則：
  - 氣相中的組份數目和數量減少，即是使得氣相更「純」一點。
  - 液相自氣相中取得單一或數種組份，這是在將若干組份自氣相中抽出，然後再可以將這些組份和液相分離，進一步純化；即是藉由此一過程自氣相中抽提出所需要的組份。

這種將**物質自氣相轉移到液相的操作**稱之為吸收（absorption）。

- 第二種情況是**液相中的組份轉移到氣相**，這種操作稱之為氣提（stripping）。一般是用來除去液相中分子量小的組份。

155

這種物質由氣相傳送至液相，或由液相傳送至氣相的操作，是以氣相和液相大面積的接觸為基礎，和分餾的情況相同。但是不需要用冷凝器來產生液相和用再沸器來產生氣相。同時，分餾是以組份蒸氣壓的差異為基礎，而吸收和氣提則是以溶解（相容）度的差異為基礎。

所使用的設備是設有塔板或填充材料的吸收塔；設計原則也非常相類似，但是對實驗資料的依類程度更高。吸收操作的主要變數包含有：

- 液相的流量，流量增加，吸收效率增加，吸收塔的板數可以減少，但是操作費用增加。
- 塔壓，壓力增加，物質在液相中的溶解（吸收）度會減少。但是溶解過程有時會產生溶解熱而導致溫度上升，是以需要在吸收過程中（在吸收塔的塔頂與塔底之間）用熱交換器將液相冷卻。在可能的範圍內，熱交換器用水冷卻。

在實務上，為了增加分離的效率，在吸收操作中，可在液相中加入一些化學品，即是使原來的物理吸收轉變化學吸收。所涉及的化學反應分為不可逆及可逆兩類。不可逆化學吸收例如用 NaOH 吸收 SO_2：

$$2NaOH + SO_2 \longrightarrow Na_2SO_3 + H_2O$$

$$Na_2SO_3 + \frac{1}{2}O_2 \longrightarrow Na_2SO_4$$

及用過氧化氫除去氮的氧化物：

$$2NO + 3H_2O_2 \longrightarrow 2HNO_3 + 2H_2O$$

$$2NO_2 + H_2O_2 \longrightarrow 2HNO_3$$

在上列例子中，Na_2SO_4 和 HNO_3 是可出售的商品；SO_2、NO 和 NO_2 是煤和石油燃燒的生成物。

可逆類例如：

$$HOCH_2CH_2NH_2 + H_2S \underset{\triangle}{\overset{\text{吸收}}{\rightleftharpoons}} HOCH_2CH_2NH_3HS$$

及

$$HOCH_2CH_2NH_2 + CO + H_2O \underset{\triangle}{\overset{\text{吸收}}{\rightleftharpoons}} HOCH_2CH_2NH_3CO_3 + \frac{1}{2}H_2$$

如果要除去液相中分子量較小的組份，可以採用在第四章中的氣液分離，是以產業上用到氣提操作的不多。前列二反應，是以加熱的方式來回收乙醇胺，做法是用再生器來加熱吸收液，使反應逆轉，再用氣提的方式來除去 H_2S 和 CO。如果化學反應是在溶液中進行，反應後的生成物不溶於水。例如聚丁二烯的聚合，在反應及回收單體之後，將水蒸氣直接和聚合物溶液混合，使溶劑揮發回收，這種做法稱之為蒸氣氣提（steam stripping）。在第六章中有進一步的討論。

5.6　萃取

分餾、吸收和氣提均是物質在氣、液二相之間的傳送，**萃取**（extraction）則是：

- 固相和液相藉由混合而將固相中的部組份溶解在液相中。這一類的操作，純以實驗數據為主，目前缺乏有系統的分析，屬於不均相分離，不在此討論。或是：

- 同為液相，進料（feed）中含有可被另液相的溶劑溶解的溶質，進料和溶劑的相容（compatibility）差，容易分離；溶劑在抽取進料中的組份之後稱之為萃取液（extract），進料在被抽除原有的若干組份之後稱之為抽餘液（raffinate）。這種物質在不相容液態中傳送的操作稱之為液相萃取（liguid-liguid extraction）。

　　液相萃取的基本原理，和分餾及吸收相類似，即是物質在不同相之關傳送。在連續式操作時，進料和溶劑相對流動（counter car-rent），和分餾和吸收操作中氣液相相對流動的情況相同。是以液相萃取也可以用和分餾塔相同的方式計算萃取塔的理論塔板數等。液相萃取常用自水溶液中提取有機物，例如用異丙醚自水溶液中萃取醋酸。在石油化學工業中，液相萃取用於自重組汽油（reformate）或裂解汽油（pyrolysis gasoline）中分離烷類和芳香族。

　　重組汽油和裂解汽油是 $C_5 \sim C_9$ 的碳氫化合物的混合物，含有 50% 以上的芳香族（苯、甲苯和二甲苯簡稱BTX），是工業界所需要芳香族原料的來源。由於沸點的差異小，而且有共沸存在，不易用分餾分離。工業上是用液相萃取來分離芳香族和烷類。表 5-4 是進料和部分可用溶劑的部分物理性質比較。

表 5-4　重組汽油與萃取溶劑的性質

	化學組成	沸點℃	比重
進料（重組汽油）	C5～C9	65～150	0.75
溶劑 環丁碸	$H_2C - CH_2$ $H_2C \quad CH_2$ S $O \quad O$	287	1.26
三甘醇	$CH_2OC_2H_4OH$ $CH_2OC_2H_4OH$	286	1.12

BTX 在環丁碸和三甘醇中的溶解度比烷類高出十倍以上，是以在萃取塔中，BTX 溶解在溶劑中。由於溶劑的比重大，故而在靜置分離器中，溶劑及溶解在溶劑中的 BTX 會沉積在底部；而烷類則會聚集在上層。烷類由分離器頂抽出用作汽油的成分。而 BTX 溶劑所形成的溶液則自下方抽除。用分餾操作來分離溶劑和 BTX，由於沸點的差異大，故而分離容易，溶劑回收再用，BTX 則再作進一步的分離。

除了沸點和比重要和進料有大的差別之外，選擇溶劑要考慮到：

- 對 BTX 和烷類溶解度的差異要愈大愈好。
- 對 BTX 的溶解度要愈高愈好。
- 化學性質穩定。不具毒性，不具腐蝕性。
- 潛熱小，回收時能耗少。
- 黏度小，流動容易。

5.7 吸附

吸附（adsorption）是利用一多孔固態的吸附劑（adsorbent），將進料中的某些組份藉由物理或化學作用力，附著在吸附劑上，**主要用於除去進料中的某些含量低的組份**。常用的吸附劑有：

- 活性碳（activated carbon），在工業上常用於吸收氣相中的有機化合物，或用於液相中除色和除味。
- 矽膠（silica gel），主要用於脫去水分。
- 活性氧化鋁（activated alumina），這是多孔的 Al_2O_3，主要用於脫水，或移出氣液相中其他的少量物質。

- 沸石（zeolite），是 SiO_2 和 Al_2O_3 含有中電洞的結晶體，和前述三種吸收劑不同的是：
  - 可以用調節 SiO_2 和 Al_2O_3 比例的方式，來調節結晶體，藉以調節晶體內空位的大小。其範圍自 0.3nm 至 3nm。藉此可以規範能進入晶體空穴分子的大小。
  - 可以修改晶穴內吸附點（adsorption site）的性質，使具有選擇性吸收的能力。由於沸石可以依照分子的大小、形狀及其他性質例如極性，來分離分子，故而稱之為分子篩（molecular sieve），即是說沸石具有篩分分子的能力。工業上用於除去（吸收）氣相中的 H_2S，H_2，CO_2，以及在糖液中分離出果糖；在石化工業中，沸石用於分離鄰、間和對位苯二甲酸，在後文中即再詳細討論。

　　吸附塔的設計，一般純以實驗數據為主。吸附塔一般為填充塔。在操作一段時間之後，吸附劑會因飽和而失去吸附能力（break through），而需要再生（regeneration）。再生的方法包含用水蒸氣或熱氮氣來沖刷吸附塔，清除吸附劑中所吸收的物質；亦可用降低塔壓至正常操作壓力以下。吸附劑的再生可以在廠內做，亦可以將吸附劑交由原供應商在廠外做。

　　在 5.6 節中討論了如何自重組或裂解汽油中，以溶劑萃取的方法，分離出 BTX 和烷類。BTX 在用分餾的方法分離出萃和甲苯之後，剩下的二甲苯中含有對位、鄰位和開位二甲苯，以及乙苯，這四種化學品的主要物理性質如表 5-5：

表 5-5　對、鄰、間二甲苯及乙苯的沸點及熔點

	沸點℃	熔點℃
對二甲苯（px）	138.35	13.26
間二甲苯（ox）	144.42	− 25.18
鄰二甲苯（mx）	139.10	− 47.87
乙苯（EB）	136.19	− 94.98

　　對二甲苯在氧化之後得到對苯二甲酸，是聚酯類聚合物的主要單體。這四種化學品沸點的差距很小，用分餾方法將 PX 和 EB 分離，所需要的塔板數超過 300，回流比大於 100；將 OX 和 MX 分離（沸點相差 5 ℃），約需 100 個塔板，回流比不小於 8；PX 和 MX 沸點的差異為 0.75℃，無法用分餾操作分離。但是這四者熔點的差異大，故而自二甲苯中分離出對二甲苯的第一代技術是用結晶法。結晶法有下列兩個缺點：

- 需要在低溫下結晶、分離等。能源的耗用很大。
- 二甲苯的異構物，會形成共同結晶（eutectics）。故而每一次操作過程。對二甲苯的回收率只有 65%。是以用結晶法來提取對二甲苯是一個可用但大有改進空間的製程。

　　二甲苯上有兩個甲基，這個兩個甲基在苯環上的位置分別是對位、間位和鄰位，由於甲基位置的差異導致二甲苯的三種同分異構物的極性不同，鄰位最強，間位次之，而對位不具極性。沸石晶穴內的電場一般是用酸性（包含質子酸（Bronsted acid）和路易士酸（Lewis acid））來表達，酸性和晶穴內的電場強度成正比。是以酸性愈低的沸石對沒有極性的對二甲苯最具吸附力；而酸性強的沸石對極性最強的鄰二甲苯吸附力最強。近二十年來，工業上即是利用沸石對二甲苯異構物吸附能力的不同來分離出對二甲苯；然後再用

解吸劑（desorption agent）來將沸石中對二甲苯取代出來；解吸劑包涵有含有微量水的對二乙基苯等。利用沸石吸附，對二甲苯的單程回收率大於 90%，純度高於 99%，二者均優於傳統的結晶法。

對二甲苯是需求用量相當大的化學品，如何將對二甲苯中分離出來長期吸引製程研發工作者的注意。對分離二甲苯異構物所作的研發工作，或許能開展到其他的化學品分離技術上。

5.8 結晶和蒸發

本章前述的的分餾，吸收和吸附等分離操作有下列相同的地方。

- 被分離的物質皆能在操作溫度的範圍內形成氣及液相。
- 在不同相之間，物質的分子可藉由：蒸氣壓、溶解度或分子間親和力的差異作為驅動力，而使分子向一特定的方向移動，以達到分離的目的。

是以前列各分離操的必要條件是被分離的物質均能形成氣液兩相。只有在氣和液相中，分子才能自由的移動。

如果要被分離的組份由於：

- 形成氣和液相的溫度太高，形成操作上的困難。或者
- 組份在較高的溫度下不穩定。

合乎前條件組份如果在常溫為固態，蒸發（evaporation）繼之以結晶（crystallization）和乾燥是主要的分離過程。蒸發是以加熱的方式，將溶液中蒸氣壓高的組份（一般為溶劑）氣化排出，留下高濃度的溶液，進一步結晶或乾燥，即可分離出原溶液中的固、液體。

蒸發罐（evaporator）一般是多個串聯，利用第一個蒸發罐在濃

縮時所產生的蒸氣作為第二蒸發罐的熱源，以次類推如圖 5-14，由
於蒸發所得的蒸氣是次一罐的熱源，是以：

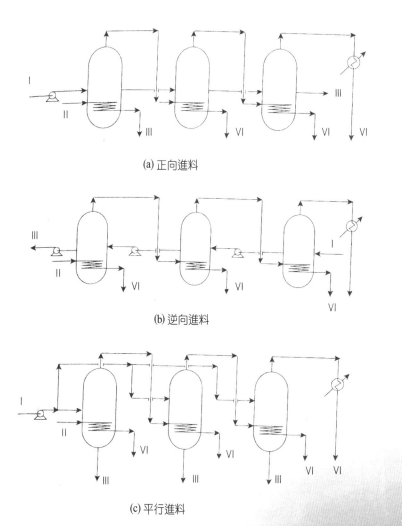

(a) 正向進料

(b) 逆向進料

(c) 平行進料

圖 5-14　蒸發罐不同進料方式示意圖。 I：進料；II：蒸氣；III：濃縮
　　　　液；VI：蒸氣冷凝大。

• 蒸發罐的溫度和壓力從第一罐最高，依次逐減。

同時蒸發是一濃縮的過程，主產品及蒸氣壓低不能揮發的雜質在此一過程中同時被濃縮而完全沒有純化的功能，是以如果需要得到高純度的產品。必須在濃縮之前除去雜質。蒸發後所得到濃縮液（concentrate）需要進一步乾燥或結晶。

溶質（solute）溶解（dissolation）在溶劑（solvent）中形成溶液（solution），當溶質不能再溶解在溶液中時，溶液中的溶質即達到飽和，稱之為**飽和溶液**（saturated solution）。溶質在溶劑中的溶解度（solubilifty）隨溫度上升而增加，可以達到**過飽和**（supersaturation）的程度。如果將飽和或過飽和溶液的濃度降低。或採用其他方式使溶質的溶解度降低，則溶質即可自溶液中分離出來而形成結晶，其過程如圖 5-15。假設原來濃度在 a 點，發生結晶的途徑有兩種：

- 一種是降低溫度，a 點向左移（溫度降低），經過 b（平衡線），c 點（超飽和線）而到達 d 點，d 點為不穩定區。在到達 c 點時，由於溶質的濃度高，故而溶質開始結集成為晶核（primary nucleation），進一步附著更多的溶質而形成晶體。超飽和線，可以看作是在無任何外來物質的情況下，溶液開始形成晶核的濃度。如果有外加能幫助形成結晶的物質存在，則形成結晶的溫度可再提高。

- 另一種是升高濃度，即是將溶劑揮發，a 點向上升，同樣的在 f 點開始形成晶核結晶。在操作上可以採取以下的途徑：

- 用熱交換器冷卻，快速冷卻會使溶液到達不穩定區（圖 5-15 中的 d 點）。控制冷卻的速率，可以使溶液維持在穩定區（metastable region）持續結晶。由於在熱交換器中的熱換介面上溶液的溫度最低，故而會有溶質的集存，影響到熱傳的效果，故而有時需要用到有清刮表面裝置的熱交換器。

- 如果溶質的溶解度對溫度不敏感，即是溫度下降的幅度大，而溶解度的變化少，則需要採取蒸發的手段來濃縮溶液，即是如圖 5-15 中將 a 點向上移動。按蒸發所需要的熱量遠大於溶液的升溫。

- 將溶液導入真空,溶劑即會揮發,一方面濃縮,同時由於氣化時吸熱,可以同時降溫。

前列三種途徑,其**結晶的基礎是**如圖 **5-15** 的溫度與溶解度的關係,除此之外,**其他的結晶途徑有**:

- 如果溶質的**溶解度對 pH 敏感**,則可採用改變溶液 pH 值的方法來促使結晶生成。
- 在溶液中加入另一物質,改變溶質的溶解度,生成結晶。此一方法稱之為鹽析(salting)。
- 使化學反應。在溶液中發生,例如反應 A 是溶液另一反應 B 逐漸加入至 A 中。反應的生成物 C 在生成後即結晶沉澱出來。相當於反應與分離同時進行。

降低溶液的溫度來結晶,是使用比較普遍的結晶方式,溶質的溶解度對溫度愈敏感,效果愈佳。

在結晶操作之後,通常繼之以用離心法或過濾來作固液分離、同時可能要洗滌結晶以除去表面上附著的溶液,再乾燥。用離心法液相的耗失少。

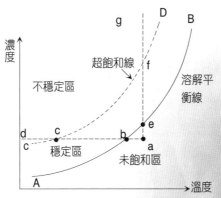

圖 5-15　溶解及結晶示意圖

5.9 膜分離

膜（membranes）分離是仍在開發中的技術，其原理如下：

- 利用膜上微孔（micropore）來依照分子的大小分離，小的分子可以穿過孔，大的分子則不能透過。為了預選揮性，膜的材質可以具有功能性例如：

- 親水性的膜可以排斥親油性的分子，而只容許親水性的分孔通過。

- 陽離子型的膜會排斥陽離子而只容許陰離子通過；同時也可以立電極來加速離子的通過。

- 利用不同物質具有不同的穿透性（permeability）來分離，即是分子先附著在膜上，然後進入到膜中，基本上是擴散到膜的另一面，再解附。由於擴散是限速步驟，故而膜儘可能做薄，一般是用微孔膜的作為外層的支撐，穿透性膜作為內膜，形成三明治結構，之稱之為複合（composite）膜。同樣的穿透膜也可以具有功能性。

在形狀上，膜可以是：

- 平面片狀。或是
- 中空的管狀，可是中空的纖維。

膜應用在下列各方面，主要的是分離出含量不大的成分：

- 氣體的分離，包括：
  - 自甲烷中分離出氫。
  - 空氣的氧氮分離。
  - 自天然氣中分離出氦。

▪ 自天然氣中分離出 CO_2 和 SO_2 以及水分。

▪ 分離 CO 及 H_2 等。

  * 逆滲透（rererse osmosis），是利用壓力，使濃溶液中的溶劑逆向經過膜流向稀溶液，主要應用於：

• 果汁、食物的濃縮。

• 濃縮血液。

• 處理工業發水，使含重金屬的溶液中的金屬子濃度增加，便於回收或處理。

• 分離紙漿廠廢水中的硫化物等。

• 超微過濾（ultrafiltration 及 nanofiltration），主要用於食品工業及醫藥。

• 電解析（electrodialgsis），即是利用電極中強對陰陽離子的移動，來分離開離子，示意圖如圖 5-16，用途為：

• 解析食鹽，生產 Cl_2 及 NaOH，這是現代鹼氯工業的基礎。

• 作金屬和有機離子的分離。

使用膜分離時，需考慮下列看因素：

• 膜的價格和使用條件，包含需要先將處理到什麼程度才可以使用膜分離等。

• 膜的區分性有多高，是否能達到所需要的純度。

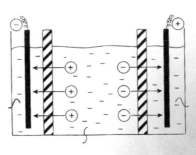

圖 5-16　電解析示意圖

　　均相分離一班均人為的使均相形成二相，以便於分離。例如分餾是人為的形成氣、液二相，結晶是形成固、液二相；而**真正能在單一相中具分離功能的是膜分離而且無需改變溫度，相對的操作費用低**。這是膜分離具有吸引力的原因，也是膜分離可用於醫療的原因。

複習

Ⅰ. 說明下列各分離方法，包含 (A) 分離的驅動力（driving force），及
　(B) 概略的分離設備簡圖；

　　　(a) 分餾；(b) 吸收；(c) 吸附；(d) 萃取；(e) 結晶；(f)膜分離。

Ⅱ. 如果終端產品是：

　(A) 熔點高於 80 ℃ 的固體。

　(B) 在常溫是液態。

　　　你要如果規劃分離程序？詳細說明理由。

綜合討論

在說明程序設計所涉及的各種操作之後，在本章中將討論：

- 化學工廠一般的操作範圍，即是在設計時操作溫度和壓力的範圍。如果要超出此一範圍時，必須要仔細考慮其得失。
- 理想製程的意義，以及如何能趨近於理想製程。
- 製程及能整合。
- 綠色及環保製程。

6.1 一般化工廠的操作範圍

考慮設廠成本和操作成本，一般化工廠的操作範圍如下：

- 溫度：操作溫度不超過 **400**℃，否則就需要使用到碳鋼（carbon steel）規格以上的不銹鋼材，大幅度增加設廠成本。
  熱交換器和冷凝器的溫度希望維持在 **40**℃ 至 **260**℃ 之間。超過 260℃ 即不能用蒸氣加熱，而必須使用到費用比較高的加熱方法，溫度高於 350℃ 必須用爐加熱，爐是明火（open flame），相關的安全要求很多，增加的費用高。要將物流冷卻到 40℃ 之下，即必須用到費用高的冷凍。
- 壓力：一般以 **1** 到 **10** 大氣壓為主，高於 10 大氣壓，相關的器材必須加厚，也會要用到壓縮機。
  壓力低於 1 大氣壓，則需要用到真空設備；同時對相同的處理量來說，真空的操作需要比較大的空間。

以下，將依次討論溫度和壓力對反應、分離和其他輔助設備（泵和熱交換器等）的影響。

6.1.1　反應器

反應器的操作條件是以達到：

- **最大的收率**，或是最少的副產品生成為首要目標。以及或
- **使平衡向增加產品的方向移動**。

同時：

- **不要單純為增加轉化率而改變操作條件。**

6.1.1.1　溫度

維持操作溫度大於 **250℃** 的原因包含有：

- **增加吸熱反應的平衡轉化率。**
- **增加反應速率。**
- **增加收率。**
- **維持反應系統在氣相**，即維持反應物及生成物在氣相。

要保持操作溫度低於 **40℃** 的可能原因有：

- **增加放熱反應的平衡轉化率。**
- **增加收率。**
- **反應物或生成物對溫度敏感**，即是在較高的溫度下不穩定必須維持較低的溫度。
- **維持反應系統在液相。**

在作出在 **40°** 至 **250°** 溫度範圍之外操作的決定時，應將額外的操作費用和器材費用考慮在內。

6.1.1.2　壓力

要將操作壓力提高到 **10** 大氣壓以上的可能原因有：

- 使平衡轉化率增加。
- 在氣相反應時，增加反應物的濃度，增加反應速率。
- 維持反應系統在液相。

將反應系統在低於 **1** 大氣壓操作的原因有：

- 使平衡轉化率增加。
- 維持反應系統在氣相。

低壓反應需要用到真空系統，真空系統需要用到的設備和器材的費用均高。

6.1.1.3　進料

在進料中：

- 加入不參與反應的惰性物質，在實質上稀釋了反應器內反應物和生成物的濃度。可能達到的效果有：
  - 抑制副產品的生成。
  - 減緩反應速率以便於控制。即是反應速率快的時候有發生意外的可能。
  - 降低反應系統的黏度，以便於混合。
- 增加反應物之一的比例，目的是：
  - 使其他的反應物在反應終結時的濃度減少，以致於趨近於零，而減少分離的需要。
  - 抑制副產品的生成。
- 在進料中含有生成物，目的是：

　　　　▪ 抑制副反應，減少副產品的生成。

　　　　▪ 以反應物為稀釋物，減低反應速率以便於控制。

　　前列增加進料的做法均會增加設備的處理量，即是反應器、分離設備和泵交換器等都要加大。同時也必須考慮到對平衡轉化率的影響。

6.1.2　分離操作

　　對分離操作來說：

- 採用高溫和低壓的原因主要是產生氣相。
- 採用低溫和高壓的原因是產生液相。在結晶操作中，降低溫度是促使結晶生成的方法。如第五章所敘，氣液相的接觸是分離操作的基礎。

6.1.3　材料

　　化工廠內所使用的材料，以安全為首要考慮；尤其在有災變的時候。是以不用熔點低的材料來儲存或運送可燃燒或化學活性高的物質，以避免在災變時貯槽或輸送管熔化，導致易燃或高活性物質外洩而造成更大的災害。是以在廠區內所使用的材料以金屬為主，要避免使用塑膠之類的低熔點材料。

　　在金屬材料中以鋼和銅為主。鋼鐵的性質很好，容易加工且價格低廉，是槽、塔、管線和結構的主要材料。銅的傳熱和導電優良，是用於導電和熱傳的材料。

　　選用材料的另一要求是在使用溫度時的強度，在本章首所提到的操作溫度不超過 400°C 的原因是，碳鋼（carbon steel）在 400°C 時的強度減弱了約20%，在 550°C 時剩下來的強度只有常溫的15%；

一般的合金鋼可以保持強度至 400℃，超過 400℃ 則強度下減得很快。是以要在 400℃ 以上的溫度長期操作，必須要使用更貴的合金，或是含矽（silicon）量高的鋼材。

防腐蝕（corrosion）**是選用材料的另一主要重點**。碳鋼抗酸和強鹼的能力不強，會生銹，一般在作為貯槽時要加保護性的塗料（coating）。不銹鋼（stainless steel）類具有比鋼鐵更佳的防腐蝕性，但是對氯化物（chloride）沒有抗力，同時含有的過渡金屬（transitional metal）有可能帶有催化活性。不銹鋼一般分為下列三大類：

- Martens 合金：是含鉻 12 至 20 的低碳鋼，防腐蝕效果普通，例如 SS410。
- Ferritic stainless：是含碳量小於 0.1%，含鉻 15～30% 的合金。防腐蝕能力隨鉻含量的增加而加強。用於中度腐蝕用途，例如 SS430。
- Austenitic stainless：這是防腐蝕能力比較強的，是含碳量極低（0.008% 及以下）的鋼加上 16～26% 的鉻和 6～22% 的鎳的合金（例如 SS304）；進一步加入鉬來加強防腐蝕能力（例如 SS316、316L、317、317L）。

其他抗腐蝕力更強的鋼鐵合金有：

- Hastelloy 系列合金是以鉻、鉬和鎳為主，例如 HastelloyG-3 含 44% 鎳、22% 鉻、6.5% 鉬。
- Incoloy 系列合金例如 Incoloy825 中含有 40% 的鎳、21% 的鉻、3% 的鉬及 2.25% 的銅。

此外尚有 Chlorimet 系列。

抗腐蝕的銅合金以 Monel 系列為主，是鎳和銅的合金，鎳的含量愈高，抗腐蝕力愈強，但抗氧化的能力低。

一般來說，合金的加工比鋼鐵困難，在焊結時有可能改變金相，使合金的特性減弱或消失。同時，合金的傳熱係數低，金相愈複雜愈低導熱性和導電性愈差。從其他地方進口設備，**要考慮工廠所在地有沒維修的能力**。使用特殊材料，設備的價格是以倍數上升。對貯槽或管線等非轉動設備來說，如果材料對某一物質的耐腐蝕程度為已知，例如每年會被腐蝕掉 0.01mm，則可估計使用年限，將此年限的腐蝕總厚度加到厚度上去。

材料是非常專業的領域，需要由專業的人來處理。

6.2　理想製程

圖 6-1 是**理想製程**的示意圖。即是原料在經過化學反應之後完全轉化為成品，除了化學反應之外，沒有任何分離操作，是最簡單的製程。簡單就是美，就是費用最低，設廠費用低，操作費用也低。

原料 → 化學反應 → 成品

圖 6-1　理想製程

要能夠達成**理想製程**，必須同時滿足下列三個條件：

- 反應的**轉化率為 100%**，在反應之後，反應系統中不含有未反應的反應物，是以不需要分離出未反應的反應物。
- **收率為 100%**，是以在反應後沒有副產品需要分離出來。
- 在反應系統中不含有不參與反應的物質，例如溶劑等，是以無需在反應之後分離出來。

能同時滿足前列三條件，則在反應之後，只有產品，而沒有作任何分離操作的必要。**在三條件之中，以高轉化率最難滿足**，原因是：化學反應能達到的最高轉化率是平衡時的轉化率，只要是可逆反應就不會是 100%。同時，化學反應轉化率和時間的關係一般如圖 6-2，在反應初期，$\dfrac{dx}{dt}$ 比較大，在 $t = t'$ 之後，$\dfrac{dx}{dt}$ 趨向走低；即是在單位時間內，轉化率對時間的斜率減少，或者是產品的生成減少。反應器的效率的定義是：

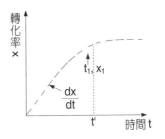

圖 6-2　轉化率 vs 時間

$$反應器效率 = \frac{產品生成量}{(反應器體積)(單位時間)}$$

所以 $\dfrac{dx}{dt}$ 減少即是反應器效率的降低，為了要保持有效的利用反應器，故而一般連續式生產操作在反應達到（t_1, x_1）點之後，即排出反應器，是以反應之後的分離操作多包含有未反應反應物的分離。隨著反應的種類和條件不同，（t_1, x_1）的落點不同，約為平衡時轉化率的 90% 左右，或在 60～95% 之間。

　　用**批式方法生產的工廠一般設備比較少，不一定能回收原料，會將在反應器內的轉化率提高到平衡時轉化率的 95% 以上，並不一定回收反應物。**

　　以下將舉二個聚合物工業設法將製程向理想製程方向改進的實例。**聚合反應共同的特點是：收率一定是 100%**，單體在聚合過程中形成分子量不同的聚合物，但是通常不會形成聚合物以外的副產品；另一個特點是聚合物的分子量愈大則所呈現出來的黏度愈高，造成攪拌上的困難，需要設法降低黏度，使攪拌能比較有效的達到濃度和溫度均勻的效果。

　　聚苯乙烯（polysfyrene）可以用乳化（emulsion）和懸浮（suspension）方式來聚合。乳化聚合的流程是：

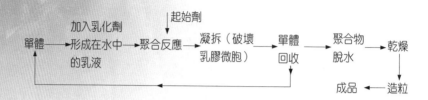

懸浮聚合的流程是：

是以懸浮聚合的流程比較簡單，但是只能批式操作不回收單體，反
應時間長不適合於大量生產的要求。前列二製程中均有大量不參與
反應的水，在水中形成乳膠或懸浮粒的原因是減低黏度，以及利用
潛熱大的水來保持溫度的均勻。

　　本體（bulk 或 mass）聚合系統中則不含水，為了克服高黏度，
則在反應系統中加入乙苯（ethyl benzene），其流程如下：

　　使用乙苯為減低黏度溶劑的原因是乙苯的沸點為 136℃ 和苯乙
烯的沸點（146℃）相近，可以同時分離出來，而不需要分開處理。
有的製程則是直接以過量的單體為減低黏度的溶劑。

　　高密度聚乙烯（high densith polyethy lene, HDPE）聚合所使用的
催化劑是配位（coordination）型的，這一類催化劑會和水反應而失
去活性，故而反應系統中不能含有水分，要減低黏度的方法是加入
溶劑，稱之為溶液（solution）聚合，其流程如下：

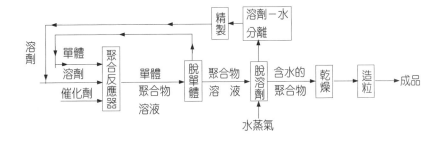

說明如下：

> 聚合物溶液的黏度高，流速慢，是層流而不是湍流，在
> 熱交換器中的熱傳是傳導（conductive）而不是對流（convec-
> tive），熱傳效果不佳，同時由於熱傳面的溫度最高，聚合物
> 容易附著在傳熱面上，阻礙熱傳，故而用間接方法加熱使溶
> 劑揮發有困難。將水蒸氣直接加熱到溶液中，使溶劑氣化同
> 水蒸氣一起排出是一種氣提操作。溶劑和水蒸氣在作簡單的
> 重力分離之後，溶劑必須要脫水精製。這種用水蒸氣氣提脫
> 溶劑的操作，仍廣泛用於溶劑聚合。

近十幾年來，已發展出間接加熱脫溶劑的製程，可能的過程是
用單螺桿擠出機（extruder）分段加熱，使溶劑含量降到20～30%，
然後再用雙螺桿（winscrew）脫去最後的溶劑，並造粒。如此則可
以省略掉：溶劑和水分離、溶劑精製、乾燥步驟，並將脫溶劑和造
粒合而為一。

HDPE 所使用催化劑的活性（activity）在不斷的改進中，活性
的定義是單位重量的催化劑所能生產出多少單位的聚合物。在1950
年代末，活性在500左右，即是每公斤催化劑能生成500公斤的聚
合物；活性在1970年之前增加到6,000，然後在1970年代初期超過
1,000,000。高活性催化劑意味著反應可以在比較低的溫度和反應物
濃度下進行。

當溫度低於 135°C 時，HDPE 開始形成固態的結晶。將聚合溫度保持在 100°C 左右，製程是：

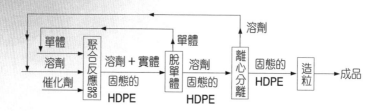

和早一代的製程相比較：

- 由於產品是以固態存在，而不是形成了溶液，故而反應系統中的黏度大幅度的下降，解決了濃度和溫度均勻的問題。
- 同樣的，由於產品是固態，單位反應器體積中所能容納的產品量大幅度增加，提高了反應器的利用效率。
- HDPE 和溶劑的分離是用離心方法，而沒有用加入熱量來使溶劑揮發，節省了大量能耗。同時也省略了溶劑精餾純化步驟。

在 1970 年代的末期，由於高活性催化劑的出現，生產 HDPE 更發展出氣相（gas phase）聚合，不用溶劑和傳統的反應器設計，採用流動床（fluidized bed）方式聚合。其流程為：

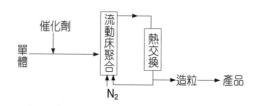

即是主要的生產設備減化到：流動床聚合器，熱交換器和造粒機三項，非常接近於圖 6-1 的理想製程。在發展此一製程的過程

中，要克服不少困難，例如：

- 熱交換器是多相的熱交換，是前所未有的設計問題。
- 採用流動床的優點是在反應器內的熱和質傳均勻。低分子量的 PE 即是碴，熔點低，會黏在反應器內。現在採用的方式是用微粒的 HDPE 作為種子（seed），新生成的聚合物在種子上生成避免低分子量產品附著的問題。

將碳氫化合物氧化成特定產品，是困難的，氧的過與不足，非常難控制。將乙烯氧化為環氧乙烷（ethylene oxide, EO）早期的製程是間接氧化的氯醇（chorohydrin）法，共分兩步驟反應。

第一步驟是先生成氯乙醇：

$$CH_2=CH_2 + HOCl \rightarrow CH_2Cl \cdot CH_2OH$$

第二步驟是氯乙醇與鹼反應生成 EO：

$$\begin{array}{c} CH_2\text{-}OH \\ | \\ CH_2Cl \end{array} + \frac{1}{2}Ca(OH)_2 \rightarrow CH_2CH_2 \underset{O}{} + \frac{1}{2}CaCl_2 + H_2O$$

此一製程的若干數據如下：

- 生產每噸 EO 需要 0.9 噸乙烯，理論值為 $\frac{28}{44}=0.636$，是以比理論值高出了 63.6%，收率低。
- EO 中不含氯，而原料中有氯，故而氯應該是不需要的。
- 生成的 $CaCl_2$ 是低價而且再處理後才能作為商品出售，實質上是固態的廢棄物，不好處理。

現在所使用的製程是以滲雜了鹼金屬、鹼土金屬或過渡金屬的銀為催化劑，直接將乙烯化為 EG：

$$CH_2 = CH_2 + \frac{1}{2}O_2 \rightarrow CH_2CH_2$$

此反應的若干數據如下：

- 生產每噸 EO 需要乙烯 0.817 噸，比理論值高 28.5%，優於氯醇法。
- 每次反應的轉化率為 11%，需要大量的再循環。
- 副產品為氣態的 CO_2、CO 及 H_2O，容易處理。

即直接氧化法氯醇法相比較，具有較高的收率，及較低的轉化率，而且所產生的廢棄物比較容易處理。是今日的主流 EO 製程。

簡化製程要從發展製程之初開始：

- 要選擇收率高的反應途徑，催化劑扮演非常重要的角色。
- 如果要用溶劑，選擇容易分離的溶劑。同時儘量減少溶劑的用量。
- 選擇沒有污染排放的反應途徑。

化工製程研發的重點在於瞭解和控制化學反應的途徑（Chemical reaction path 或 mechanism），以提高化學產品的收率，或控制聚合物分子鍊的長度、長度分佈及支鍊的生成。

6.3 製程整合

在 6.2 節中討論了縮短製程是工業界努力的方向。在本節中將簡略討論：

- 操作的整合。
- 能的整合。

6.3.1　操作整合

由於在化工廠內化學反應器是必不可少的設備，故而**操作整合（integration）的目標是將反應和分離操作**，例如分餾，**整合在一起**。這種構想可以看作是將分餾塔中的一部分作為反應器，或者是將反應器作為分餾塔的再沸器。

這種構想除了可以省略分離設立的分餾塔和未反應原料的再循環設備之外，由於生成物持續的自反應系統中分離出來，故而反應系統不會受限於平衡濃度。

相類似的構想有將反應和萃取及結晶操作整合。

6.3.2　能整合

在化工廠中，同時存在加熱和冷卻的裝置，將加熱和冷卻整合在一起是應要做也在普遍實施的節省能源做法。

只要有溫度差（ΔT）就可以傳熱。在實務上，ΔT 低，表示能源的再利用率高，**浪費少，但是傳熱效果低，所需要的傳熱面積大，設備和操作費用就高**。整合能的第一步，就是先要設定一個最低的溫度差，ΔT_{min}。

在設定 ΔT_{min} 之後的下一步工作是找冷和熱流的可能的配合點（node），即是找出那一個需要冷卻操作點的物流可以用來加熱另一個需要加溫操作的物流。在找出這些可能的配位點之後進行 ΔT_{min} 的優化，找出最佳的 ΔT_{min}。優化的目標有：

- 換熱器的數量最小化。
- 最佳的總傳熱面積。

- 最低設備投資。
- 最低的總費用,包括設備和操作費用。

能整合的依據是進出各操作單元物流的焓(enthapy)量,故而只需要物流總表中組份的溫度、壓力和量即可進行估算,並不需要先作換熱器的設計。

6.4　綠色製程

化學工廠經常給人以是高污染工業的印象,減少或根絕生產時排放污染物是近幾年來化學工業製程研發的重點。在實質上,6.2 和 6.3 節所討論的簡化或縮短製程,會減少污染排放。本節將討論:

- 製程減廢。
- 綠色製程。
- 清潔生產。

6.4.1　製程減廢

若干產品的傳統製程會產生廢棄物,對於這種製程,研發的方向是:

- 儘量的保留原有的生產設備不變,修改原來的製程,減少污染物的產生。
- 重新設計全新的化學反應途徑和製程,徹底解污染問題。

以下將以尼龍 6 的單體,己內醯胺(caprolactaum,CPL),為例,說明化學工業這方面的努力。

傳統 CPL 則是先將環己酮與 hydroxyl amine 反應得到環己酮肟（cyclohexanone oxime），再經過 Backmann rearrangement 而得到 CPL。

$$(CH_2)_5CO \xrightarrow{NH_2OH \cdot H_2SO_4} (CH_2)_5C=NOH \xrightarrow{beckmann\,rearrungement}$$

cyclohexanone　　　　　　cyclohexanone oxime
環己烷　　　　　　　　　　環己酮肟

caprolactam

此一製程每生產一 kg CPL，所得到的副產品硫酸銨（ammonium sulfate）有 4.4 公斤之多；即是有大量需要處理的固態廢棄物。在上列反應中，$(NH_4)_2SO_4$ 的生成分析如下：

1. $NH_2OH \cdot H_2SO_4$ 的製程是：

$$NH_4NO_2 + NH_3 + 2SO_2 + H_2O \rightarrow HON(SO_3NH_4)_2$$
$$HON(SO_3NH_4)_2 + 2H_2O \rightarrow NH_2OH \cdot H_2SO_4 + (NH_4)_2SO_4$$

反應所需要的是 NH_2OH^+，在生產過程中會產生相當於 1.6 kg/kg CPL 的硫酸銨。

2. 在環己酮和 NH_2OH^+ 反應成環己酮肟的過程中，產生相當於 1.1 kg/kg CPL 的硫酸銨。

3. Beckmann rearrangement 產生 1.7 $kg(NH_4)_2SO_4$/kgCPL。

DSM 公司在原製程的基礎上，直接用 NH_2OH^+ 在 buffered 溶液中與環己酮反應，而得到 NH_3OH^+ 的方式是：

$$NO_3^- + 2H^+ \xrightarrow{Pd/C, PO_4^3} NH_3OH^+ + 2H_2O$$

　　在過程中沒有硫酸銨的生成，即是 DSM 的此一改進方法，省去了前列第 *1.*、*2.* 兩反應，把 $(NH_4)_2SO_4$ 的生成量由 4.4 kg/kgCPL 減少到 1.7 kg，同時基本保持原有的製程不變。其他各公司的改進方式有：

1. 日本 Toray 公司用 NOCl 來合成 cyclohexanone oxime hyclrochloride，然後再在水溶液中進行 Beckmann rearrangement：

$$(CH_2)_6 \quad + \quad NOCl \xrightarrow{HCl \cdot light} (CH_2)_5C = NOH \cdot 2HCl$$

cyclohexane　nitrosyl chloride　cyclohexanone oxime hydrochloride

而 NOCl 的製程是：

$$2H_2SO_4 + N_2O_3 \rightarrow 2HNOSO_4 + H_2O$$
$$HNOSO_4 + HCl \rightarrow NOCl + H_2SO_4$$

即是基本上和 DSM 走同一方向，儘可能的保持原製程不變，而改變從環己酮到環己酮肟的生產路線，大量減少硫酸銨的生成量。

2. 美國 Du Pont 公司採取另一途徑合成環己酮肟：

$$(CH_2)_6 \xrightarrow{HNO_3} (CH_2)_5C{\rightarrow}NO_2 \xrightarrow{Zn-Cr} (CH_2)_5C = NCH$$

cyclohexane　　nitrocyclohexane　　　cyclohexanone oxime

$$
\begin{array}{ccc}
 & CH_2 {-} CH_2 & \\
CH_2 & & CH_2 \\
 & CH_2{-}CO{-}NH &
\end{array}
$$

caprolactam

3. 美國 UCC 公司基本上改了反應途徑：

$(CH_2)_5C = O \xrightarrow{CH_3COOH, peraceticacid}$

cyclohexanone

O—CH₂—CH₂

CH₂

CO—CH₂—CH₂

caprolacton

CH₂—CH₂

CH₂

CH₂

CH₂—CO—NH

4. 日本的 Sina 公司則改以甲苯為原料：

$(CH)_5C\text{-}CH_3 \xrightarrow{O_2, 160℃} (CH)_5C\text{-}COOH \xrightarrow{H_2, 150℃} (CH)_5CH\text{-}COOH$

toluene   benzoic acid   cyclohexane carboxylic acid

$\xrightarrow{NOHSO_4 in H_2SO_4, 80℃} CO_2 + H_2SO_4 +$

CH₂—CH₂

CH₂

CH₂

CH₂—CO—NH · H₂SO₄

caprolactam sulfate

減少廢棄物或污染物的產生，是目前製程改進的重點。

6.4.2 綠色製程

綠色製程（green technology）又稱之為清潔（clean）製程及環境友好（environmentally friendly）製程，在消除和減少對環境的污染之外，進一步要做到合乎自然界的循環，完全不對環境造成任何的影響，以達到人類能永續經營和生存的目標。

6.4.2.1 到綠色製程之路

要走向綠色製程，需要滿足下列四點要求：

- 採用無毒害性原料，最好是可再生的（**regeneratable**）原料，（動、植物可再生，而礦物質不能再生）。
- **在無毒害的情況下反應。**
- 反應時，收率要高，要減少副產品的生成，即是希望達到原子完全不浪費的轉為成品。最終的目的是原料中每一個原子均被用到，達到在生產過程零排放（zero emission）。
- **產品對環境無害**，產品在完成其使命（用完）之後，能分解為自然界的天然物。

為了要達到上列四點，要依照下列原則來發展化學反應途徑：

- 儘可能減少在反應過程中廢棄物的產生。
- 最大限度的利用原料，原料的每一個原子都不浪費。接近於此一要求的反應有：重組（reforming）、加成（additional）及取代（substitution）等反應。
- 選用無毒害或毒害性最小的原料。
- 在反應過程中儘可能的不要使用不直接參與反應的輔助物質，例如溶劑等。如果必須使用，則考慮使用與環境相容性良好的水和超臨界的二氧化碳。
- 儘可能的使用可再生或可更新（renewable）的原料。即是儘可能使用自然生長的植、動物之類的生物物質（biomass），而不要去用到礦物質。
- 在發展化學反應過程時，儘可能的採取直接的途徑，而避免衍生性的反應，例如保護基因、暫時改質等。衍生性的反應必然會生成廢棄物及浪費資源。
- 利用高選擇性的催化劑，由於選擇性高，故而生成的廢棄物減少。
- 產品要能自然降解（degraduation）為無害的物質。

前列的幾個原則也大致說明了發展綠色技術的研發方向。為了要以自然界的 biomass 為原料，生物科技在化學工業界引發了特別的注意。

複習

1. 整合前六章的內容，說明設計一個化學品生產工廠的步驟、過程、所需要的資訊、以及在每一步驟所需要作出的判斷和決定。
2. 請依其重要或優先性，分項依次列舉製程設計時所需要考慮的因素。

A6　製程設計的經驗法則

經驗法則是指在某一行業中經由長期經驗累積所形成和奉行的一些成文或不成文的規則。這些規則並不具有絕對性，但是要在深思熟慮之後，才可以放棄這些「成規」。

A6-1　設計產量

在設計工廠時，**設計產量**（design capacity）**通常比預計產量要高 10%** 至 **25%**。這樣的原因是將設計時可能的誤差考慮在內。10% 一般是最低數字，超過 25% 則表示設計的基本資訊不夠充足。設計量是建廠費用的基礎；費用過高會影響到廠計畫的經濟估評（economic evaluation）。

用**批式方式生產，在設計產量以下，調節產量的困難度不大。連續式生產的減產率**（turn down ratio）**一般可以到設計產量的 60%**。低於 60% 則生產成本太高，或者部分設備無法正常操作。**在設計連續式生產的工廠時，要考慮到減產率。**

減產一定會增加生產成本。在面臨減產情況時，另一個選擇是 100% 生產一段時間，然後停止生產。停俥和再開俥的費用並不低。

化工廠所使用的設備基本上都是訂做的。一般材質的泵和馬達則有規格產品，儘可能的採用規格產品。

A6-2　槽、塔等容器

容器（vessel）是固定（stationary）設備，即是在操作時設備本身是固定不動的，包括：

- 槽（tank），例如貯槽。
- 罐（drum），是指在生產過程中所用到小型容器，例如 knock down drum，及在製程所用到的小型貯存器。
- 塔（fower），例如分餾塔、吸收塔等。

· 反應器（reactor）在廣義上亦屬於容器類。

在本節中將先說明容器的一般規格，再分項說明槽和罐的規格。反應器、分餾塔、吸收塔等則分別一其他各小節中說明。

容器的一般規格如表 A6-1。

表 A6-1　容器的一般規格

	壓力範圍 大氣壓	溫度範圍 ℃	高或長 m	直徑 m	高（長） 直徑	說　明	
容器（直立）	真空～400	−200～400	2～10	0.3～2	2～5		
容器（橫置）	同上	同上	2～10	0.3～2	2～5		
塔	同上	同上	2～50	0.3～4	依直徑而 不同	直徑，m 0.5 1.0 2.0 4.0	高／直徑 3～40 2.5～30 1.6～23 1.8～13

A6-2-1　罐

罐是製程中所必須用到的小型容器例如 surge drum、氣液分離器、旋風分離器（cyclon）等。surge drum（或 tank）是操作單元中的緩衝容器。

· 裝盛液體的罐通常水平橫置。
· 氣液分離器通常為直立。
· 長或高與直徑比通常為 3，在 2.5 至 5（範圍內）均可接受。

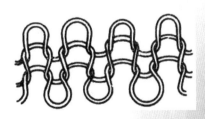

圖 A6-1　氣液分離網

- 罐的容量，在氣液分離時為 5 分鐘的流量。作為製程中的緩衝容器時，容積相當於 5 至 10 分鐘的物流量。
- 氣液分離器內一般設備有輔助分離的網，（圖A6-1），厚度約 15 cm，10～30 cm 均可使用，網下留有 15～45 cm 空間，上方留了 30 cm 的空間。
- 液－液分離較重液體下沉的速度為 0.085～0.127 m/sec。
- 氣液分離氣相的流速以 $k\sqrt{\dfrac{\rho_L}{\rho_g} - 1}$ m/sec 計算。ρ_L 及 ρ_g 分別為液相及氣相的密度，無分離網時 $k = 0.11$；有分離網時 $k = 0.0305$。計算時準確度高於 75%。
- 旋風分離器的設計極限為移出 95% 的粒徑為 5 μm 的粒子，一般用於粒子的粒徑大於 50 μm。

A6-2-2　貯槽

- 容積在 4 m³ 下的貯槽一般為直立式，由支撐腳支撐。
- 4～38 m³ 的貯槽一般為水平式，用鋼筋水泥結構支撐。
- 38 m³ 以上的貯槽為直立式，用鋼筋水泥地基支撐。
- 所貯存的液體如果蒸氣壓高，可採取浮動（floating）或可膨脹（expandable）的槽頂。
- 2 m³ 以下的貯槽可充滿至容積的 85%；容積在 2 m³ 以上的可充滿至 90%。
- 作為原料和成品的貯槽，其容積要以實際的情況來決定。一般以 30 天為準。
- 接收原料槽的容積，要比每次運輸量多一倍半。

A6-2-3　壓力容器

反應器和塔均為壓力容器（pressure vessel），容器內的操作壓力大於或小於大氣壓均是壓力容器。

- 操作溫度在 −30～ 345℃ 之間時，設計溫度比最高操作溫度最少高 25℃。

- 設計壓力要比最高操作壓力高 10% 或 0.7～1.7 大氣壓，取兩者的較大值。

- 當操作壓力小於 0.7 大氣壓、操作溫度為 95～540℃ 時，採 2.8 大氣壓為設計壓力。

- 設計真空操作時，設計壓力為絕對真空至 1 大氣壓。

- 為了保持容器不變形，容器的直徑為 1 m 及以下時，最低容器壁厚為 6.4 mm；直徑為 1～1.5m 時為 8.1 mm；1.5 m 以上時為 9.7 mm。

- 計算所得的容器壁厚，必須另加為補償腐蝕而外加的厚度。一般對空氣和水蒸氣容器的補償厚度為 1.5 mm；非腐蝕性物質為 3.8 mm；腐蝕性物質的容器補償為 6.4 mm。

- 設計時所採用的材料強度，為材料在使用狀態下最大強度的四分之一。即是採用的安全係數為 4。必須注意材料的強度和溫度的關係，溫度升高，材料的強度會在超過某一溫度後急劇下降。要採用在最高使用溫度時材料的強度。

A6-3 反應器

反應器為固定壓力容器，設計的一般要點參考 A6.2.3 節。

反應物在反應器內的停留時間及反應後的產物分布，以實驗工廠（pilot plant）的實驗數據為準。

- 在操作範圍內的各種可能情況，均需要實驗室中詳細建立基本資料。

- 批式反應用於：
  - 少量的生產。
  - 反應速率低，需要長的反應時間。

- ▪ 在反應過程中需要改變反應條件，例如進料的種類和數量，以及反應溫度。
- • 全混流反應器用於：
  - ▪ 反應速率偏慢的反應。
  - ▪ 液相反應。

一般以 4 至 5 個反應器串聯比較經濟。五個串聯的 CSTR，其行為接近平推流。

- • 平推流反應器用於：
  - ▪ 反應速率快，在反應器內的停留時間短（數秒至十分鐘）。
  - ▪ 傳熱量大的反應，例如結構和殼一管換熱器（參看圖 A6-1）近似的反應系統。
- • 攪拌：
  - ▪ 均相反應（一般為液相），反應系統的有效黏度在 6,000 CP 以下時，以反應器的體積及基礎，攪拌所需要的動力為：$0.1 \sim 0.3 \ kw/m^3$。

反應器內如需要熱傳，設計的攪拌動力要增加三倍，以維持熱傳效率。

- • 達到近似理想混合狀態（例如全混流反應器）所需要的時間，為適當設計攪拌槳葉運行 500 至 2,000 轉所需要時間（轉速一般為 $30 \sim 200 \ rpm$，高黏度液體為 $30 \sim 60 \ rpm$）。反應物在 CSTR 中的平均停留時間，約為前述時間的 $5 \sim 10$ 倍。
- • 溫度增加 10℃，反應速率約增加一倍。
- • 催化劑的主要功能在於增加收率，而不是反應速率。
- • 不均相反應，其限速步驟通常為質傳或熱傳。而不是化學反應速率。

A6-4　分餾和吸收塔

分餾和吸收塔均為壓力容器，參閱 A6-2-3 節。

A6-4-1　分餾塔

組份在常溫下為液相的分離，分餾一般比萃取、吸收、吸附或結晶經濟。萃取和吸收、吸附過程中，均會用到分餾；結晶一般會用到冷凍；費用高。

- 分離次序參閱 5.4.1 節。
- 塔的操作壓力，由塔頂的冷凝器和塔底的再沸器之間的蒸氣壓差來決定。即是，如果要調高塔壓可以增加再沸器的溫度，或降低冷凝器的溫度。冷凝器如用水冷，其操作溫度約為 38～50℃；再沸器的溫度不能高到使組份分解。
- 最低塔板數，可以用 Fenske-Underwood 式來估算：

$$N_{min} = \ln\left[\left(\frac{x}{1-x}\right)_{塔頂} \middle/ \left(\frac{x}{1-x}\right)_{塔底}\right] \div \ln\alpha$$

　　式中：N_{min}：最低塔極數。

　　　　　　x：某一組份的摩爾分率（mole fraction），即（某一組份的摩爾數）／（總摩爾）

　　　　　　α：相對揮發度（relative volatility），即二組份的蒸氣壓（vapor pressure）比。

- 最經濟的（economically optimum）塔板數為最低塔板數的二倍。實際塔板數需要另加 10%，小數點以整數計。

- 最低回流比，R_{min} 可以用下列估算：

　　進料溫度在 bubble point：$\dfrac{R_{min}D}{F} = \dfrac{1}{(\alpha-1)}$

　　進料溫度在露（dew）點：$\dfrac{(R_{min}+1)D}{F} = \dfrac{\alpha}{(\alpha-1)}$

式中：D：塔頂的出料量。

F：塔的進料量。

α：組份的相對揮發度。

- 最經濟的回流比為最低回流比的 1.2～1.5 倍。
- 塔板數（tray tower）：

  ▪ 每層塔板之間的壓力差約相當於 7.6cm 的水壓，或 0.007 大氣壓。

  ▪ 塔板效率在分離碳氫化合物等液相組份時約為 60～90%。

- 填充塔

  ▪ 同一尺寸大小的塔，如果用填充料取代塔板，分離效果及產出量均會增加。

  ▪ 填充材料的尺寸最少要比塔直徑小 15 倍以上。

  氣相流為 14 m³/min 及下時，用直徑為 2.5cm 的填充材料；氣相流速在 56 m³/min 及以上時，用 5cm 的填充料。

- 為防止填充料變形，塑膠類填充材料在塔內的高度不能超過 4m，鋼材質的不要超過 8m。
- HETS（height eguivalent to theoretical stage）約相當於 0.4～0.56m（2.5cm 大小的填充料）或 0.76～0.95m（5cm 填充料）。
- 結構型的填充材料要依照生產廠家的數據來估算。
- 塔內的壓差：

	設計壓差，水高 cm / 塔高，m
分餾、壓力相當及高出 1 大氣壓	3.3～6.7
分餾、低壓（真空）	0.8～3.3
最大設計壓差	8.4

- 參閱 5.4 節。

A6-4-2　吸收塔

- 液相是由噴嘴噴入，每相當於 5～10 倍塔直徑的高度，必須有一層噴嘴。或者每 6.5 m 的塔高必須有一層噴嘴。

- 每 m^2 塔面的噴嘴數為 32～55 個。塔的直徑在 0.9 m 以下時，噴嘴的密度要加大。

- 設計壓力差為：

  2.1～3.3 cm H_2O 高/m 塔高：系統無起泡沫（foaming）現象。

  0.8～2.1cmH_2O 高/m 塔高：系統會起泡沫。

- 參考分餾塔的相關要求。

A6-5　熱交換器

熱交換器（heat exchangers）包含有：殼管（shell and tube）式，板翅（plate and fin），雙管（double pipe）或及空氣冷卻（air cooler）。參看圖 A6-2。

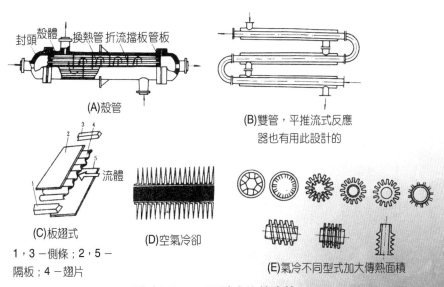

(A)殼管

封頭　殼體　換熱管 折流擋板 管板

(B)雙管，平推流式反應器也有用此設計的

(C)板翅式

1，3－側條；2，5－隔板；4－翅片

流體

(D)空氣冷卻

(E)氣冷不同型式加大傳熱面積

圖 A6-2　不同型式的熱交換器

- 殼管式換熱器
  - 標準管為 1.9 cm 外徑。以三角方式排列，管與管之間的距離為 2.54 cm，長 4.9 m。

殼的直徑, cm	傳熱面積, m²
30	9.3
60	37.2
90	102

  - 傳熱量依照 Q=UAΔT 估算，傳熱效率應達到 90%（估算誤差為 10%）；如低於 85%，則換熱器內管的排列要重新整理。

    A：面積，m²

    ΔT：溫度，℃

    U：傳熱係數（overall heat transfer coefficient），w/m² ℃，

       要由實驗或經驗取得，

    初估算時，可採用下列 U 值：

    U＝850　　　水與液體間

    U＝850　　　冷凝

    U＝280　　　水以外的液相間

    U＝30　　　　氣相間

    U＝1,140　　再沸器，最大傳熱量為 31.5 kw/m²。

  - 高壓、具腐蝕性及易結垢（scaling）的流體，在管內流動。
    ＊黏度高，和會冷凝的流體在殼中流動。

  - 壓力差在沸騰時一般以 0.1 大氣壓估算，其他情況用 0.2～0.6 大氣壓估算。

  - 冷熱流之間的最低溫度差，用水冷時為 10℃，用冷凍時為 5℃。

  - 用水冷時，冷卻水的進口溫度以 30℃ 估算，自熱交換器流出的水溫最高以 45℃ 計。

- 板翅式的換熱器的換熱面積為 1,150 m²/m³，單位時間單位體

積的傳熱量比殼管式高 4 倍。

- 空氣冷卻器：管徑為 1.9～2.5cm，翅（fin）面積為 15～20 m^2/m^3；傳熱係數：450～570 $w/m^2,°C$；最低冷熱流溫差為 22°C；風扇的功率：1.4～3.6 kw/(MJ/hr)。

A6-6 管線

- 流速及壓降：
    - 流體進入泵的流速，U 及壓降（pressure drop），ΔP：
        $$U = (1.3 + D/6)ft/sec$$
        $$\Delta P = 0.4psi/100ft \text{ 管長}$$
    - 流體自泵排出的流速 U，及壓降 ΔP：
        $$U = (5 + D/3)ft/sec$$
        $$\Delta P = 2.0psi/100ft \text{ 管長}$$
    - 蒸氣及氣相的流速，U，及壓降 ΔP：
        $$U = 20Dft/sec$$
        $$\Delta P = 0.5psi/100ft \text{ 管長}$$

    以上均為英制單位。

    一般採用 U＝61 m/sec，ΔP＝0.1 大氣壓／ 100 m 管長

- 管路中設有閥門等時，通過每一裝置的壓降，以相當於 30 m 管線壓降估算。

    通過控制閥（control valve）時，壓降以 0.7 大氣壓為準。

- 球（globe）閥用於控制，及其他需要緊密開關的場所。

    門（gate）閥用於其他場所。

- 直徑在 3.8 cm 及以下的管線的聯結，可用螺紋聯結。
    直徑在 3.8 cm 以上的管線，一律用焊接或 flange 聯結。

flange 依使用壓力分級，一般分為 10、20、40、103 及 175 大氣
壓級。

- 管的厚薄以 schdule number 表示，其定義為：

$$\text{schdule number} = 1000 \times \frac{\text{管的內力}}{\text{管材的應力}}$$

管材的應力是指材料可長期使用時的安全應力（allowable working stress），不同於最大應力。

在 260°C 以下時，schedule 40 的碳鋼管最為普通。

A6-7 轉動設備

轉動設備（rotationary）包含：泵（pump）、壓縮機（compressor）、風扇（fan）、鼓風機（blower）及真空泵。一般性規則為：

- 設備愈大，驅動的效率愈高，不同動力源的效率 範圍如下：
  - 電馬達：85～95%
  - 蒸氣渦輪機（steam turbine）：42～78%。
  - 內燃機及燃氣渦輪機：28～38%。
- 74.6 KW（100 馬力）以下的驅動，均用電馬達。電馬達最大可以做到 14,900 KW（20,000 HP）。
- 蒸氣渦輪機一般不用於 74.6 KW（100 HP）以下的驅動。
- 內燃機及燃氣渦輪用於移動式裝置，及偏遠地區。
- 設備的效率包含兩部分：
  - 泵，壓縮機等所需要的動力（shaft power）因為設備自身的轉動和摩擦會消耗掉一部分的動力，其效率 ε_{sh}，恆小於 1。
  - 驅動效率 ε_{dr} 如前述。

  總效率為 ε_{sh} 和 ε_{dr} 的乘積，即 $\varepsilon = \varepsilon_{sh} \times \varepsilon_{dr}$。

- 泵
  - 所需的驅動動力：
    Kw＝(1.67)（流量，m³/min）（壓差，大氣壓）／ε
  - NPSH（net positive section head）＝（進料入口主泵轉動中心的壓力－流體的蒸氣壓）／（流體的比重）×（重力常數）

  依泵種類的不同而有一最低 NPSH 值以維持正常運轉。最低值約在 1.2～6.1 m 液高。

- 泵的比速（specific speed）$N_s ＝ （轉速，rpm）\times \dfrac{（流量, gpm）^{\frac{1}{2}}}{（揚高, ft）^{0.75}}$

  廠商所提供泵的操作資料，常以 N_s 值作為判斷操作範圍和效率的指標。

- 離心泵（centrifugal pump）
  - 單級（single stage）：
    泵量：0.057～18.9 m³/min；最大揚高（head）；152m。
  - 多級（multistage）：
    泵量：0.076～41.6 m³/min；最大揚高：1,675m。
  - 效率（η_{sh}）：依流量不同而不同：
    0.378 m³/min：45%；1.89 m³/min：70%(0.7)；37.8 m³/min：80%(0.8)。
- 橫軸泵（axial/pump）：
    泵量：0.076～378 m³/min；效率（η_{sh}）：65～85%。
- 往復（reciprocating）泵：
    泵量：0.0378～37.8 m³/min；
    最大揚高：300 km。
    效率：功率為 7.46 kw 時為 40%；功率為 37.3 kw 時為 80%；
    功率為 373 kw 時為 90%。
- Rotary 泵：
    泵量：0.00378～37.8 m³/min；

　　最大揚高：15,200 m；

　　效率（η_{sh}）：50～80%。

- 壓縮機、風扇、鼓風機及真空：
  - 風扇可升壓約一大氣壓的 3%（30cm 水柱高）。

　　鼓風機可升壓至 2.75 大氣壓。

　　增壓高於 1 大氣壓的操作，一般均用壓縮機。

- 可逆絕熱壓縮過程出口溫度的理論值：

$$T_2 = T_1, \left(\frac{\rho_2}{\rho_1}\right)^\alpha, \ \alpha = \frac{C\rho}{Cv} = 1.4 \ （雙原子（diatomic）分子）$$

- 出口溫度不應高於 167～204℃，對雙原子分子來說，相當於壓縮比為 4。
- 多級壓縮時，各級之壓縮比應相同。
- 往復泵的效率：

壓縮比	1.5	2	3～6
效率, %	65	75	80～85

- 大型離心式壓縮機，在處理量為 2.83～47.2 m³/sec 時，效率為 75～78%。
- 不同型真空泵的範圍：

　　　　1 torr 及以上　　　往復活塞（piston）型

　　　　1～10^{-3} torr　　　rotary 型

　　　　10^{-5} torr　　　　two lobe 型

（要達到 10^{-6} torr。需要用到擴散泵（diffusion），及離子泵（ionic），化工界一般不會用到如此低的真空。）

- 化工廠中在連續抽出某一生成物時，會用到 steam jet ejector（圖 A6-3）。

　　一級 ejector　　　　　真空可達到 100 torr

　　三級 ejector　　　　　真空可達到 1 torr

　　五級 ejector　　　　　真空可達到 5×10^{-2} torr

三級 ejector 要維持 1 torr 的真空，蒸氣需要量在 100 kg 蒸氣 /kg 空氣之上。

- 維持真空系統真空，即需要排出漏入系統的空氣（in-leakage of air），漏入量（kg/hr）一般以相當於 $kv^{\frac{2}{3}}$ 估算。v 為真空系統的體積（m^3），真空大於 90 torr 時，k＝0.98；真空為 3～20 torr 時 k＝0.39；真空小於 1torr,k＝0.12。

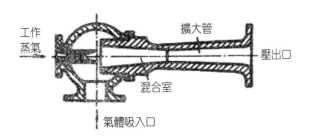

圖 A6-3　steam jet ejector

A6-8　公共設施

公共設施（utitlities）包括：水、電、蒸氣、壓縮機和冷凍等設施。

- 水：水一般依照用途分級。
  - 製程（process）用水，一般用於冷卻。
  - 鍋爐用水，需要除卻水中所含的礦物質，所產生的蒸氣壓愈高，水的純度要求愈高。可以回收重複使用。高壓鍋爐用水的價格約為自來水的 10 至 50 倍。
- 電：工廠中的電源一般是 110 V、220 或 440 V。如果大型馬達或設備需要更高的電壓，則需要另接線。電價與電壓無關。
- 蒸氣一般依電力分級：
  低壓：5 大氣壓，160℃
  中壓：10 大氣壓，184℃
  高壓：41 大氣壓，254℃

依熱值計算，三種蒸氣的成本分別為：**1：1.15：1.6**。

· **冷凍：**

- 1 冷凍噸（ton of refrigeration）= 12,700 KJ/hr
- 壓縮式冷凍每噸所需要動力：

  $-7℃$：0.93 KW；

  $-18℃$：1.31 KW；

  $-40℃$：2.3 KW；

  $-62℃$：3.9 KW。
- 移去以相同的熱值作比較，**5℃、$-20℃$ 及 $-50℃$** 的費用比約為：**1：1.6：3**。
- 以相同的熱值作比較，冷凍的費用為蒸氣的 **7～12** 倍。

· **壓縮空氣：**壓縮空氣在工廠中用於儀控，壓力一般為 3～5 大氣壓的乾燥空氣。

A6-9　標準型式的規格單

工程公司在要發包設備之前，會將標準型的規格單送給有意投標的廠商。表 A6-1 是容器類、A6-2 是熱交換器、A6-3 是泵、A6-4 是馬達的規格單。提供作為參考。

表 A6-1　容器規格

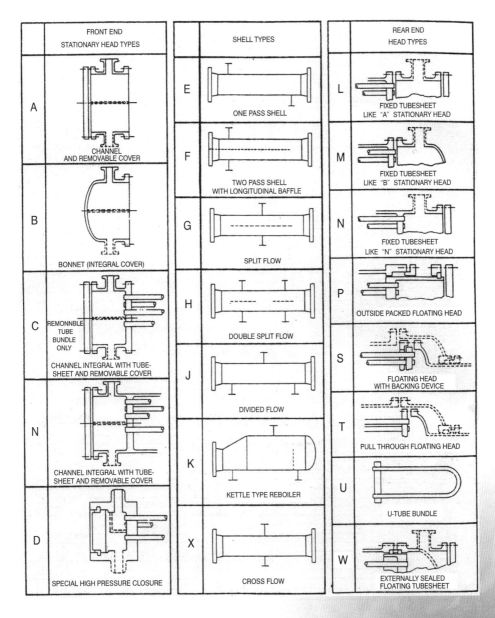

	FRONT END STATIONARY HEAD TYPES		SHELL TYPES		REAR END HEAD TYPES
A	CHANNEL AND REMOVABLE COVER	E	ONE PASS SHELL	L	FIXED TUBESHEET LIKE "A" STATIONARY HEAD
B	BONNET (INTEGRAL COVER)	F	TWO PASS SHELL WITH LONGITUDINAL BAFFLE	M	FIXED TUBESHEET LIKE "B" STATIONARY HEAD
C	REMONNBLE TUBE BUNDLE ONLY — CHANNEL INTEGRAL WITH TUBE-SHEET AND REMOVABLE COVER	G	SPLIT FLOW	N	FIXED TUBESHEET LIKE "N" STATIONARY HEAD
N	CHANNEL INTEGRAL WITH TUBE-SHEET AND REMOVABLE COVER	H	DOUBLE SPLIT FLOW	P	OUTSIDE PACKED FLOATING HEAD
		J	DIVIDED FLOW	S	FLOATING HEAD WITH BACKING DEVICE
D	SPECIAL HIGH PRESSURE CLOSURE	K	KETTLE TYPE REBOILER	T	PULL THROUGH FLOATING HEAD
				U	U-TUBE BUNDLE
		X	CROSS FLOW	W	EXTERNALLY SEALED FLOATING TUBESHEET

表 A6-2　熱交換器規格

HEAT EXCHANGER SPECIFICATION SHEET

1				Job No.			
2	Customer			Reference No.			
3	Address			Proposal No.			
4	Plant Location			Date		Rev.	
5	Service of Unit			Item No.			
6	Size	Type	(Hor/Vert)	Connected in		Parallel	Series
7	Surf/Unit (Gross/Eff.)		Sq m; Shells/Unit	Surf/Shell (Gross/Eff.)			Sq m
8			PERFORMANCE OF ONE UNIT				
9	Fluid Allocation			Shell Side		Tube Side	
10	Fluid Name						
11	Fluid Quantity Total		kg/Hr				
12	Vapor (In/Out)						
13	Liquid						
14	Steam						
15	Water						
16	Noncondensable						
17	Temperature (In/Out)		°C				
18	Specific Gravity						
19	Viscosity, Liquid		Cp				
20	Molecular Weight, Vapor						
21	Molecular Weight, Noncondensable						
22	Specific Heat		J/kg °C				
23	Thermal Conductivity		W/m °C				
24	Latent Heat		J/kg @ °C				
25	Inlet Pressure		kPa(abs.)				
26	Velocity		m/sec				
27	Pressure Drop, Allow. /Calc.		kPa	/		/	
28	Fouling Resistance (Min.)		Sq m °C / W				
29	Heat Exchanged			W:MTD (Corrected)			°C
30	Transfer Rate, Service			Clean			W/Sq m °C
31		CONSTRUCTION OF ONE SHELL			Sketch (Bundle/Nozzle Orientation)		
32			Shell Side	Tube Side			
33	Design / Test Pressure	kPag	/	/			
34	Design Temp. Max/Min	°C	/	/			
35	No. Passes per Shell						
36	Corrosion Allowance	mm					
37	Connections In						
38	Size & Out						
39	Rating Intermediate						
40	Tube No. OD	mm;Thk (Min/Avg)	mm;Length	mm;Pitch	mm	30 60 90 45	
41	Tube Type			Material			
42	Shell	ID OD	mm	Shell Cover	(Integ.)	(Remov.)	
43	Channel or Bonnet			Channel Cover			
44	Tubesheet-Stationary			Tubesheet-Floating			
45	Floating Head Cover			Impingement Protection			
46	Baffles-Cross	Type		%Cut (Diam/Area)	Spacing: c/c	Inlet	mm
47	Baffles-Long			Seal Type			
48	Supports-Tube	U-Bend			Type		
49	Bypass Seal Arrangement			Tube-to-Tubesheet Joint			
50	Expansion Joint			Type			
51	pv²-Inlet Nozzle	Bundle Entrance			Bundle Exit		
52	Gaskets-Shell Side			Tube Side			
53	Floating Head						
54	Code Requirements			TEMA Class			
55	Weight / Shell	Filled with Water		Bundle			kg
56	Remarks						
57							
58							
59							
60							
61							

表 A6-3　泵規格

Rev

CLIENT	_____	
PLANT	_____	
LOCATION	_____	SPEC. NO. _____
SERVICE	_____	SHEET NO.: ___1___ OF ___1___

CENTRIFUGAL PUMP DATA SHEET

1 No. Pumps Req'd _____ Item No. _____ Provided By _____ Mtd. By _____
2 No. Motors Req'd _____ Item No. _____ Provided By _____ Mtd By _____
3 No. Turbines Req'd _____ Item No. _____ Provided By _____ Mtd. By _____
4 Pump Mfr. _____ Size and Type _____ Series No. _____

OPERATING CONDITIONS, EACH PUMP	PERFORMANCE
6 Liquid _____ m^3/hr at PT. Nor. _____ Rated _____	Proposal Curve No. _____
7 Disch. Press. kg/cm^2 G _____	RPM _____ No. of Stage _____
8 PT. C, Nor. ____ Max. ____ Suct. Press., kg/cm^2 G Max. ____ Rated ____	NPSHR, (m),cl Impeller _____ T.O.F. ____
9 Sp. Gr. At PT _____ Diff. Press., kg/cm^2 _____	Eff. _____ Rated kW _____
10 Vap. Press. at PT, kg/cm^2A ____ Diff. Head, m _____	Max. Power Rated Rated Imp. _____ kW
11 Vis. At PT, cS. ____ cP. ____ NPSHA, m ____ (at ____)	Max. Head Rated Rated Imp. _____ m
12 Corr./Eros. Caused By _____ Hyd.Power ____ kW	Min. Continuous Flow _____
13	Rotation (Viewed From Cplg End) _____

CONSTRUCTION

14 Nozzles (English)	Size	Rating	Facing	Location	SHOP TESTS
15 Suction					☐ Non-Wit. Perf. ☐ Wit. Perf.
16 Discharge					☐ Non-Wit.Hydro. ☐ Wit. Hydrs.

17 Case-Mount: ☐Centerline ☐ Foot ☐ Bracket ☐Horz ☐Vert. (Type) ____　☐ NPSH Req'd (if required) ☐ Wit. NPSH.
18 　-Split: ☐ Axial ☐ Rad, Type Volute ☐ Sgl ☐ Dbl. ☐Diffuser　☐ Shop Inspection
19 　-Press: ☐ Max. Allow, ____ kg/cm^2 G ____ ℃; ☐ Hydro Test ____kg/cm^2 G　☐ Dismant. & Insp. After Test
20 　-Connect: ☐Vent ☐ Drain ☐ Gauge w/valve and flanged connection　☐ Other _____
21 Impeller Dia: (mm) ☐ Rated ____ ☐ Max . ____ ☐ Type: ____
22 　Mount: ☐ Between Brgs ☐ Overhung
23 Bearing-Type: ☐ Radial _____ ☐ Thrust _____　**MATERIALS**
24 　Lube: ☐ Ring Oil ☐ Flood ☐ Oil Mist ☐ Flinger ☐ Pressure　*Pump: Case/Trim Class* ☐ _____
25 Coupling: ☐ Mfr. _____ ☐ Model _____
26 　*Driver Half Mtd. By:* ☐ *Pump Mfr.* ☐ *Driver Mfr.* ☐ *Purchaser* Baseplate : ☐ _____
27 Packing: ☐ Mfr. & Type _____ Size/No. of Rings _____
28 Mech. Seal: ☐ Mfr. & Model _____ API Class Code _____
29 　☐ Mfr. Code _____　**VERTICAL PUMPS**

AUXILIARY PIPING

30 　　　　　**AUXILIARY PIPING**　Pit or Sump Depth m ☐ _____
31 ☐ *C.W. Pipe Plan* _____ ☐ *C.S.* ☐ *S.S.* ☐ *Tubing* ☐ *Pipe*　Min. Submergence Req'd. m ☐ _____
32 ☐ Total Cooling Water Req'd. m^3/hr _____ ☐ *Sight F.l. Req'd*　Column Pipe: ☐ Flanged ☐ Threaded
33 ☐ *Packing Cooling Injection Req'd:* ☐ Total m^3/hr _____ ☐ kg/cm^2 G ____　Line Shaft: ☐ Open ☐ Enclosed
34 ☐ *Seal Flush Pipe Plan* _____ ☐ *C.S.* ☐ *S.S.* ☐ *Tubing* ☐ *Pipe*　Brgs: ☐ Bowl _____ ☐ Line Shaft _____
35 ☐ *External Seal Flush Fluid* _____ ☐ m^3/hr _____ ☐ kg/cm^2 G ____　Brgs Lube ☐Water☐Oil☐Grease☐
36 ☐ *Auxiliary Seal Plan* _____ ☐ *C.S.* ☐ *S.S.* ☐ *Tubing* ☐ *Pipe*　*Float & Rod* ☐ *C.S.* ☐ *S.S.* ☐ *Brz* ☐ *None*
37 ☐ *Auxiliary Seal Quench Fluid* _____　Float Switch ☐ _____

38 　　**MOTOR DRIVER** (See Motor Data Sheets)　Pump Thrust, kg ☐ Up ____ ☐Down ____
39 kW ____ RPM ____ Frame ____ Volts/Phase/Cycles ____
40 Mfr. _____ Bearings _____ Lube _____
41 Type _____ Insul. _____ Full Load Amps _____
42 Enc . _____ Temp. Rise℃ _____ Locked Rotor Amps _____　Approx. Wt., Pump & Base _____ kg
43 ☐ *VHS* ☐ *VSS* *Vert. Thrust Cap., kg* ____ *Mfr. Item No.* _____　Motor ____ kg Turbine ____ kg

44 *Indicates Information To Be Completed By Purchaser:*　☐ API Standard 610　☐ ANSI B73.1. B73.2
45 By Manufacturer　Applicable To: ☐ Proposal ☐ Purchase ☐ As Built
46 Notes:
47
48
49
50
51 By: _____ | App'd: _____ | Date: _____ | Rev.△ _____ | Rev.△ _____ | Rev.△ _____

表 A6-4　馬達規格

CLIENT		REF. SPEC. NO.	
PLANT		DATA SHEET NO	
LOCATION		PAGE	OF
		DATE	REV.

INDUCTION MOTOR DATA SHEET

EQUIPMENT NO.			(1 / 3)

SPECIFICATION REQUIREMENTS		VENDOR'S RESPONSE		
DESCRIPTION	SPECIFICATION	YES	NO	EXPLANATION
Standards/Codes (comply any ticked one, not necessary all.)	☐CNS ☐IEC ☐JIS ☐DIN ☐ANSI ☐NEMA ☐IEEE ☐			
Location	☐Indoor ☐Outdoor			
Ambient Temperature	Max _____ °C, Min _____ °C Avg _____ °C			
Relative Humidity	Max _____ %			
Altitude (above sea level)	☐Below ☐			
Environment	☐Salty ☐Chemical corrosive ☐Dusty ☐Non-hazardous ☐Hazardous Cl.___ Gp.____ Div.___☐ Hazardous Cl.___ Gp. ___ Zone.___			
Seismic factor	☐ Normal, for connection ☐			
Vendor shall complete these sheets entering all applicable data and indicating all deviations from Purchaser's requirements.				
Rating	_____hp/kW, _____V, _ φ, __Hz, Syn. speed: _____rpm			
Type of Load				
Duty .	☐Continuous ☐Short time . ☐Periodic			
Drive Method	☐Direct ☐Belt ☐Chain ☐Gear			
Mounting Type	☐Horizontal ☐Vertical ☐Foot ☐Flange			
Starting Method	☐Direct on line ☐Reactor ☐Y-Δ ☐Auto-transf. ☐Part-winding ☐			
No. of Starts / Hour	_____times			
Rotor Type	☐Squirrel-cage ☐Wound			
Special Stator Type	☐2 speed - 1 winding (constant hp) ☐2 speed - 1 winding (constant torque) ☐2 speed - 1 winding (variable torque) ☐2 speed - 2 winding ☐			
Insulation Class	☐E ☐B ☐F ☐			
Max. Temperature Rise	_____°C			
Service Factor	☐			
Slip at Full Load	Max. _____ %			
Enclosure	☐IP___ ☐TEFC ☐Drip-proof ☐WP-I ☐TENV ☐non-sparking ☐WP-II ☐for class _ div _ gr_____area			

	REF. SPEC. NO.	
CLIENT _____	DATA SHEET NO _____	
PLANT _____	PAGE _____	OF _____
LOCATION _____	DATE _____	REV. _____

INDUCTION MOTOR DATA SHEET

EQUIPMENT NO.   (2 / 3)

SPECIFICATION REQUIREMENTS		VENDOR'S RESPONSE		
DESCRIPTION	SPECIFICATION	YES	NO	EXPLANATION
Space Heater	☐Yes ☐No ____ V, _φ, ___Hz			
Environment Protection	☐Anti-fungus protection			
	☐Prevent ingress of insects and rodents			
Temperature Identification				
Thermal Protection	☐Yes ☐No Type_____			
Winding Temperature Detector	☐Yes ☐No Type_____			
Bearing Temperature Detector	☐Yes ☐No Type_____			
Differential Protection	☐Yes ☐No Type_____			
Vibration Detector	☐Yes ☐No Type_____			
Surge Protection	☐Yes ☐No Type_____			
Terminal Box	☐Right ☐Left (Viewed from un-driving end)			
Grounding Tap	☐In terminal Box ☐On Frame			
LRC/FLC	____p.u.			
LRT/FLT	____p.u.			
Load	1/2 3/4 Full			
Current(A)				
Power Factor (%)				
Efficiency (%)				
Speed (rpm)				
Starting Power Factor	____%			
Locked Rotor Current	____A			
Starting Time	_____Sec. At ___% rated voltage			
	_____Sec. At ___% rated voltage			
Safety Stalling Time	Cold:_____Sec. Hot:_____Sec.			
Frame Size				
Hub Size (NEMA "AA")	_____in./mm,			
	Thread:☐PF ☐NPT ☐BPT ☐PT			
Distance between Centerline of Shaft and Hub (NEMA "AC")	_____mm			
Noise Level	_____dBA (1m from major surface)			
Bearing Type	☐Ball ☐Roller ☐Sleeve			
	☐Thrust ☐			
Bearing Life	_____Hours			
Lubrication Type	☐Grease ☐Oil ☐Oil Mist			
Frequency of Lubrication				
GD2	_____kg-m^2			
Weight	Rotor_____kg, Total_____kg			
Finishing Painting				

CLIENT		REF. SPEC. NO.		
PLANT		DATA SHEET NO		
LOCATION		PAGE		OF
		DATE		REV.

INDUCTION MOTOR DATA SHEET

EQUIPMENT NO. (3 / 3)

SPECIFICATION REQUIREMENTS		VENDOR'S RESPONSE		
DESCRIPTION	SPECIFICATION	YES	NO	EXPLANATION
Test	☐Winding Resistance Measurement ☐No-load test ☐Locked rotor test ☐Voltage test ☐Temp. rise test			
Remarks	☐Motor thermal capability curve shall be provided ☐ ☐ ☐			

CHAPTER **7**

從設計到建廠

第一章說明程序設計是將實驗室中的研究成果發展為可以作為設廠基礎的 PFD 和 P & ID。過程是如第二和三章所討論的將化學反應的資料轉為反應器的反應條件。然後在第四和五章中討論如何自反應器的出料中分離出所需要的產品。第六章中說明工廠現場的一些規律和經驗法則，並界定了製程發展的走向和目標，作為設計時的原則。

在第七、八和九章中討論的是和「錢」有關的事：本章說明建廠的過程和所需要的資金；第八章討論生產成本；第九章則說明經濟或可行性分析。

在決定要投資興建工廠之後，依次要決定：所需資金及來源、廠址、設計、採購、施工和試俥等事項。其中資金部分是由財務部門負責，從設計到試俥是由技術部門負責。分別討論如後。

7.1 資金成本及資金需求量

向銀行借錢要付**利息**（interest），**利息就是使用資金所需要付出的成本**（cost）。用自己的錢投資（invest）某項目，同樣的一筆錢如果存在銀行中會收到利息，用於存款以外的投資，就損失了銀行所付給的利息，相對的也是付出了成本。**資金必有成本，而成本與利息密不可分。**是以本節以討論利息開始。

7.1.1　利息

　　利息的高低是由供需（supply and demend）關係來決定，存入的錢多，借出的錢少，銀行的利息就低；反之，存入銀行的錢少，要向銀行借的錢多，「錢」就變成了奇貨可居，利息就會上升。在實務上，**國家的中央銀行（central bank）決定一國的利息高低**。銀行的可用資金有兩個來源，最主要的來源就是向中央銀行付出由中央銀行所訂的利息，而取得一定配額的資金；另一個來源是收取客戶的存款，付給客戶利息，再將資金以高於存款利息的貸款利息轉借給需要資金的客戶。是以銀行因資金來源的不同，而有不同的資金成本。銀行最主要的利潤來源，就是將自己所取得的資金，用比自身成本高的利息，加碼借貸給需要資金的客戶，賺取二者之間的利息差價。

　　用資金投資的基本概念就是報酬率（rate of return）一定要高於銀行的存款利息。錢存在銀行是最安全的，投資必有風險（risk），沒有更好的報酬率，為什麼要去冒險？

　　中央銀行所執行的是貨幣政策（money policy），是以利息除了大體上是由供應所決定之外，更負有發展經濟和工業的責任。**低利息稱之為寬鬆的貨幣政策**。將錢存在銀行收不到多少錢，那麼投資在其他的事項上可能會有更好的回收率，是以**低利率是鼓勵投資行為**。反之**高利率提高了資金成本，使得投資的風險增加**。同時是可以對特定行業訂定特殊的利息，例如優惠房屋貸款。即是不同的行業，在不同的時空，利息是不同的。

　　銀行在處理不同型的貸款時，除了資金成本和中央銀行的政策之外，要考慮到：

- 貸款的風險，即是不能或無法回收貸款的風險，是以有抵押物貸款的風險低，利息要比沒有抵押物的信用貸款來得低。
- 處理貸款的行政管理費用，這些費用是銀行成本的一部分。是以處理金額少而筆數多的消費型貸款的利息會高。

同時銀行自身也會為了爭取業務而訂有不同的優惠政策。

貸款一般是以當地的貨幣為準，如果需外匯來在國外採購，則可能需要外幣或國際性貸款。

外幣的利息是由外國的貨幣供需和政府所決定的，利息計算的基礎是倫敦銀行融資利息（London Inter-bank offered Rate, **LIBOR**），再依照客戶信用可靠的程度加碼計算，信用好的客戶加碼少一點，外匯貸款必須要考慮到匯率的可能變化。

7.1.2　設廠的資本需求

設立工廠所需要的資金包含有：

- **技術費**，這是指購買建廠所需技術的費用。這種費用有三種不同的計費方式：
  - **買斷式**（**lump sum payment**），即是：技術是一種商品，一次或分次付費，在工廠的生產情況達到保證值時付清。契約中可能包含一些技術服務條款。
  - **以技術作為資本**（**capitalization**），即是一般所說的技術股，多數國家對技術股的上限訂為總資本額的 25%。超過此一上限需要特別申請。一般適用於具有獨占性的技術，技術所有人（licensor）將技術視為資產。
  - **權利金**（**running royalty**）：即是先付給技術所有人頭款，然後依產量付費。

  這三種不同的方式，對成本和利潤的影響不同。

- **土地費用**，選用工廠用地要考慮到：
  - 土地是否能用作工廠用地。
  - 當地的法令包括環保要求。
  - 運輸條件。
  - 政府是否有優惠政策或限制。一般在政府開設的工業區中設廠，水、電及廢水處理均已規劃完善。除非是很大的工廠，在素地（grass root，即未開發的土地）建廠需要作水、電供應和道路及污染處理投資。

‧細部設計及監工（detailed design）費用。細部設計包含：

- 設備的設計及製造規格。
- 安裝設備的鋼結構和建築物結構，和施工圖。
- 根據前列二項的土木建築和道路的設計，和施工圖。
- 聯結各設備的管路配置。水、蒸氣和空氣管路的配置。
- 儀表配置。
- 電的配置。

　　設計和監工費用是以人－時（man hour）為基礎，即是這項工作需要多少人時來完成，每人時的費用為多少。如果製作 PFD 和 P&ID 所需要的人時為 2,000。細部設計所需要的人時約在 100,000 附近。表 7-1 是化工廠細部設計時不同項目所占總設計量的分布。不同類的工廠，差異可能很大。

表 7-1　化學工廠細部設計分類時間分布比例

分　類	設計時間分布，%
基礎（土木）	7 ± 2
鋼結構	15 ± 3
轉動設備	3 ± 1
槽及塔	7 ± 2
配　管	55 ± 11
儀　表	7 ± 2
電	6 ± 2

‧設備的購置費用

　　附錄 A7 中說明了估算設備費用的方法。在實務上，設備是經由詢價、比價然後採購的。採購是需要專業的，可以委託作設計的工程公司來做，也有可以自行採購。設備中可包含品質管理和小型實驗室的費用。

- 施工：施工費用計算的基礎是人日（man day）和人時，即是某項工作的量是多少，每個人日或每小時做多少，例如：
  - 安裝反應器：總重為 20 噸以下的反應器，標準安裝人力是 0.8～1.0 人時／噸，20 噸的反應器需要 16～20 人時的費用。總重為 50～100 噸的反應器，標準人力需求是 2～2.5 人時／噸，100 噸反應器的安裝費用相當於 200～250 人時的費用。
  - 儀表安裝：依不同類的儀表，安裝每個儀表所需要的人時來計算。
  - 保溫：設備保溫以每 m^2 所需的人時計算。

作為參考，表 7-2 是某煉油廠施工費用的組成表。

表 7-2 化工廠施工費用分配

設備安裝	10.9
加熱爐	6.9
配　管	20.6
保　溫	8.5
鋼結構	4.6
儀　表	5.7
電設備	6.6
油　漆	2.1
土　木	27.3
其　他	6.8
……	100

- 試俥（test run）。工廠在安裝完成之後，要：
  - 用空氣及水清洗每項設備。
  - 在系統內通入高壓空氣及水，測漏。
  - 將溶劑或水通入每項設備單獨運轉，確定每項設備均能正常運行。

▪ 系統內通入水或溶劑，除化學反應部分之外，全系統試運轉。在確定系統正常運行之後，排出水或溶劑，通入空氣，將系統保持在清潔乾燥的狀態。

• 投入原料，開始**試行生產**。試俥的時間，如果一切順利，最短為三天，通常約為一個月或更長。

以上所需要的費用，均列為試俥費用。

除了技術和土地費用，建廠的成本結構約如表 7-3。

表 7-3　建廠成本結構

項　目	所占比例，%
設備購買	30～45
施　工	30～50
工程設計及監工	10～15
試　俥	3～5
行政管理	3～5

• **流動資金**（**running capital**），是指維持工廠運作所需要的週轉金。工廠購買原料，將原料加工為產品，再將產品出售給客戶，從客戶取得貨款。工廠必須要有足夠的資金，來支應自開始生產到收到貨款之間的所有發生的費用。週轉金所需要的額度和下列因素有關：

▪ 第一項因素是產銷計畫的確切程度。在正常情況下，工廠是以預估的銷售量為基礎來作出生產計畫，並以 30 天的銷貨量作為安全庫存量。庫存量大，積壓的資金也愈多。

▪ 第二項是售貨條件，即是在將產品交給客戶之後，客戶要多快付錢。

總結以上，**投資工廠所需要資金，是：技術費用、土地費用、設廠總費用和流動資金的總和。**

7.2 建廠過程

在選定廠址之後的第一件設計工作是規劃廠區。圖 7-1 是一個工廠廠區的總規劃圖。圖中標明了方向，大小和用途。

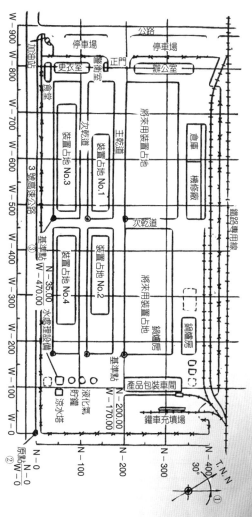

圖 7-1 廠區規劃圖

化工程序設計

下一步，即是製作廠區布置圖（pilot plan），圖7-2是廠區布置圖的例子，每一個設備在工廠內的位置，所占有的面積均清楚的標出來不同設備之間的距離，要合於安全規範。土木基礎、管路的分布和設計等，均是以廠區布置圖為基準來設計的。

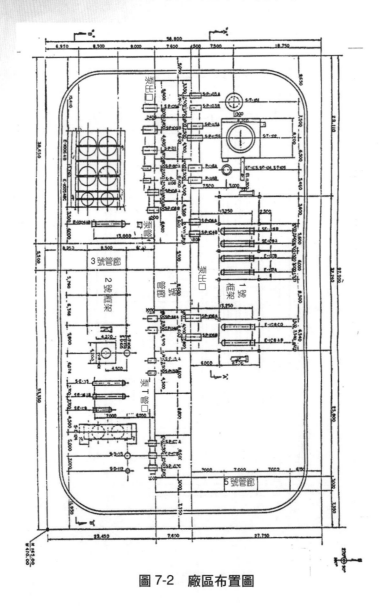

圖 7-2　廠區布置圖

216

從設計開始，即訂定有**詳細的設計和施工規劃**，圖 7-3 是設計、施工的總進度表：

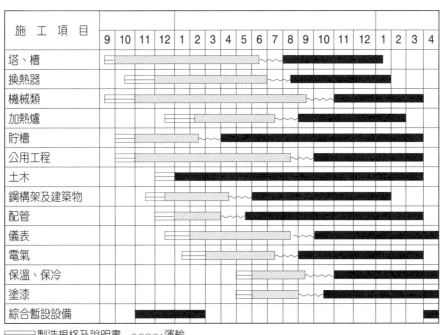

圖 7-3　設計及施工規劃表

原資料是煉油廠的建廠規劃，貯槽的數量很大。規劃時有不同的考量，例如在土木建築中，有人會先建造倉庫和辦公室，作為施工管理的場所，以及貯存材、物料用。表中的綜合暫設設備是臨時辦公室場所及施工人員宿舍。

從前述的說明中，可以清楚的看出，**在設廠過程，資金的需求是分期的，不是要在一開始就要需要將所有的資金一次性的集齊。**

7.3 資金來源

個人的資源是有限的，投資計畫一般均需要向銀行貸款，貸款的比例可經達到總投資額的 60～70%；自籌資金占 30～40%。

銀行對大的計畫不做全額貸款的原因，可以從不同的角度來解釋：

- 貸款的比例，是銀行確認一定可以回收，或確保的金額。
- 不做 100% 的貸款，是銀行要借貸人一定要分擔一定的風險，以確保借貸人會全心盡力的經營。

對於較小金額的借貸，銀行可以信用貸款，由於風險較高，所收取的利息也比較高。

建廠計畫中的工廠投資部分，可以向銀行長期貸到 60～70% 的額度。這一類的貸款可以包括在開工後若干年後才開始償還本金（grace period）等條件。**週轉金可以向銀行用較高的利息短期借貸。銀行對某一提資案的長短期貸款總額不會超過投資總額。即是投資人一定要投入自有資金。**

由於建廠有一定的進度，故而所需要的資金，也一定會有相對應的資金需求進度。資金調度是投資中非常重要的一環。

7.4 結語

在第九章中會指出建廠費用是投資計畫中很重要的因素，但不是最重要的因素。**附錄 A7** 中所列出的設備的估價方法只能用作內部製程比較用，或是參考用。設廠費用估算應交由工程公司去做，或者自行詢價。

在實務上如果要作製程比較可以採取更直接的方法,例如在都不需要特殊材質或設計的情況下,可以:

- 比較主要設備的數量和大小。
- 如果數量和大小相近似,可以比較次要設備;例如泵的數量和熱交換器的總傳熱面積等。在第八章中會討論到,生產同一產品,收率是判斷製程優劣最重要的依據。

建廠以能合理的縮短工期,順利的試俥成功為目標。

複習

1. 說明下列各名辭的意義及其重要性:
   (A)資金成本
   (B)利息
   (C)LIBOR
   (D)廠區佈置圖
   (E)細部設計

A7 設備及建廠費用估算

最簡單的,但是也是最常用到的估計某一建廠計畫是否有利可圖的方法是估算其(年營業額／總投資)的比值;或是投資一塊錢每年可以做到多少錢的生意。這種估算方法基本上是假定售貨的利潤高於銀行的利率、此一比值如果高於 1,則投資工業,雖有風險,但是回報率一定是高於銀行的存款利率。在發展和設計製程的過程中,費用估算(cost estimation)的重要性在於能儘早決定某一製程在技術上和經濟上的可行性,或者用作製程比較。

A7-1 概論

在討論不同的估算方法之前,需要先說明下列各點:

1. 目前在教材和文獻上的費用估算方法,都是以美國的資料作為基礎。或者是以美國的管理方法、人員效率和工資作為基礎。**並不能普遍代表各地區不同的情況。**

2. 化學工廠所使用的設備,除了管線(pipe and tube)泵、馬達和儀表之外,都是單件生產(piece by piece)而不是在生產線上大量生產(mass production)的;其原因是單一產品的量沒有達到大量生產的規模。是以**化學工廠生產設備的成本有 70% 以上是人工薪資成本。在不同的地區,成本的區別很大。**

3. 設備費用約占總建廠成本的 30〜50%。大型、連續生產型工廠所占的比例高;小型、批式生產型工廠所占的比例低。**設備費用以外的支出,是安裝和土木建造費用,總人工費用所占的比例在 80% 以上。是以同一工廠,用不同的管理模式,在不同的地區,其費用相差很大。**

4. 是以有集團的建廠費用,可以比其他公司低 30〜35%。而在下文中所介紹的費用估算方法,基本上是根據 PFD 資料所作出來的概算(preliminary estimate),基準確度約為 ±20%。

5. 承包建廠工程的工程公司(engineering company),設有估價部門,它們一般是根據現有的設備費用資料作為基礎，再經過詢價之後作出設備費用預算，最後再經過議價決行。

6. 工程公司對施工費用估算的方法，是根據他們的經驗，訂出不同設備、儀表施工安裝所需要的人－時（man hour），由人－時費用來計算總費用。

7. 人－時是設計和施工時最基本的計價單位，要理解到：

　　A. 不同專業費用不同，在設計階段單位費用最高的是製程工程師（process engineer）；施工時不同型工作費用差別也很大。

　　B. 除了發出的薪資之外，保險（勞、健保）、福利和紅利等也都是實質的支出，這些支出台灣一般是薪資的 0.5 到 0.8 倍，即是台灣的：

　　　　人事費用 =（1.5～1.8）× 薪資

　　　　不同的地區會有所不同，社會福利（或保障）愈發達的國家、例如北歐、則加成的比例極高。此外對工程公司而言，尚有稱之為管銷費用（over head），其中包含有利潤在內；故而工程公司所收取的人－時費用，約為員工薪資的 2.8～5 倍。2.8 是台灣等地區的標準，5 是西方公司所採用的標準。

前述六點，是要說明教材與實務之間的差別。以下將先說明傳統的單項設備和整廠費用的估算基礎和方法，藉使讀者明瞭費用的結構。然後再說明利用電腦來估計費用。

A7-2　設備費用估算的基礎

化學工廠中的設備依照其在運轉時的情況，可以分為兩類：

1. 第一類是**固定（stationary）設備**：指在工廠運轉時，設備本身維持靜態，例如槽、塔、熱交換器等。這一類設備的費用依照其重量、材質而不同。

2. 第二類的設備稱之為**轉動（rotational）設備**，即是在運作時設備本身在轉動，例如泵、壓縮機、離心（centifugal）機等。這一類的設備依照其動力大小、材質的安全要求來決定其價格。

在本節中將依次討論：

- 估算設備費用的基礎。
- 材質對費用的影響。
- 設備大小和費用：從現有的設備來估算新設備費用。
- 設備費用和時間的關係：從舊設備費用來估算新設備費用。
- 轉動設備費用估算。

討論的重點是影響設備費用的因素是什麼。本節最後的建議，是用軟體來估算設備費用來作為比較之用。但是作為工程人員，需要對影響設備費用的因素有非常清楚的概念，估價算式在這個意義上是非常有幫助的。

A7-2-1 估算靜態設備費用的基礎

1. 設備重量估算

設備的重量，W_s，依公式（A7-1）計算

$$W_s = \pi D_i(L_t + 0.8116D_i)\, T_s\rho \qquad\qquad （A7-1）$$

式中：W_s = 總重量，kg

π = 圓周 = 3.1416

D_i = 容器內徑，m

L_t = 容器長（頂端至另一頂端），m

ρ = 容器材質的比重，kg/m^3

T_s = 容器壁厚，m，計算方式如 F：

影響容器壁厚，T_s，的因素有：

A. 內壓

令內壓為 P_g，則承受 P_s 的壁厚，T_p 為

$$T_p = \frac{P_g R}{(SZ - 0.6P_g)} \qquad\qquad （A7-2）$$

式中：T_p = 承受內壓的壁厚，m

P_g = 內壓，MPa

R = 容器半徑，m

S = 可容許壓力，MPa

Z = 焊接係數，m

  = 0.85　（壁厚小於 30 mm，10% 焊縫經過 X 光檢查）

  = 1　　（壁厚小於 30 mm，焊縫 100% 經過 X 光檢查）

容器的長度大，是由焊結連成一體的，故而整體結構的最弱點可能是焊縫。焊結係數，E，是焊縫的安全係數。

B. 風速

承受風速的壁厚，T_w，是：

$$T_w = \frac{\rho_o v^2 (D_o + Z) L_t^2}{(S\pi D_o^2)} \qquad (A7\text{-}3)$$

式中：ρ_o：空氣密度 = 1.2 kg/m³（latm, 25℃）

      v：風速，一般用 65 m/sec（非颶風區）

      D_0：容器的外徑，m

      Z：安全係數，一般用 0.432 m

C. 焊縫強度，

如果焊縫是薄弱點，則壁厚，T_g，以下列公式計算：

$$T_g = \frac{P_g R}{(2SZ + 0.4P_g)} \qquad (A7\text{-}4)$$

如果 T_g 小於用公式（A7-2）所計算出來的 T_p，則用 T_p 值；如 T_g 大於 T_p，則用 T_g 值。

直立容器底部，要承受內壓和風速，一般 $T_g > T_p$，為安全，取 T_g，故而底部厚度，T_b，為：

$$T_b = T_g + T_w \qquad (A7\text{-}5)$$

化工程序設計

自立容器上部不需要承受風速，其厚度為 T_p，則平均厚度，Ts 為：

$$T_s = \frac{1}{2}(T_p + T_b) + T_c \qquad\qquad (A7\text{-}6)$$

式中 T_c：容器使用年限內補償腐蝕的厚度，m

臥式容器不需要承受風速，故而

$$T_s = T_p + T_c \qquad\qquad (A7\text{-}7)$$

【例題 A7-1】

一塔內徑 = 1.7 m，長 = 25.6 m 材質為碳鋼（比重 = 7,860 kg/m³），
塔壓 = 1 MPa，容許壓力 = 100 MPa，風速 = 60 m/sec 求塔重。

 解答

公式（A7-2）

$$T_p = \frac{P_g R}{(SZ - 0.6 P_g)}$$

$$= \frac{1 \times 0.85}{(100 \times 0.85 - 0.6 \times 1)} \qquad （假設壁厚小於 30 mm，Z = 0.85）$$

$$= 0.01 \text{ m}$$

公式（A7-3）

$$T_w = \frac{\rho_o V^2 (D_o + Z) L_t^2}{(S \pi D_o^2)}$$

$$= \frac{1.2 \times 60^2 (1.7 + 0.432) \times 25.6^2}{100 \times 10^6 \times 1.7^2 \times \pi}$$

$$= 0.00665 \text{ m}$$

公式（A7-4）

$$T_g = \frac{P_g R}{(2SZ + 0.4P_g)}$$

$$= \frac{10^6 \times 0.85}{2 \times 100 \times 10^6 \times 0.85 + 0.4 \times 10^6}$$

$$= 0.005 \text{ m}$$

公式（A7-5）

$$T_b = 0.00665 + 0.005$$

$$= 0.01165$$

$$= 0.012$$

公式（A7-6）

$$T_s = \frac{1}{2}(T_p + T_b) + T_c$$

$$= \frac{1}{2}(0.01 + 0.012) + 0.003 \quad （假定 \ T_c = 0.003 \text{ m}）$$

$$= 0.014 \text{ m}$$

公式（A7-1）

$$W_s = \pi D(L_t + 0.8116D)T_s p$$

$$= \pi \times 1.7(25.6 + 0.8116 \times 1.7) \times 0.014 \times 7860$$

$$= 16,310 \text{ kg} \quad 答案$$

2. 壓力容器

Mulet, Corripio 和 Evens 在 "Estimate Costs of Pressure Vessels Via Correlation"（Chem. Eng; 88, P. 145 (1981)）一文中提出壓力容器的價格是由容器本體和平台及梯所構成：

$$C_t = F_m C_b + C_o \qquad\qquad （A7-8）$$

式中：

C_t：總價

F_m：材質因子，依照容器的材質而不同，碳鋼為 1。詳見 A7-2-2 節。

C_b：容器本體價格

C_o：平台及梯價格

Mulet, Corripio 和 Evens 並提供下列估算 1979 年壓力容器價格的算式：

A.臥式容器：

Ws 在 369 至 415,000 kg 之間時，

$$C_b = \exp[8.144 - 0.16449(\ln Ws) + 0.4333(\ln Ws)^2] \quad （A7\text{-}9）$$

$$C_o = 1288.3 D_i^{0.73960} L_t^{0.20294} \quad （A7\text{-}10）$$

B.立式容器

Ws 在 2,210 至 103,000 kg 之間時，

$$C_b = \exp[8.600 - 0.2165(\ln Ws) + 0.04576(\ln Ws)^2]$$

$$（A7\text{-}11）$$

D_i 在 1.83 至 3.05m 之間，L_t 在 3.66 至 6.10m 之間，

$$C_o = 1017 D_i^{0.73960} L_t^{0.20884} \quad （A7\text{-}12）$$

很明顯的算式（A7-9）至（A7-12）是用回歸法所得出來的結果。計算所得是 1979 年的價格。

3.分餾（distillation）及吸收（absorption）塔

Mulet, Corripio 和 Evens 對分餾和吸收塔建議其費用估計算式，依照填充塔和板式兩類，分別為：（Chem. Eng; 88, P. 77, (1981)）。

板式塔：

$$C_t = C_b F_m + N_T C_{bt} F_{FM} F_{TT} F_{NT} + C_o \quad （A7\text{-}11）$$

填充塔：

$$C_t = C_b F_m + \left(\frac{\pi}{4D_i^2}\right) H_p C_{pa} + C_o \qquad （A7\text{-}12）$$

式中：

C_t：總價，1979 年 us\$。

C_b：塔體總價，1979 年 us\$。

F_m：塔體材質因子，碳鋼為 1，詳見 A-2-2 節。

N_T：塔內的板數

C_{bt}：每塊板價，1979 年 us\$

F_{FM}：材質因子，碳鋼為 1，詳見 A7-2-2 節。

F_{TT}：板型因子，浮閥（floating）= 1；泡罩（bubble cap）= 1.59；篩孔（sieve platy）= 0.85。

F_{NT}：板數效正因子，$N_T \geq 20$，$F_{NT} = 1$

$\qquad N_T < 20$，$F_{NT} = \dfrac{2.25}{(1.0414)^{N_T}}$

$\qquad$ 即是板數愈少，單位板價愈高。

C_o：平台及扶梯費用，1979 年 us\$。

H_p：塔內填充料高度，m

C_{pa}：填充料價格；1979 年 us\$/m^3

其中 C_b，C_o，C_{bt} 的算式如下：

板式塔：

$$C_b = \exp\left[6.950 + 0.1808(\ln Ws) + 0.02468(\ln Ws)^2 + 0.0158\left(\frac{L_t}{D_i}\right)\ln\left(\frac{T_b}{T_p}\right)\right]$$
$$（A7\text{-}13）$$

$$C_o = 834.86 D_i^{0.63316} L_t^{0.80161} \qquad （A7\text{-}14）$$

$$C_{bt} = 278.38[\exp(0.57051 D_i)]F_{mp} \qquad （A7\text{-}15）$$

F_{mp} 的值如表 A7-1

表 A7-1　材質的價格因子，F_{mp}

材　質	F_{mp}
SS304	$1.189 + 0.1894D_i$
SS316	$1.410 + 0.2376D_i$
Carpenter 20CB-3	$1.525 + 0.2585D_i$
Monel	$2.306 + 0.3674D_i$
碳　鋼	1

2004 年後，非鐵金屬的銅、鎳、鉻等價格大幅度上揚，F_{mp}的值大增，本表僅供參考。

填充塔：

$$C_b = \exp[6.486^0 + 0.21887(\ln Ws) + 0.02297(\ln Ws)^2]$$

$$(A7\text{-}16)$$

$$C_o = 1017D_i^{0.73960}L_t^{0.20684}$$

$$(A7\text{-}17)$$

4. 熱交換器

Corripio, Chrien 和 Evens 在 "Estimate cost of Heat Exchangers and storage Tank Via Correlation"（Chem. Eng; 89, P. 125 (1982)）一文中，指出熱交換價格的算式為：

$$C_E = C_b F_T F_P F_m$$

$$(A7\text{-}18)$$

式中

C_E：熱交換器總價，1979 年 us\$

C_b：基本價格（bare module），1979 年 us\$，

一般是指浮頭式管殼（floating head tube and shell）熱交換器，算式為

$$C_b = \exp(8.202 + 0.01506(\ln A) + 0.06811(\ln A)^2) \quad （A7\text{-}19）$$

A：總傳熱面積，m^2

F_T：型式因子，浮頭式＝1，其他型式的算式為：

固定管板式（fixed tube sheet）：

$$F_T = \exp(-0.9003 + 0.0906(\ln A)) \quad （A7\text{-}20）$$

再沸器（reboiler）：

$F_T = 1.35$

u 型管式（u－fube）：

$$F_T = \exp(-0.7844 + 0.0830(\ln A)) \quad （A7\text{-}21）$$

F_P：壓力因子，算式如下：

700～2100 kPa：

$$F_P = 0.8955 + 0.04981 \ln A \quad （A7\text{-}22）$$

2100～4200 kPa：

$$F_P = 1.2062 + 0.0714 \ln A \quad （A7\text{-}23）$$

4200～6200 kPa：

$$F_P = 1.4272 + 0.12088 \ln A \quad （A7\text{-}24）$$

F_m：材質因子，算式為：

$$F_m = g_1 + g_2(\ln A) \qquad\qquad (A7\text{-}25)$$

不同材質的 g_1 和 g_2 值如表 A7-2

表 A7-2　熱交換計算材質因子的 g_1 及 g_2 值

材　質	g_1	g_2
SS304	1.1991	0.15984
SS316	1.4144	0.23296
SS347	1.1388	0.22186
鎳鋼 200	2.9553	0.60859
Monel 400	2.3296	0.43377
Inconel 600	2.4103	0.50764
Incoloy 825	2.3665	0.49706
鈦鋼	2.5617	0.42913
Hastellog	3.7614	1.51774

同表 A7-1 的說明

【例題 A7-2】

估算：傳熱面積為 $100\,\mathrm{m}^2$，固定管板式，設計壓力為 $1,000\,\mathrm{kPa}$，材質為 SS304 熱交換器的價格。

解答

算式（A7-19）

$$C_b = \exp(8.202 + 0.01506(\ln 100) + 0.06811(\ln 100)^2)$$
$$= 16577$$

算式（A7-20）

$$F_T = \exp[-0.9003 + 0.0906(\ln 100)]$$

$$= 0.6169$$

算式（A7-22）

$$F_P = 0.8955 + 0.04981(\ln 100)$$

$$= 1.1249$$

算式（A7-25），材質為 SS304，$g_1 = 1.1991$，$g_2 = 0.15984$（表 A7-2）

$$F_m = 1.1991 + 0.15984(\ln 100)$$

$$= 1.9582$$

算式（A3-18）

$$C_E = 16577 \times 0.6169 \times 1.1249 \times 1.9352$$

$$= 22263 \quad 1979 \ 年 \ us\$ \quad （答案）$$

5.貯槽

貯槽和壓力容器有下列不同：

- 貯槽用於原料及成品的存放，體積遠大於用於製程中的壓力容器。
- 貯槽一般常溫、常壓，使用的條件遠不及壓力容器嚴苛。
- 由於體積大，使用的條件比較寬鬆，是以所貯槽所使用計算的範圍比壓力容器要廣。

Corrpio, Chrien 和 Evens 在討論熱交換器同一篇文章中，建議用下列算式來估計貯槽的費用：

$$C_T = C_b + F_m \tag{A7-26}$$

式中：

C_T：總費用，1979 年 us\$

C_b：貯槽費用，1979 年 us\$

  體積，V，在 80 m^3 以內

$$C_b = \exp[7.994 + 0.6637(\ln V) - 0.063088(\ln V)^2] \tag{A7-27}$$

體積，V，大於 80 m^3（必須在現場製作）

$$C_b = \exp[9.369 - 0.1045(\ln V) + 0.045355(\ln V)^2] \qquad (A7\text{-}28)$$

F_m：材質因子，見表 A7-4，表 A7-4 以外材質的 F_m 如表 A7-3

表 A7-3　若干用於貯槽的材質因子

材　質	材質因子，F_m
FRR（聚脂類）	0.32
鋼筋水泥（RC）	0.55
磚內層襯鉛	1.9
銅	2.3
鋁	2.7

同表 A7-1 的說明

A7-2-2　材質對價格的影響

在 質 式（A7-8）、（A7-11）、（A7-12）、（A7-15）、（A7-18）和
（A7-26）中，都含有材質因子，表示當所用材料不同時，費用會有極大
的差異。這種差異來自兩方面：

- 一是材質本身的價格不同，例如碳鋼的單價約為 us$ 500/MT，
  鉻的單價約為 us$ 11,000/MT，鎳則在 us$ 30,000/MT 附近。是
  以加入了鎳和鉻的不銹鋼其單價一定會高於碳鋼。（價格為
  2005 年第四季價格）
- 另一差異則來自加工難易的程度，所有的合金包含不銹鋼、
  monel、Hastellog 等加工的困難度均在不同的程度上高於碳
  鋼；是以加工費用亦高。

文獻上除了表 A7-1、A7-2 和 A7-3 之外，其他有關材質因子的資料如下：

表 A7-4　壓力容器及塔的材質因子

材　質	材質因子，F_m
碳　鋼	1
SS304	1.7
SS316	2.1
Carpenter 20CB	3.2
monel 400	3.6
Incolog 825	3.7
Inconel 608	3.9
鎳 200	5.4
鈦	7.7

同表 A7-1 的說明

表 A7-4 通用於算式（A7-8）、（A7-11）、（A7-12）及（A7-26）。其材質因子值和表 A7-1 及表 A7-2 中所提到的不盡相同。可以很清楚的看到，材質不同時，設備的價格可以相差到 8 倍。

A7-2-3　設備的大小與價格

設備大小和價格之間的關係，有一個通用原則，**即是設備愈大，則其單位處理能量所需要的設備費用愈低。**

具體可用下式表示：

$$\frac{C_a}{C_b} = \left(\frac{P_a}{P_b}\right)^n \qquad\qquad （A7\text{-}29）$$

式中

C_a：處理能力為 P_a 時的設備費用

C_b：處理能力為 P_b 時的設備費用

n：指數，一般小於 1，參看表 A7-5。

是以如果一同型設備的費用為已知，即可推估另一同型，但處理能力不同

的設備的費用。

算式（A7-29）中的 n 值小於 1，一般訂為 $\frac{2}{3}$，而該式即是「 3 分之 2 是指數法則」，意指設備費用隨處理能量的 2/3 次方變更，訂為 $\frac{2}{3}$ 次方的基礎是：產量是和設備的體積成正比，而體積是線的三次方；而設備是由面所構成的，而面是線的平方，是以設備的費用是線的二次方。

更精確的估算方式是**將設備分類來統計出其 n 值**，結果如表 **A7-5**。

表 A7-5　設備處理能力與費用指數，n。

設備種類	處理能量指標	費用指數，n
貯槽		
貯槽（圓筒形）	體積，100～500,000m^3	0.7
球槽	體積，40～15,000m^3	0.7
容器		
壓力容器	體積，10～100m^3	0.65
反應器（夾套）	體積，3～60m^2	0.4
塔		
分餾及吸收	處理量，1～50m^3/hr	0.63
熱交換器		
管殼式	傳熱面積，10～1,000m^2	0.6
板式	傳熱面積，1～200m^2	0.8
套管式	傳熱面積，	0.65
翅體套管式	傳熱面積，10～2,000m^2	0.8
轉動設備		
泵	功率 1～200kw	0.65
壓縮機（離心式）	功率 20～100kw	0.8
	100～5,00kw	0.5
壓縮機（往復式）	功率 100～5,000kw	0.7
離心機	直徑 0.5～2m	1.0

A7-2-4　價格指數－設備費用的時間因素

由於有通貨膨漲（inflation），故而同一設備每年的購置費用均不同，一般由算式（A7-30）來表示：

$$目前價格 = 某年（過去）價格 \times \frac{目前價格指數}{某年的價格指數}$$

（A7-30）

用於化工設備的價格指數有兩種：

- 一種是化工工廠物價指數（Chemical Engineering plant Cost Index），是以 1957～1959 年為基數 100，每年均在 Chemical Engineering 期刊上發表新年度的指數。
- 第二種是 Marshall & Swift Eguipment Cost Index。是專指安裝完成的設備指數。

這兩種指數並不是完全同步，例如在 1991 年和 1992 年 Chemical Engineering Plant Cost Index 下降，而 Marshall & Swift 是上升。又例如在 1980 年至 1990 之間，Chemical Engineering Plant Cost Index 上升 1.78 倍，而 Marshall & Swift 上升了 1.39 倍。

綜合本節所述各點，例題（A7-3）是計算實例。

【例題 A7-3】

承接〔例題 A7-1〕，該塔內有 SS304 浮閥塔板 40 片，求其 1995 年價格。

 **解答**

承〔例題 A7-1〕

Ws = 1.6, 310 kg

算式（A7-9）

$C_b = \exp[6.950 + 0.1808(\ln Ws) + 0.02468(\ln Ws)^2 + 0.01580(L_t/D_i) \times /n(T_b/T_p)]$

$\qquad = 64,718 \quad$ 1979 年 us\$

算式（A7-10）

$C_o = 834.86 D_i^{0.83316} L_t^{0.80161}$

$\qquad = 16,207 \quad$ 1979 年 us\$

算式（A7-15）

$C_{bt} = 278.38[\exp(0.5705 D_i)]F_{mp}$

$\qquad = 734.2 F_{mp}$

表 A7-1

$F_{mp} = 1.189 + 0.1894 D_i$

$\qquad = 1.511$

$\therefore C_{bt} = 734.2 \times 1.511$

算式（A7-11）

第二項塔板價 $= 40 \times 734.2 \times 1.511 \times 1 \times 1$

$\qquad\qquad = 44.375 \quad$ 1979 年 us\$

$\therefore C_t = 64.718 + 16.207 + 44.375$

$\qquad = 125.300 \quad$ 1979 年 us\$

算式（A3-30），Chemical Engineering Plant Cost Index.

1979 = 239， 1995 = 381，

$\therefore$ 1995 年價格 $= 125.300 \times \dfrac{381}{239}$

$\qquad\qquad = 199.746 \quad$ 1975 年 us\$ （答案）

A7-2-5 轉動設備費用估算

轉動設備是由：

- 設備本體，和
- 驅動設備的馬達（motor）

二者所構成，二者費用的估算方式不同。以下將最常用到的兩類轉動設備，離心泵（centifugal pump）和壓縮機（compressor），費用估計，分述如後。

1. 離心泵

泵體，包含底座和聯結軸但不包含驅動馬達，費用的估算公式是（corripio, A. B.；Chrien, K. S.；and Evens, L. B. "Estimate Costs of Centifugal Pumps and Electric Motors"; Chem. Eng. 89; P. 146 (1982)：

$$C_p = C_b F_T F_m \qquad\qquad (A7\text{-}31)$$

式中：

$$C_b = 基準價格$$
$$= \exp[7.2234 + 0.3451(\ln Ps) + 0.0519(\ln Ps)^2] \qquad (A7\text{-}32)$$

其中

$$P_s = Q\sqrt{H} \qquad\qquad (A7\text{-}33)$$

而

$$Q = 揚量，m^3/sec$$
$$H = 揚程，J/kg$$
$$F_T = 泵型因子$$
$$= \exp[b_1 + b_2(\ln Ps) + b_3(\ln Ps)^2] \qquad (A7\text{-}34)$$

b_1，b_2，b_3 如表 A7-6

表 A7-6　泵型因子係數

泵　型	b_1	b_2	b_3
單級（single stage），1750r/min，立式	0.3740	0.1851	0.0771
單級（single stage），1750r/min，臥式	0.7147	− 0.0510	0.0102
單級（single stage），1750r/min，臥式	0.4612	− 0.1872	− 0.0253
雙級（two stages），1750r/min，臥式	0.7445	− 0.0167	0.01542
多級（muti stages），1750r/min，臥式	2.0798	− 0.0946	0.0834

F_m ＝材質因子，如表 A7-7

表 A7-7　泵的材質因子

材　質	F_m
鑄鐵，cast iron	1
鑄鋼，cast steel	1.4
SS304	2.2
鎳鋼，nickle steel	3.5
Monel	3.3
鈦鋼	9.7
銅合金	1.3

驅動馬達一般分為防漏型（drip proof）、全封閉式型（totally enclosed）和防爆型（explosion proof）三類，視安全要求而定，一般有機製程需要用防爆型。預估費用的方法為：

$$C_m = \exp[a_1 + a_2 \ln p + a_3 (\ln p)^2] = 馬達費用 \qquad （A7-35）$$

式中 a_1，a_2 和 a_3 為價格係數，如表 A7-8

表 A7-8　電動馬達的價格係數

電動機形式	轉速 r/min	係　　數			適用功率範圍
		a_1	a_2	a_3	
防漏型		4.8314	0.09666	0.10960	1～7.5
	3600	4.1514	0.53470	0.05252	7.5～250
		4.2423	1.03251	$-$ 0.03595	250～700
		4.7050	$-$ 0.01511	0.22888	1～7.5
	1800	4.5212	0.47242	0.04820	7.5～250
		7.4044	$-$ 0.06464	0.05448	250～600
		4.9298	0.30118	0.12630	7～7.5
	1200	5.0999	0.35861	0.06052	7.5～250
		4.6163	0.8853	$-$ 0.02188	250～500
全封閉式		5.1058	0.03316	0.15374	1～7.5
	3600	3.8544	0.83311	0.02399	7.5～250
		5.3182	1.08470	$-$ 0.05695	250～400
	1800	4.9687	$-$ 0.00930	0.22616	7.5～250
		4.5347	0.57065	0.04609	
	1200	5.1532	0.28931	0.14357	1～7.5
		5.3858	0.31004	0.07406	7.5～250
防爆型	3600	5.3934	$-$ 0.00333	0.15475	1～7.5
		4.4442	0.60820	0.05202	7.5～200
	1800	5.2851	0.0048	0.19949	1～7.5
		4.7818	0.51086	0.05293	7.5～250
	1200	5.4166	0.31216	0.10573	1～7.5
		5.5655	0.31284	0.07212	7.5～200

引自 Peter & Timmerhaus "Plant Design & Economics for Chemical Engineers" 3rd ed, McGrew-Hill.

$P = $ 馬達的功率，H_p

$\quad = P_B/\eta_m$ 　　　　　　　　　　　　　（A7-36）

而

$\eta_m =$ 電機效率

$\qquad = 0.80 + 0.031 \ln P_B - 0.00182 (\ln P_B)^2$ （A7-37）

$P_B =$ 軸功率（sbift prwer），Hp

$\qquad = \rho Q H / \eta_P$ （A7-38）

其中：

$\rho =$ 液體密度（densify），kg/m^3

$Q =$ 揚量，m^3/sec

$H =$ 揚程，J/kg

$\eta_P =$ 泵效率

$\qquad = 0.885 + 0.00824 \ln Q - 0.0119 \ln (Q)^2$ （A7-39）

【例題 A7-4】

一泵，揚量 $Q = 0.05$ m^3/sec，揚程 $H = 200$ J/kg，液體密度 $= 970$ kg/m^3，求泵體及防爆馬達的價格。

解答

公式（A7-33）

$\qquad P_s = 0.05 \sqrt{200}$

$\qquad\quad = 0.707$

公式（A7-32）

$$C_b = \exp[7.2234 + 0.3451(\ln 0.707) + 0.0519\ln(0.707)^2]$$
$$= 1244.2$$

選用單級、臥式，1750rpm 泵，公式（A7-34）及表 A-7，（$b_1 = 0.7147$，$b_2 = 0.0510$, $b_3 = 0.0102$）

$$F_r = \exp[0.7147 - 0.0510 \ln(0.707) + 0.0120(\ln 0.707)^2]$$
$$= 2.082$$

材料選用鑄鋼，表 A7-7

$F_m = 1.4$。公式（A7-31）

$$\therefore C_p = C_b \cdot F_r \cdot F_m$$
$$= 1244 \cdot 2.082 \cdot 1.4$$
$$= 3627 \text{ 美元}\quad（泵體價格）$$

公式（A7-39）

$$\eta_P = 0.885 + 0.00824(\ln 0.05) - 0.01199(\ln 0.05)^2$$
$$= 0.802$$

公式（A7-38）

$$P_B = \rho QH/\eta_P$$
$$= \frac{970 \times 200 \times 0.05}{0.802}$$
$$= 16.23\text{HP}$$

16.23HP 的馬達不是標準馬達，選用 20HP 的防爆馬達。

表 A3-8，$a = 4.7818$，$b = 0.51086$，$c = 0.5293$

公式（A3-35）

$$C_m = \exp[4.8178 + 0.51086\ln(20) + 0.05293(\ln 20)^2]$$
$$= 919 \text{ 美元}\quad（馬達價格）$$

壓縮機的價格，和氣體的種類、分子量、C_p/C_v、壓縮比以及流量等有極大的關係。和泵不同，隨著用途和使用條件等的不同，壓縮機一般均需要特別設計和製造。以下是根據 Guthrie (Data and Techniques for Capital Cost Estimating, Chem. Eng. 76(3), p. 114-142(1969))和 Douglas (Conceptual Design for Chemical Process, McGraw Hall, (1988))的資料，對一般壓縮機（例如空氣）費用的估算。

壓縮機一般分為兩類：

- 往復式（reciprocating），適用功率範圍為 50 至 8,000 kW，流量為 3～71 m³/min，壓力可達 27 MPa。
- 離心式（centrifugal），適用於功率 50 至 8,000 kW，流量為 11～360 m³/min，最大壓力可達 20 MPa。

則 1968 年壓縮機本體的價格為

$$C_c = 658.3 P_B^{0.82} \cdot F_d \qquad\qquad (A7\text{-}40)$$

式中 P_B 為壓縮機的功率（單位為 kW）。

F_d 為型式因子，如表 A7-8

表 A7-9　壓縮機的型式因子

類型	F_d
離心式，電動	1
離心式，透平（turbine）	1.15
離心式，氣體透平（gas turbine）	1.82
往復式，汽動	1.07
往復式，電動	1.29

在說明了若干工廠設備費用的估算基礎和方法之後，將在 A7-3 節中說明目前所使用的設備費用估算方法。

A7-3　利用計算機估算設備費用

目前估算設備費用的方法是利用計算機的轉體。例如 Turton, Ballie, whiting 和 Shaeiwitg 所著的 "Analgsis, Synthesis and Design of Chemscal Processes"（Prentice Hall 出版，1998 年）一書所附的光碟中，即有"CAPCOST" 轉

體。輸入設備的大小、承受的壓力、材質和操作條件,即可以得到答案。

A7-4　結語

設備的設計和估價,都已是由計算機代勞了。計算機的計算方式是由人餵(輸入)進去的,了解基本的估算方式,使得作為工程師的「人」能夠理解估算的基礎,是有其必要的。**設備費用中,製造者的薪資占很大的比例。同一種設備,如果台灣能製造出合格可用的產品,其價格約為進口價格的 40～60％。**工程師要有判斷設備是否合格能用的能力。

成本與利潤

　　成本（costs）一般區分為和產品的產銷量直接相關的直接成本
（**direct costs**），亦稱之為依產量而增減的變動成本（variable cos-
ts）；以及和產品的產銷量不直接相關的固定成本（fixed costs），
亦稱之為間接成本（indirect costs），兩部分。利潤（profit）是指在
從事某一種經濟性行為時所獲得的報酬（**rewards**）。本章所要討
論的即是在從事化學品生產工作時的直接和間接成本，以及利潤。
一個從事生產的公司，一般包含有：生產（**production**）、銷售（**sa-
les**）及財務（**finance**）三個基本的部門。在本章的討論中會指出：
成本及利潤和這三個部門均有密不可分的關係。同時**費用的歸類**
（科目）和稅法有關。在不同的地區會有差異。本章是從一般公司
運作的規則來討論。

8.1　直接成本

　　直接成本可以粗分為生產（production）成本和銷售（marketing
或 sales）成本兩大類，以及市場調查和研發及維修等費用。

8.1.1　生產成本

　　直接生產成本，包含主原料的費用，和將主原料轉換為產品所
需要的費用（亦稱之為 **transfer cost**），後者一般包含下列各項：

- 原料（raw materials 或 feedstock），**一般這是直接生產成本中所占比例最大的一項**，影響原料成本的因素包含有：
  ▪ 生產每噸產品所需要原料的量，亦即是說製程收率是多少。這是決定製程經濟性最主要的因素。假設原料為 US $500 ／噸，收率增加 1％，產品的成本即節省每噸 US $5，相當於節省了約 100 度的電力，或 4 噸的蒸氣。**原料的耗用量是技術和工程的專業。**
  ▪ 原料的價格，大宗商品的**價格一般分為合約價（contract price）**和**現貨（spot）價**兩種。用比較長期的供貨合約來購買原料有下列好處：
    * 供貨穩定。
    * 價格的計算方法一般可能是：
      - 在合約期中，用一個固定的價格為準。
      - 在合約中，有一個基本的價格，這個基本的價格在特定的情況下，可以用一個算式來調整。例如石油的價格如上張或下跌，則原料的價格可以比照石油的漲跌幅度來作增減。

合約價一般是比較穩定的。而現貨價的變化大。在原料價格上漲時，現貨的價格一般會比合約價高。反之亦然。一般經理人為了要穩定原料的來源，會以合約為主，但是會留一點空間買現貨。例如 80% 的需求由契約供應，20% 買現貨。留一點空間的原因是：

- 預估的產量和實際可能有差距，所以要保留一點空間。
- 原料在現貨市場上可能會下跌，保持彈性以便能有機會 取得便宜的原料。

　　大的公司設有專門的採購部門，中小型公司則由業務部門或老闆兼做。

　　是以**原料的價格是由專業的業務（business）部門主控**。

- 副原料例如：
  - 催化劑（catalysts）、起始劑（initiators）、添加劑（additives）及助劑等。
  - 溶劑（solvent）。
  - 惰性氣體例如氮氣。
- 公共資源例如：水、電和蒸氣。
  生產每噸產品所需要的水、電、蒸氣數量不是恆值，而與生產狀況有關。滿負載（full load）開工時的數值最低。
- 包裝（packaging），依產品的種類和售銷對象有很大的區別。例如塑膠有每包 25 公斤裝的、噸袋裝的，或是散裝的。要作 25 公斤左右包裝的人工費用亦高，自動包裝線能降低人工成本。
- 人工（labour）：化工廠的自動化程度比較高，每班（shaft）八小時需要 4 至 6 人（不包括包裝和庫房管理），共需要四班以維持全年 24 小時開工。
  維修（maintenance）、檢測和品管（testing and quality control）及包裝的人事費用不包含在內。
- 權利金。如果生產技術是用付給權利金的方式取得，則權利全計入直接生產成本。

8.1.2　銷售成本

直接的銷售成本包含下列項目：

- 業務部門的薪資和行政費用。
- 產品的倉儲及運輸費。
- 推廣（**promotion**）費用，包括不同型式的廣告和宣傳費用，例如平面和電子媒體的宣傳文宣，召開產品說明會等。
- 銷售獎金和佣金。不同產品此項費用的差異性非常大，狹義化工產業所生產的是原材料，廣義的化工產業將這些原材料加工成為終端產品，這些終端產品再銷售給：
  - 消費者，例如塑膠製品。
  - 中間廠商，由中間廠商轉交給終端消費者，例如油漆和建材。
  - 更下游的加工業者，例如塑膠零件給汽車工廠，外殼給生產家電的工廠、鍵盤給電腦工廠等。

依照用途，作為原材料的化學品（**chemicals**）可以粗分為二大類：

- 一類是多用途、化學組成固定、規格相對統一的泛用（commodity 或 general purpose）化學品。
- 具有特定功能的特用（specialty）化學品，其中包含規格嚴格的精細（fine）化學品。和只講求功能的配方（formulated 或 compounded）類產品。

一般說來，泛用化學品的銷售獎金和佣金少。特用化學品類高。**直接成本和銷售成本合稱之為銷貨成本。**

8.1.3　其他直接成本

其他的直接成本包含有：

- 管理（**managment**）或行政（**adminstration**）費用，包含有管理人員例如總經理等人的薪資和業務費用，及行政人員例如人事、會計、行政助理等人員的薪資和行政費用。

· 品質管制和檢測費用，這是生產工廠中必不可少的一個組織。

· 市場調查及研究費用，這亦是公司中不可少的部門，一般由銷售或業務部門負責主導，由品管部門協助。

· 研究發展費用。公司中的研究發展（research and development, R/D）部門基本上負有下列三方面的任務：

  ▪ 了解市場上的競爭情況、分析競爭對手的優劣點。

  ▪ 改進現有製程和產品。

  ▪ 開發新的製程和產品。

  在 R/D 方面的投資和規模，和工業的型態，及主事人的態度，密不可分。

· 維修費用，這也是化工廠中不可少的部門。除非廠區中的工廠數量多，單一工廠保持具有完整維修能力的人力並不經濟。一般是賦予生產線上的工作人經常性的維修工作的負任，外請專業人負擔任例如儀表控制等的維修工作。

8.2　折舊和其他財務支出

財務支出包含有：

· 貸款的利息支出，和本金的償還。

· 保險（insurance）費用。

· 折舊（depreciation）。

前列三項均和產量無關，列為固定支出。在後文中對折舊一項加以說明。

　　機械設備均有一定的使用期限，即是設備每年均有耗省、設備的耗損應為生產成本的一部分，這就是折舊列為生產支出項目的原因。

　　設備可以用多少年？即是設備在多少年之後算是廢品，以及設備逐年可以折去多少比例？由於**折舊費用是生產成本中的一個項目，費用高則成本高，利潤減少，繳納的稅金亦減少**，故而這都是**由稅法來規定的**。就是說將**折舊作為支出是以稅法來規範的**。

　　工廠中的每一項支出都有支出對象，唯有折舊是支付給代表工廠組織的法人的，即是說**這一項支出並沒有資金流出公司組織之外，或者說沒有現金流出**。是以，折舊對工廠法人來說是投資回收的一部分。政府會利用加速折舊來作為獎勵投資的手段。例如稅法規定某一行業的折舊期限為 10 年，可以修改為可以加速至 4 年折舊，即是業主（owner）原先是需要十年才能回收設備投資的帳面值；現在只需要四年，即是提前回收了投資六年。

　　商業機構的運作，折舊是一個重要的因素，在 8.3 節中有更多的說明。

8.3　利潤及折現

　　銷售價格減去成本即是利潤。在 8.3.1. 節中用例題的方式來說明如何估算利潤。

　　資金的真實價值有時間性。**由於通貨澎漲（inflation），相同金額的資金在明年或後年的購買能力會低於現在。是以未來的收入應用折現率（discount rate）折合為現值**（簡稱為折現）。**在理論上，折現率應相當於通貨澎漲率，亦可再加上資金成本（利息）**。不同的財務主管，有不同的估算方式。在第九章中有詳細的說明。

8.3.1　利潤估算

假設某一工廠的資料如下，貨幣均為美元，這是一個最基本的案例。

- 產量：每年 100,000 噸。
- 總投資：100,000,000 元，其中
  - 自有資本：40,000,000 元。
  - 銀行貸款：60,000,000 元。
    年利息率：10 %。
    本金自建廠完成開始生產後，分 5 年平均攤還。
- 折舊：十年線型（linear）折舊，即每年提列折舊 10,000,000 元。
- 變動成本：1,000 元／噸。
- 銷售費用：銷售價格的 2 %。
- 營業稅：毛利的 23 %。
- 售價及銷售量，用四種不同的假設估算，基本上是**假設售價高的時候，市場占有率會增加得比較慢**：

	售價，US $/MT	\multicolumn{10}{c}{銷售量為設計產能的 %}
		第1年	第2年	第3年	第4年	第5年	第6年	第7年	第8年	第9年	第10年
caseI	1,450	30	60	80	95	100	100	105	110	110	110
caseII	1,400	40	70	85	100	105	110	110	110	110	110
caseIII	1,300	60	85	100	105	105	110	110	110	110	110
caseIV	1,250	80	100	105	105	110	110	110	110	110	110

估算十年的總投資收益：

表 8-1 至 8-4 為計算結果（林意欣、邱一晉、林世和、黃家樑、張文秉和楊明哲先生提供本題的計算及作圖）。

表 8.1　constant dollar, case1 之計算結果

	1	2	3	4	5	6	7	8	9	10
				Case I	售價 1450 US$/MT	Constant Dollar				
年	1	2	3	4	5	6	7	8	9	10
設計產量	100000	100000	100000	100000	100000	100000	100000	100000	100000	100000
銷售量比例	0.3	0.6	0.8	0.95	1	1	1.05	1.1	1.1	1.1
銷售量（噸/年）	30000	60000	80000	95000	100000	100000	105000	110000	110000	110000
銷售金額	$43,500,000	$87,000,000	$116,000,000	$137,750,000	$145,000,000	$145,000,000	$152,250,000	$159,500,000	$159,500,000	$159,500,000
變動成本	$30,000,000	$60,000,000	$80,000,000	$95,000,000	$100,000,000	$100,000,000	$105,000,000	$110,000,000	$110,000,000	$110,000,000
固定成本	$5,870,000	$6,740,000	$7,320,000	$7,755,000	$7,900,000	$7,900,000	$8,045,000	$8,190,000	$8,190,000	$8,190,000
折舊	$10,000,000	$10,000,000	$10,000,000	$10,000,000	$10,000,000	$10,000,000	$10,000,000	$10,000,000	$10,000,000	$10,000,000
毛利	−$2,370,000	$10,260,000	$18,680,000	$24,995,000	$27,100,000	$27,100,000	$29,205,000	$31,310,000	$31,310,000	$31,310,000
營利所得稅	$–	$2,359,800	$4,296,400	$5,748,850	$6,233,000	$6,233,000	$6,717,150	$7,201,300	$7,201,300	$7,201,300
利息	$6,000,000	$4,800,000	$3,600,000	$2,400,000	$1,200,000					
貸款償還	$12,000,000	$12,000,000	$12,000,000	$12,000,000	$12,000,000					
帳面收入	−$20,370,000	−$8,899,800	−$1,216,400	$4,846,150	$7,667,000	$20,867,000	$22,487,850	$24,108,700	$24,108,700	$24,108,700
累計帳面收入	−$20,370,000	−$29,269,800	−$30,486,200	−$25,640,050	−$17,973,050	$2,893,950	$25,381,800	$49,490,500	$73,599,200	$97,707,900
實際收入	$(10,370,000)	$1,100,200	$8,783,600	$14,846,150	$17,667,000	$30,867,000	$32,487,850	$34,108,700	$34,108,700	$34,108,700
累計實際收入	$(10,370,000)	$(9,269,800)	$(486,200)	$14,359,950	$32,026,950	$62,893,950	$95,381,800	$129,490,500	$163,599,200	$197,707,900

表 8.2 constant dollar, caseII 之計算結果

						Case II		Constant Dollar			售價 1400 US$/MT			
年	1	2	3	4	5	6	7	8	9	10				
設計產量	100000	100000	100000	100000	100000	100000	100000	100000	100000	100000				
銷售量比例	0.4	0.7	0.85	1	1.05	1.1	1.1	1.1	1.1	1.1				
銷售量（噸/年）	40000	70000	85000	100000	105000	110000	110000	110000	110000	110000				
銷售金額	$56,000,000	$98,000,000	$119,000,000	$140,000,000	$147,000,000	$154,000,000	$154,000,000	$154,000,000	$154,000,000	$154,000,000				
變動成本	$40,000,000	$70,000,000	$85,000,000	$100,000,000	$105,000,000	$110,000,000	$110,000,000	$110,000,000	$110,000,000	$110,000,000				
固定成本	$6,120,000	$6,960,000	$7,380,000	$7,800,000	$7,940,000	$8,080,000	$8,080,000	$8,080,000	$8,080,000	$8,080,000				
折舊	$10,000,000	$10,000,000	$10,000,000	$10,000,000	$10,000,000	$10,000,000	$10,000,000	$10,000,000	$10,000,000	$10,000,000				
毛利	-$120,000	$11,040,000	$16,620,000	$22,200,000	$24,060,000	$25,920,000	$25,920,000	$25,920,000	$25,920,000	$25,920,000				
營利所得稅	$–	$2,539,200	$3,822,600	$5,106,000	$5,533,800	$5,961,600	$5,961,600	$5,961,600	$5,961,600	$5,961,600				
利息	$6,000,000	$4,800,000	$3,600,000	$2,400,000	$1,200,000									
貸款償還	$12,000,000	$12,000,000	$12,000,000	$12,000,000	$12,000,000									
帳面收入	-$18,120,000	-$8,299,200	-$2,802,600	$2,694,000	$5,326,200	$19,958,400	$19,958,400	$19,958,400	$19,958,400	$19,958,400				
累計帳面收入	-$18,120,000	-$26,419,200	-$29,221,800	-$26,527,800	-$21,201,600	-$1,243,200	$18,715,200	$38,673,600	$58,632,000	$78,590,400				
實際收入	$(8,120,000)	$1,700,800	$7,197,400	$12,694,000	$15,326,200	$29,958,400	$29,958,400	$29,958,400	$29,958,400	$29,958,400				
累計實際收入	$(8,120,000)	$(6,419,200)	$778,200	$13,472,200	$28,798,400	$58,756,800	$88,715,200	$118,673,600	$148,632,000	$178,590,400				

表 8.3 constant dollar, caseIII 之計算結果

Constant Dollar
Case III — Case III 售價 1300 US$/MT

年	1	2	3	4	5	6	7	8	9	10
設計產量	100000	100000	100000	100000	100000	100000	100000	100000	100000	100000
銷售量比例	0.6	0.85	1	1.05	1.05	1.1	1.1	1.1	1.1	1.1
銷售量（噸/年）	60000	85000	100000	105000	110000	110000	110000	110000	110000	110000
銷售金額	$78,000,000	$110,500,000	$130,000,000	$136,500,000	$136,500,000	$143,000,000	$143,000,000	$143,000,000	$143,000,000	$143,000,000
變動成本	$60,000,000	$85,000,000	$100,000,000	$105,000,000	$105,000,000	$110,000,000	$110,000,000	$110,000,000	$110,000,000	$110,000,000
固定成本	$6,560,000	$7,210,000	$7,600,000	$7,300,000	$7,300,000	$7,860,000	$7,860,000	$7,860,000	$7,860,000	$7,860,000
折舊	$10,000,000	$10,000,000	$10,000,000	$10,000,000	$10,000,000	$10,000,000	$10,000,000	$10,000,000	$10,000,000	$10,000,000
毛利	$1,440,000	$8,290,000	$12,400,000	$13,770,000	$13,770,000	$15,140,000	$15,140,000	$15,140,000	$15,140,000	$15,140,000
營利所得稅	$—	$1,906,700	$2,852,000	$3,167,100	$3,167,100	$3,482,200	$3,482,200	$3,482,200	$3,482,200	$3,482,200
利息	$6,000,000	$4,800,000	$3,600,000	$2,400,000	$1,200,000					
貸款償還	$12,000,000	$12,000,000	$12,000,000	$12,000,000	$12,000,000					
帳面收入	–$16,560,000	–$10,416,700	–$6,052,000	–$3,797,100	–$2,597,100	$11,657,800	$11,657,800	$11,657,800	$11,657,800	$11,657,800
累計帳面收入	–$16,560,000	–$26,976,700	–$33,028,700	–$36,825,800	–$39,422,900	–$27,765,100	–$16,107,300	–$4,449,500	$7,208,300	$18,866,100
實際收入	$(6,560,000)	$(416,700)	$3,948,000	$6,202,900	$7,402,900	$21,657,800	$21,657,800	$21,657,800	$21,657,800	$21,657,800
累計實際收入	$(6,560,000)	$(6,976,700)	$(3,028,700)	$3,174,200	$10,577,100	$32,234,900	$53,892,700	$75,550,500	$97,208,300	$118,866,100

表 8.4　constant dollar, caseIV 之計算結果

Constant Dollar

Case IV　售價 1250 US$/MT

年	1	2	3	4	5	6	7	8	9	10
設計產量	100000	100000	100000	100000	100000	100000	100000	100000	100000	100000
銷售量比例	0.8	1	1.05	1.05	1.1	1.1	1.1	1.1	1.1	1.1
銷售量（噸/年）	80000	100000	105000	105000	110000	110000	110000	110000	110000	110000
銷售金額	$100,000,000	$125,000,000	$131,250,000	$131,250,000	$137,500,000	$137,500,000	$137,500,000	$137,500,000	$137,500,000	$137,500,000
變動成本	$80,000,000	$100,000,000	$105,000,000	$105,000,000	$110,000,000	$110,000,000	$110,000,000	$110,000,000	$110,000,000	$110,000,000
固定成本	$7,000,000	$7,500,000	$7,625,000	$7,625,000	$7,750,000	$7,750,000	$7,750,000	$7,750,000	$7,750,000	$7,750,000
折售	$10,000,000	$10,000,000	$10,000,000	$10,000,000	$10,000,000	$10,000,000	$10,000,000	$10,000,000	$10,000,000	$10,000,000
毛利	$3,000,000	$7,500,000	$8,625,000	$8,625,000	$9,750,000	$9,750,000	$9,750,000	$9,750,000	$9,750,000	$9,750,000
營利所得稅	$—	$1,725,000	$1,983,750	$1,983,750	$2,242,500	$2,242,500	$2,242,500	$2,242,500	$2,242,500	$2,242,500
利息	$6,000,000	$4,800,000	$3,600,000	$2,400,000	$1,200,000					
貸款償還	$12,000,000	$12,000,000	$12,000,000	$12,000,000	$12,000,000					
帳面收入	–$15,000,000	–$11,025,000	–$8,958,750	–$7,758,750	–$5,692,500	$7,507,500	$7,507,500	$7,507,500	$7,507,500	$7,507,500
累計帳面收入	–$15,000,000	–$26,025,000	–$34,983,750	–$42,742,500	–$48,435,000	–$40,927,500	–$33,420,000	–$25,912,500	–$18,405,000	–$10,897,500
實際收入	$(5,000,000)	$(1,025,000)	$1,041,250	$2,241,250	$4,307,500	$17,507,500	$17,507,500	$17,507,500	$17,507,500	$17,507,500
累計實際收入	$(5,000,000)	$(6,025,000)	$(4,983,750)	$(2,742,500)	$1,565,000	$19,072,500	$36,580,000	$54,087,500	$71,595,000	$89,102,500

8.3.2 利潤與售價

自表 8-1 至 8-4 中取得下列數據：

表 8-5　售價與收入

售價，US$/MT	帳面收入		實際收入	
	達到平衡年數	十年總收入	達到平衡年數	十年總收入
1,450	6	97,707,900	4	197,707,900
1,400	7	78,590,400	3	178,590,400
1,300	9	18,866,100	4	118,866,100
1,250	大於 10	−10,897,500	5	89,102,500

從表 8-9 中可以看出，雖然要遲至開工後第五年，銷售量才能達到設計產量，在十年期間中高售價的總收入最多，達到帳面平衡年數最短。**售價和成本之間的差距，稱之為毛利（gross profit 或 margin profit），毛利的高低是決定利潤最主要的因素。**

8.3.3 折舊與損益平衡

圖 8-1 是 case I 銷售量與損益平衡。

固定成本在不包含折舊時，達到損益平衡的量為每年銷售 11,900 噸。在銷售量達到此一銷售量時公司的現金達到平衡；即是銷貨所得到的現金流入量，和支付營運所需要的現金流出量達到了平衡。低於此量則需要用新的資金來填補不足的資金；高於此量即有多的資金可供運用。**對新的工廠或公司來說，要儘快的達到現金流動平衡（cash flow balance）。**

固定成本中計入折舊時，由帳面上的平衡銷量為每年 35,600 噸，即是當產銷量達到此一數目之後，就達到了帳面上的損益平衡點。超出此一數量，帳面上即呈顯利潤。

在二者之間的情形代表帳面上虧損不賺錢，但是現金是夠的，公司或工廠決不會關門。

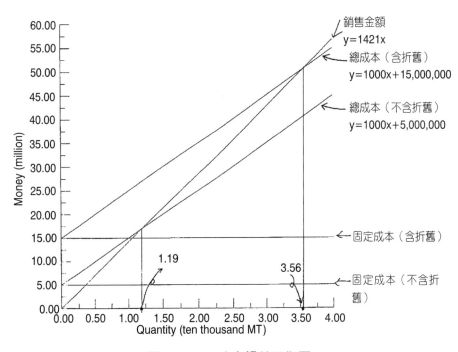

圖 8.1 case1 之損益平衡圖

固定成本（不含折舊）＝5,000,000

固定成本（含折舊）＝15,000,000

固定成本＋變動成本（含折舊）＝>y＝1000x＋15,000,000

固定成本＋變動成本（不含折舊）＝>y＝1000x＋5,000,000

銷售金額＝>y＝1450x・(0.98)＝1421x

複習

1. 說明下列各名辭的意義及其重要性

(A)固定成本

(B)變動成本

(C)折舊

(D)折現

(E)損益平衡

(F)現金流動平衡

經濟評估

在討論了建廠成本和生產成本之後，在本章中要討論的是設立工廠之前的經濟評估（economic evalution）或可行性研究（feasibility study）。內容分為四部分：第一部分討論作評估時需要預測未來若干年內原物料和產品市場的變化，以及對利息和通貨膨脹率的變化；第二部分是評估的方法和指標；第三部分是經濟評估的算例；第四部分是根據前述算例來說明售價、原料成本及投資總成本對投資回收年限的影響。

9.1　預測未來的原料、產品和資金市場

設立一個化學工廠需要 1 至 3 年的時間，預期可以回收投資的時間，至少在三年以上，是以**對設廠計畫的評估，必然的涉及到對未來變化的預測**。預測的基本項目是：原料和產品的供需，亦即是價格的變化，以及資金或貨幣價值的變化。

9.1.1　原料

要設立工廠，首先要考慮的就是原料的來源。一般說來，愈是基本的原料其來源愈多；加工層次多的原料，來源相對的少；總用量大的原料來源多；總用量少的原料，來源少；多用途的原料容易取得；單一用途的原料取得困難。

是以在確定製程時，要考慮原料的來源，**如果原料的來源有獨占性，即需要考慮改變原料**，從比較容易取得的原料開始。

決定價格的因素包含有：

- 供需的平衡，供過於需時價格下降，反之則上升。
- 市場的主導性，供應者在市場上的主導能力愈強（market leader），則價格愈受到人為的控制，而不能以一般的供需情況來判斷。
- 最基本原料，例如石油，價格的變化，會導引發一連串價格的變化。

要預測原料市場的變化，必須要對全世界原料的供需情況，有相當的了解。

9.1.2 產品

化學工廠所生產的是提供給其他產業所需要的材料，是以化工產品的市場，是和其下游產業的發展密不可分。例如人造纖維的直接下游是紡織產業，再經由成衣產業而到達消費者。是以如果某地區的成衣產業欣欣向榮，則人纖產業也會前途大好。再有如合成橡膠產業下游的主要用戶是提供輪胎給汽車工廠的輪胎工業，則在汽車銷售量成長快速的地區，合成橡膠工業一定也會年年增產。

判斷市場的發展，基本的資訊是：

- 人口的數量是市場大小的指標。
- 人口的年齡分布代表的是不同的消費群。
- 國民生產總額（**gross national product, GNP**）代表某一地區或國家的總體經濟強弱；人均生產額（**per capital GNP**）代表某一地區或國家的人均生產力（**productivity**），或是購買消費品的能力。

- 不同年齡人口的人均生產額，在一定的程度上代表不同消費群的能力。
- 根據人口年齡分布變化的預測，以及對未來 GNP 變化的預測，可以大致估算某一特定產品市場的變化。

除了市場需求的變化之外，另一項影響產品價格的因素是供應量的變化，即是要預測在市上可能的競爭對手，以及自身在有競的情況下的競爭力。即是在產品的品質、生產成本、掌握市場的能力和資本結構上的相對比較。

9.1.3 資金

在 8.3 節中提到了未來的收入要能合現的折合為投資時的現值，**最低的折現率**（discount rate）一般相當於以複利（compunded）計算的銀行利率，

$$F = P(1+i)^n \qquad (9\text{-}1)$$

式中：F：資金的終值

P：資金的現值

i：利息

n：計算利息的週期數；例如 i 為年息，n 即為計息的年數。

即是現值 P 為：

$$P = F(1+i)^{-n} \qquad (9\text{-}2)$$

如果再計入**通貨膨脹率**（**inflation rate**），f，並且假設 f 為定值，則

$$P = F(1+i)^{-n}(1+f)^{-n} \qquad (9\text{-}3)$$

本此，可得綜合折現率（**compounded discount rate**），i_c，

$$i_c = (1+i)(1+f) - 1 \qquad (9\text{-}4)$$

當 **i** 及 **f** 均較小時，i_c 為利息及面貨膨脹率之和：

$$\begin{aligned} i_c &= (1+i)(1+f) - 1 \\ &= 1 + if + i + f - 1 \\ &= i + f \qquad (9\text{-}5) \end{aligned}$$

估算資金現值的第一步，是估算折現率，其他的計算和計算本利和相同。亦可假設逐年 i 和 f 為不同值。**推估 i 和 f 是非常困難的工作**，作者認為要估算 i 和 f 日後的變化，實質意義不大。

折現率對投資能否獲利有極大的影響。例如有一個投資：

第一年投資 10 億元

自第三年開始生產，每年的帳上淨利為 4 億元，估算折現率，i，分別為 0，0.05，0.10 和 0.15 時，在第六年時淨現值（net present value, NPV）為多少。

淨現值是將投資金額作為負值，每年的收益作為正值，是以：

$$i = 0, \quad NPV = -1{,}000{,}000{,}000 + (400{,}000{,}000) \times 4$$
$$= 600{,}000{,}000 \text{ 元}$$

$$i = 0.05 \quad NPV = -1{,}000{,}000{,}000 + \frac{400{,}000{,}0000}{(1.05)^3} +$$
$$\frac{400{,}000{,}0000}{(1.05)^4} + \frac{400{,}000{,}0000}{(1.05)^5} + \frac{400{,}000{,}0000}{(1.05)^6}$$
$$= 286{,}000{,}000 \text{ 元}$$

同理：

$$i = 0.10 \quad NPV = 47,900,000 \text{ 元}$$
$$i = 0.15 \quad NPV = -136,000,000$$

是以投資 10 億，不計入折現時，三年後每年可獲得 4 億淨利，在開始生產之後兩年半就可以回本，**看起來是不錯的投資**。再加上**折現的概念之後，所呈現的獲利就大不相同**。當折現率為 0.15(15%) 時，甚至變成了賠錢生意。**在此要強調，穩定和可預測性，對重大投資是非常、非常重要的。**

9.1.4　結語

生產事業是需要較長期的將資金固定的投資於一個項目上，是以必須要評估投資的**可行性及風險（risk）**。這些**評估最終的基礎**是：在一定的程度上可以預測未來的變化或者是說相信未來是可以預測（predicable）的，即是：

・社會和國家運行的基本規律不會改變。
・是以由累積而得來的經驗及資訊在一定的程度上可以應用到未來。
・周遭環境的改變亦是可以預期的。

「可預測」是所有對未評估的終極基礎。缺乏此一基礎，即代表未來是不可知的，是高風險的。高風險不利於製造業之類需要比較長時期才能回收產業的發展。是以要發展製造業的前題是：社會和國家運行的規律和方向要保持穩定。

在全球化的趨勢下，對本土企業的保護遂漸消失，而迫使企業必須面對來自全世界的競爭。是以本土企業需要：

- 知道和自身相關行業在全世界的現況和發展趨勢。
- 分析自身和全世界同行在：原料取得、生產技術以及資金的取得和管理上的優劣勢。
- 作為本土企業，熟悉本土事。本土和國際有什麼不同？要如何發揮熟知本土事的優勢？作為結語，評估計畫的可行性，需要不同專業（profession）的共同合作。

9.2 評估的方法和指標

投資報酬（return on investment, **ROI**）的基本定義是：

$$ROI = \frac{R}{I} \times 100\% \qquad (9\text{-}6)$$

式中：R：利潤、金額

I：投資金額

評估有不同的階段。假如有 20 個可能的投資項目，一般不會投入大量的人力，對這 20 項目都作詳細評估，而是先收集一些資料，依照經驗法則，從 20 項中選取少數項目作進一步的研究。**初步篩選的依據包含**：

- **可能的利潤**。例如「原料的價格占售價 40% 以下的」可以考慮，意指如果原料和產品的價格差異大，則潛在的利潤高，值得進一步研究。
- **市場的關聯性**。如果規劃中的**新產品和現有產品的關聯性**高，基本上這是在原有的市場基礎上擴大占有率，則：
  - 對新產品相關資訊的取得相對容易，作進一步評估資訊的

　　準確度也高。

- 在原有的市場基礎上，多推出新的產品比較容易。

　如果規劃中的新產品和現有產品的關聯性低，這便意味著是要投入到新的市場，所要考慮的是：

  ▪ 用新的產品在切入新的市場，這個新產品是不是適合的切入點？

  ▪ 在策略上，是要用新產品去作測試？還是要作為攻擊新市場的橋頭堡？如為後者，短期的資金回收不是考慮的重點。

- 技術，和市場相同，可能會有兩種全然不同的考慮。

　如果新的技術，可以幫助現有技術的提升或突破；換言之，新的技術可以幫助提升現有產品的競爭力，則投資金額的增加，和風險性的增加，在一定程度上是可以接受的。

  ▪ 第一種情況是現有的技術足夠支援生產新產品，故而風險極低。

  ▪ 另一種情況是生產新的產品需購買或自行發展出新的技術，是以費用會比較高，風險也比較大。

　　從以上的敘述中，可以了解**在評估投資計畫時，ROI 是重要的，但是不一定是唯一要考慮的因素**。無論如何，可量化的投資評估在現代企業的運作中是必不可少的。要賺每年會賺多少？要賠，是要賠多少？賠幾年？在後文中，將說明常用到的評估的方法和指標。

9.2.1　淨現值

　　淨現值（net present value, **NPV**）是在投資年限中，所有折現後淨現金流入（**net cash flow**）的總和。是評估投資的指標之一。

　　令：

　　　CI：現金流入

　　　CO：現金流出，包括投資的金額。

i：折現率

t：計畫的年限

參考式（9-2）

$$NPV = 在計劃年限中逐年的收支 - 投資金額的現值$$
$$= \sum_{t=0}^{n} (CI - CO) \left[\frac{1}{(1+i)^t} \right] - 投入資金的現值 \qquad (9-7)$$

如果計算所得：

NPV = 0，此一計畫不賺不賠，投資人沒有好處。

NPV < 0，賠錢生意。

NPV > 0，有錢賺。

9.2.2 投資回收期

在投資的初期需要投入資金，然後開始慢慢的回收，當回收的總資金，和投入的總資金相同時，即代表所有投入的資金均已回收。回收投資所需要的時間，稱之為投資回收期 **Pt**（Pay back time）。

即：

$$\sum_{t=0}^{t=Pt} (CI - CO)_t \left[\frac{1}{(1+i)_t} \right] - 投資金額的現值 = 0 \qquad (9-8)$$

Pt 愈短，代表投資的報酬率愈高。

9.2.3 內部收益率

前述淨現值和投資回收期評估法，均需設定折現率。而現值對**折現率非常敏感**，折現率的些微變化對所得利的結果，影響非常大。內部收益率（internal rate of return, **IRR**）則是反其道而行，不先設定折現率，而是計算在投資期間內使投資項目的淨現值等於零時的折現率，**i***亦稱之為折現金流量收益率（discounted cash flow rate of return, **DCFRR**）。即是計算：

$$\sum_{t=0}^{n} \frac{(CI - CO)_t}{(1 + i^*)^t} = 0 \qquad\qquad (9\text{-}9)$$

中的 i^* 用數值法估算。例如用內插法，求取 $\Sigma(CI - CO) = 0$ 時的 i^*。

各年份的 CI 和 CO 是估算所得出來的，然後用數值法求取 i^*。

i^* 必須大於貸款利率，否則收益低於將資金存入銀行。i^* 愈大，計畫的收益愈好。

9.2.4 結語

評估可行性的方法，不下十餘種之多，考慮的重點不盡相同，即使是同一種方法，在設定利率和折現率的基礎也可以有很大的差異，**所有的評估均建構在對未來的預期之上，是以均含有不確定性**。要選用那一種評估方法，只能求其心安，而不能量化不同方法之間的優劣。

不同行業和領域的運作方式均有差異，或者是說各行業間「文化」的差異性很大，這種差異亦不能量化。跨「文化」是非常困難的事。在 1973 年第一次石油危機之後，美國的大石油公司例如 Exxon 等曾大舉併購電子行業，然後再一一認賠吐出。要尊重不同行業「人」的專業。

9.3 算例

在本節中將以算例來說明評估的過程和結果，並在 9.4 節中討論結果。（算例的計算是：蕭偉利、鄭德萍、李滕智、黃禮翼、黃冠銘和李碩儒先生提供）。

9.3.1 評估條件的設定

在評估計畫時的第一件事，是設定評估的條件，這些條件是由技術和工程，銷售以及財務部門在經過詳細的討論之後確定的，內容如下：

1. 第一項是說明計劃的目標。

   算例的第 1 項是：

   「在 1993 年 6 月開始設立一年產量為 50,000 噸 ABS 及 10,000 噸 SAN 的生產工廠。建廠期為 18 個月，在 1995 年開始生產。預計第一年的銷售量為滿載生產量的 70%，第二年開始產銷達到設計生產量。本計畫之有效期為 20 年。」

2. 第二項是說明資金的需求和來源，以及財務規劃。

   算例的內容是：

   「總固定投資：US$70,000,000（1994 年）

   自有資金：35% 或 US$24,500,000；資金成本以銀行存款利率 8% 計算。

   銀行貸款：65% 或 US$45,500,000；資金成本以銀行放款利率 10% 計算。自 1996 年開始分 6 年逐月歸還。

   先以自有資金支應建廠費用，然後再開始利用銀貸款。

   流動資金以三個月的資金需求為準，以銀行貸款支應，年利率為 10%。」

3. 第三項是生產成本，其中包含變動成本及固定成本兩大項，以及折舊等支出。

「變動成本：

原物料：

ABS，每噸需要

SM	0.594 噸	@	US$500/噸
AN	0.239 噸	@	US$700/噸
butadiene	0.162 噸	@	US$350/噸
其他化學品	0.0362 噸	@	S$1,810/噸

SAN，每噸需要

SM	0.724 噸	@	US$500/噸
AN	0.286 噸	@	US$700/噸
其他化學品	0.031 噸	@	US$3,500/噸

水電等費用：

@ US$41.17/噸

包裝費用，每袋 25kg，@ US$0.35/袋

固定成本

直接人工，125 人 @ US$ 2,000/人一年

間接人工，122 人 @ US$ 2,500/人一年

辦公費用，間接人工工資的 40%。

維修，固定投資的 2%。

土地現金，土地共 10 公頃（100,000m^2），@ US$ 2/m^2 年。

稅金及保險，每年固定投資的 1%。

其他費用，每年 US$100,000 元。

折舊：10 年線型（linear）折舊，殘值為固定投資之 10%。」

4. 第四項是銷貨收入，除了初期（1995 年）的售價之外，尚含有通貨膨脹項目在內。

「ABS：每噸 US$1,200 元

SAN：每噸 US$1,000 元

通貨膨脹：每年 4%，即原物料、產品及人工費用均逐年上升 4%。」

按：由於銷貨價格一定大於成本，故而加入通貨膨脹項目，一定會使成本和售價之間的價差加大，而在評估上呈現出利潤會逐年加大的效果。

5. 第五基為稅務支出：

「貨物稅：銷售所得的 5.05%，這是只要有銷售行為就要交的稅。

所得稅：獲利部分要繳交的稅。

開始生產的年度	稅率	
	中央	地方
1-2	0	0
3-5	15	0
5-15	30	3

財產稅：固定投資的 1%。」

9.3.2 單項計算

根據 9.3.1. 節的資訊，各類單項計算的算例如後，必須要說明，在不同的條件下，可以有不同的計算方法，本節中所呈現的不是唯一的計算方法。

• 投資分配如表 9-1：

表 9-1 固定資本投資分配 1,000 US$

年	1993	1994	總計
自有資金	24,500		24,500
銀行貸款		45,500	45,500
資金利息		2,275	2,275
總資本	24,500	47,775	72,275

- 資金成本如表 9-2，自有資金成本以年利率 8% 計算，銀行貸款以年利率 10% 計算。V_f 為自有資金，V_P 為銀行貸款。

表 9-2 資金成計算，1,000US$

年	資金來源	金額 S	利率（%）i	$V_f = S(1+i)^{**n}$	資金成本 $Cn = (V_f + V_p) Ni$
1993	自有資金	24,500	8.00%	28,577	2,286
1993	銀行貸款				
1994	自有資金				
1994	銀行貸款	45,500	10.00%	50,050	5,005
	總計	70,000		78,627	7,291

平均資金成本 $Kn = Cn/(V_f + V_p) = 9.27\%$

- 貸款償還時間表如表 9-3

表 9-3 貸款償還時間表，1,000US$

年	長期貸款	年初貸款	償還貸款	年末貸款	利息
1994	45,500	45,500		45,500	2,275
1995	6,647	45,500		52,147	5,025
1996		52,147	8,630	43,517	5,045
1997		43,517	10,429	33,088	4,040
1998		33,088	10,429	22,659	2,940

年	長期貸款	年初貸款	償還貸款	年末貸款	利息
1999		22,659	10,429	12,230	1,840
2000		12,230	10,429	1,801	740
2001		1,801	1,801		95

• 折舊提列如表 9-4。

表 9-4　折舊提列 1,000US$

年	資金成本	折舊	每年的價值	總累積折舊
1995	72,275	6,505	65,770	6,505
1996	65,770	6,505	59,266	13,010
1997	59,266	6,505	52,761	19,514
1998	52,761	6,505	46,256	26,019
1999	46,256	6,505	39,751	32,524
2000	39,751	6,505	33,247	39,029
2001	33,247	6,505	26,742	45,533
2002	26,742	6,505	23,237	52,038
2003	20,237	6,505	13,732	58,543
2004	13,732	6,505	7,228	65,048

10 年平均累積殘值：6,505

第 10 年殘值：7,228

• 變動成本的計算如表 9-5。1995 年的開工率為 70%；1996 年為 100%，同時計入 4% 的通貨膨脹。

表 9-5　變動成本，1,000US$

單位成本				70% 開工 1995 年價值 年成本	100% 開工 1996 年價值 年成本
50,000MTA ABS					
SM	500 US$/MT	29,700	MT	10,395.00	15,444.00
AN	700 US$/MT	11,950	MT	5,855.50	8,699.60
BUTADIENE	350 US$/MT	8,100	MT	1,984.50	2,948.40
INITIATORS &	1,500 US$/MT	1,810	MT	1,900.50	2,823.60
CHEMICALS					
小計				20,135.50	29,915.60
10,000MTA SAN					
SM	500 US$/MT	7,240	MT	2,534.00	3,764.80
AN	700 US$/MT	2,860	MT	1,404.40	2,082.08
INITIATORS &	3,500 US$/MT	31	MT	75.95	112.84
CHEMICALS					
小計				4,011.35	5,959.72
總原物料成本				24,146.85	35,875.32
水電費				1,855.00	2,756.00
包裝 2,400,000BAGS				588.00	873.60
@US$0.35/BAG					
總變動成本				26,589.85	39,504.92

- 固定成本如表 9-6

表 9-6　固定成本，1000US$

固定營運成本	單位成本	1995 年價值 每年成本	1996 年價值 每年成本
直接人工	125 人，@US$2,000/PR/YR	250.00	260.00
間接人工	122 人，@US$2,500/PR/YR	305.00	317.20
工廠設備			
維修成本	2.0% OF ISBL	1,100.00	1,040.00

固定營運成本	單位成本	1995 年價值 每年成本	1996 年價值 每年成本
作業供應	間接人工的 40%	100.00	104.00
總額		1,100.00	1,144.00
土地租金	100,000 M2, @US$2.0/m²/YR	200.00	260.00
稅和保險	1.0% OF TFC	722.75	751.66
MISC.		100.00	104.00
總固定營運成本		2,677.75	2,836.86

- 管理及折舊支出如表 9-7，算例中計算為 1995 及 1996 年，未計入償還貸款本金及利息支出。

表 9-7　管理及折舊收入，1,000US$

	單位成本	1995 年價值	1996 年價值
分期償債務及折舊	10% OF US$72275 × 90%	6,504.75	6,504.20
銷貨費用	銷貨收入的 2%	980.00	1,456.00
管理費用	銷貨收入的 5%	2,450.00	3,640.00
總計		3,430.00	5,096.00

- 銷貨收入如表 9-8。

表 9-8　銷貨收入，1,000US$

	價格　單位　MAT			1995 年價值	1996 年價值
A. ABS	1,200	US$/MT	50,000	42,000.00	62,400.00
B. SAN	1,000	US$/MT	10,000	7,000.00	10,400.00
總　計				49,000.00	72,800.00

- 回收年限的算例如表 9-9。所使用的折現率為 9.27%（見表 9-2）。折現的回收年限為 13.35 年，用現值（不含折舊）時為 8.61 年，二者相差近 5 年。

表 9-9　回收年限

年	資金	現金流量	r = 9.27% 折現率	現金折現	累計折現	回收 年限	累計現金	回收 年限
1995	78,627	1,432	0.915138	1,310	1,310		1,432	
1996		2,890	0.837478	2,420	3,731		4,322	
1997		5,720	0.766408	4,384	8,115		10,042	
1998		5,833	0.701370	4,091	12,206		15,875	
1999		7,480	0.641850	4,801	17,007		23,355	
2000		9,155	0.587382	5,377	22,384		32,510	
2001		15,955	0.537535	8.576	30,961		48,465	
2002		18,446	0.491919	9.074	48,632		66,911	
2003		19,098	0.450174	8,597	56,779		86,009	8.61
2004		19,776	0.411972	8.147	63,691		105,785	
2005		18,334	0.377011	6,912	70,270		124,119	
2006		19,068	0.345017	6,579	76,531		143,187	
2007		19,830	0.315738	6,261	82,490	13.35	163,017	
2008		20,624	0.288944	5,959	88,162		183,641	
2009		21,449	0.264424	5,672	93,560		205,090	
2010		22,307	0.241985	5,398	98,697		227,397	
2011		23,199	0.221449	5,137	103,587		250,596	
2012		24,127	0.202657	4,890	108,240		274,723	
2013		25,092	0.185459	4,654	116,470		299,815	
2014		48,488	0.169721	8,229	107,389		348,303	

- 內部收益率的計算如表 9-10，是用內插法來求（9-9）式中的 $i*$，算例中所示出測試用的 i_1 和 i_2 分別是 $i_1 = 13.46\%$，$i_2 = 11.46\%$。所得到的內部收益率為 13.37%，高於折現率。

表 9-10   內部收益

年	資金成本 $V_f + V_p$	i₁ = 13.46% 現金流量 F_t	折現率 F1	現金折現 PV1 = Ft* F1	i₂ = 11.46% 折現率 F2	現金折現 PV2 = Ft* F2
1995	78,627	1,432	0.881352	1,262	0.897166	1,285
1996		2,890	0.776781	2,245	0.804907	2,326
1997		5,720	0.684618	3,916	0.722136	4,131
1998		5,833	0.603389	3,520	0.647876	3,779
1999		7,480	0.531798	3,978	0.581253	4,348
2000		9,155	0.468701	4,291	0.521480	4,774
2001		15,955	0.413091	6,591	0.467855	7,465
2002		18,446	0.364079	6,716	0.419743	7,743
2003		19,098	0.320881	6,128	0.376580	7,192
2004		19,776	0.282809	5,593	0.337855	6,681
2005		18,334	0.249255	4,570	0.303112	5,557
2006		19,068	0.219681	4,189	0.271942	5,185
2007		19,830	0.193616	3,839	0.243977	4,838
2008		20,624	0.170644	3,519	0.218888	4,514
2009		21,449	0.150398	3,226	0.196379	4,212
2010		22,307	0.132553	2,957	0.176185	3,930
2011		23,199	0.116826	2,710	0.158067	3,667
2012		24,127	0.102965	2,484	0.141812	3,421
2013		25,092	0.090748	2,277	0.127229	3,192
2014		48,488	0.079981	3,878	0.114146	5,535
總計		335,265		70,060		85,381

回收率 = i* = i₁ − [PV1 − (V_f + V_p)]/(PV1 − PV2)*(2%) = 13.37%

· 20 年的現金流量表如表 9-11。回收年限及內部回收率如表 9-12。

表9-11 固定資產投資與現金流量表

單位:1000 US$

年	1995	1996	1997	1998	1999	2000	2001	2002	2003	2004	2005	2006	2007	2008	2009	2010	2011	2012	2013	2014
固定投資	$49,000																			
銷貨收入	$72,275	$72,800	$75,712	$78,740	$81,890	$85,166	$88,572	$92,115	$95,800	$99,632	$103,617	$107,762	$112,072	$116,555	$121,217	$126,066	$131,109	$136,353	$147,807	$147,479
成本																				
利息費用	$5,025	$5,045	$4,040	$2,940	$1,840	$740	$95													
變動成本																				
原料成本	$24,147	$35,875	$37,310	$38,803	$40,355	$41,969	$43,648	$45,394	$47,209	$49,098	$51,062	$53,104	$55,228	$57,438	$59,735	$62,124	$64,609	$67,194	$69,882	$72,677
水電費用	$1,855	$2,756	$2,866	$2,981	$3,100	$3,224	$3,353	$3,487	$3,627	$3,772	$3,923	$4,080	$4,243	$4,412	$4,589	$4,773	$4,963	$5,162	$5,368	$5,583
包裝費用	$588	$874	$909	$945	$983	$1,022	$1,063	$1,105	$1,150	$1,196	$1,243	$1,293	$1,345	$1,399	$1,455	$1,513	$1,573	$1,636	$1,702	$1,770
總變動成本	$26,590	$39,505	$41,085	$42,729	$44,438	$46,215	$48,064	$49,986	$51,986	$54,065	$56,228	$58,477	$60,816	$63,249	$65,779	$68,410	$71,146	$73,992	$76,952	$80,030
營運成本	$2,678	$3,978	$4,137	$4,303	$4,475	$4,654	$4,840	$5,033	$5,235	$5,444	$5,662	$5,888	$6,124	$6,369	$6,624	$6,889	$7,164	$7,451	$7,749	$8,059
折舊	$6,505	$6,505	$6,505	$6,505	$6,505	$6,505	$6,505	$6,505	$6,505	$6,505										$7,228
財產稅	$723	$752	$782	$813	$846	$879	$915	$954	$989	$1,029	$1,070	$1,113	$1,157	$1,203	$1,252	$1,302	$1,354	$1,408	$1,464	$1,523
管理費用	$3,430	$5,096	$5,300	$5,512	$5,732	$5,962	$6,200	$6,448	$6,706	$6,974	$7,253	$7,543	$7,845	$8,159	$8,485	$8,825	$9,178	$9,545	$9,927	$10,324
貨物稅	$2,475	$3,676	$3,823	$3,976	$4,135	$4,301	$4,473	$4,652	$4,838	$5,031	$5,233	$5,442	$5,660	$5,886	$6,121	$6,366	$6,621	$6,886	$7,161	$7,448
總成本	$47,425	$64,557	$65,672	$66,777	$67,971	$69,256	$71,091	$73,576	$76,259	$79,049	$75,445	$78,463	$81,602	$84,866	$88,261	$91,791	$95,463	$99,281	$103,252	$114,610
利潤	$1,575	$8,243	$10,040	$11,963	$13,919	$15,910	$17,481	$18,539	$19,541	$20,583	$28,172	$29,299	$30,470	$31,689	$32,957	$34,275	$35,646	$37,072	$38,555	$32,869
所得稅	$—	$—	$—	$1,794	$2,088	$2,387	$5,769	$6,118	$6,449	$6,792	$9,297	$9,669	$10,055	$10,457	$10,876	$11,311	$11,763	$12,234	$12,723	$10,847
利潤	$1,575	$8,243	$10,040	$10,169	$11,832	$13,524	$11,712	$12,421	$13,093	$13,791	$18,875	$19,630	$20,415	$21,232	$22,081	$22,964	$23,883	$24,838	$25,832	$22,022
現金流出																				
流動資金	$6,647	$3,229	$395	$411	$427	$444	$462	$481	$500	$520	$541	$562	$585	$608	$632	$658	$684	$711	$740	$770
累計流動資金	$6,647	$9,876	$10,271	$10,682	$11,109	$11,554	$12,016	$12,497	$12,996	$13,516	$14,057	$14,619	$15,204	$15,812	$16,445	$17,102	$17,787	$18,498	$19,238	$20,007
償付貸款		$8,629	$10,429	$10,429	$10,429	$10,429	$1,801													
現金流入																				
折舊	$6,505	$6,505	$6,505	$6,505	$6,505	$6,505	$6,505	$6,505	$6,505	$6,505										$7,228
流動資金回收																				$20,007
現金流量	$1,432	$2,890	$5,720	$5,833	$7,480	$9,155	$15,955	$18,446	$19,098	$19,776	$18,334	$19,068	$19,830	$20,624	$21,449	$22,307	$23,199	$24,127	$25,092	$48,488

表 9-12 回收年限表與內部回收率

單位：1000 US$

年	固定投資	現金流量	折現率	現金折現	累計折現	回收年限	累計現金	回收年限
1995	$78,627	$1,432	0.915138	$1,310	$1,310		$1,432	
1996		$2,890	0.837478	$2,420	$3,731		$4,322	
1997		$5,720	0.766408	$4,384	$8,115		$10,042	
1998		$5,833	0.701370	$4,091	$12,206		$15,875	
1999		$7,480	0.641850	$4,801	$17,007		$23,355	
2000		$9,155	0.587382	$5,377	$22,384		$32,510	
2001		$15,955	0.537535	$8,576	$30,961		$48,465	
2002		$18,446	0.491919	$9,074	$40,035		$66,911	
2003		$19,098	0.450174	$8,597	$48,632		$86,009	8.61
2004		$19,776	0.411972	$8,147	$56,779		$105,785	
2005		$18,334	0.377011	$6,912	$63,691		$124,119	
2006		$19,068	0.345017	$6,579	$70,270		$143,187	
2007		$19,830	0.315738	$6,261	$76,531		$163,017	
2008		$20,624	0.288944	$5,959	$82,490	13.35	$183,641	
2009		$21,449	0.264424	$5,672	$88,162		$205,090	
2010		$22,307	0.241985	$5,398	$93,560		$227,397	
2011		$23,199	0.221449	$5,137	$98,697		$250,596	
2012		$24,127	0.202657	$4,890	$103,587		$274,723	
2013		$25,092	0.185459	$4,654	$108,240		$299,815	
2014		$48,488	0.169721		$116,470		$348,303	

年	固定投資 $V_f + V_p$	現金流量 F_t	折現率 F_1	現金折現 PV_1	折現率 F_2	現金折現 PV_2
1995	$78,627	$1,432	0.881352	$1,262	0.897166	$1,285
1996		$2,890	0.776781	$2,245	0.804907	$2,326
1997		$5,720	0.684618	$3,916	0.722136	$4,131
1998		$5,833	0.603389	$3,520	0.647876	$3,779
1999		$7,480	0.531798	$3,978	0.581253	$4,348
2000		$9,155	0.468701	$4,291	0.521480	$4,774
2001		$15,955	0.413091	$6,591	0.467855	$7,465
2002		$18,446	0.364079	$6,716	0.419743	$7,743
2003		$19,098	0.320881	$6,128	0.376580	$7,192
2004		$19,776	0.282809	$5,593	0.337855	$6,681
2005		$18,334	0.249255	$4,570	0.303112	$5,557
2006		$19,068	0.219681	$4,189	0.271942	$5,185
2007		$19,830	0.193616	$3,839	0.243977	$4,838
2008		$20,624	0.170644	$3,519	0.218888	$4,514
2009		$21,449	0.150398	$3,226	0.196379	$4,212
2010		$22,307	0.132553	$2,957	0.176185	$3,930
2011		$23,199	0.116826	$2,710	0.158067	$3,667
2012		$24,127	0.102965	$2,484	0.141812	$3,421
2013		$25,092	0.090748	$2,277	0.127229	$3,192
2014		$48,488	0.079981	$3,878	0.114146	$5,535
總計		$348,303		$77,889		$93,776
回收率	$r = r_1 - [PV_1 - (V_f + V_p)]/(PV_1 - PV_2)*(2\%)$					

9.4 敏感度分析

由於經濟或可行性分析均是以對未來的預測為基礎,含有不確定性(uncertainity),是以在計算時會同時變動一些項目,例如產品的**售價、原料成本**以及**建廠成本**等,目的是要了解這些**因素的變動**對整個計畫的影響,即是**敏感度(sensitivity)**分析。

表 9-13 是同一計畫、對售價、原料成本和設廠投資的敏感度。

表 9-13　敏感度分析

		回收年限,年		內部回收率,%
		現值	折現	
基本設定(9.3.1.)		8.61	13.35	13.37
售價	+25%	4.20	5.37	20.19
	+20%	4.82	6.27	19.41
	+10%	6.49	8.62	17.20
	−10%	12.44	>20	5.09
	−20%	19.97	>20	−26.08
	−25%	>20	>20	−146.41
原料	−10%	7.26	9.99	15.92
	+10%	10.48	19.27	9.47
	+20%	13.45	>20	2.82
	+50%	>20	>20	−435.92
總投資	−40%	5.44	7.08	19.50
	−20%	7.22	9.94	16.61
	+20%	10.29	18.97	9.65
	+40%	12.15	>20	5.42
	+80%	15.86	>20	−5.17

如果以折現率（9.27%）作為判斷計畫可行的指標，即是如果內部回收率高於 9.27% 為可行，則

- 售價減少 10% 以下，即不可行。
- 原料價格增加 10% 時，仍可行。這是因為原料價格是成本的一部分，成本並沒有上升 10%。
- 總投資增加 20% 時，仍可行。

是以**對可行性的影響：售價 > 原料 > 設廠成本**

同時，請注意，表 9-13 中的回收年限或內部回收率，和售價、原料成本或總投資之間，不具線型關係。其原因將在 9.5 節中說明。

9.5　成本與售價的價差──利潤的來源

將表 9-11 中 1995 年的總成本，和銷貨收入，除以銷貨量，即得到 1995 年的平均不含折舊單位成本和售價和**價差**（marginal profit），亦稱之為毛利率（gross margin），並列出對應的內部回收率。用相同的方法處理表 9-13 中其他的情況，得表 9-14。

表 9-14　1995 年價差與內部回收率，US$／噸

		單位成本（不含折舊）		價差	內部回收率，%
基本設定		974.29	1,166.67	192.38	13.37
售價	+25%	13009.42	1,458.33	448.90	20.19
	+20%	1002.40	1,400	397.6	19.41
	+10%	988.35	1,283.33	294.97	17.20
	−10%	960.24	1,050	89.76	5.09
	−20%	946.17	933.33	−12.84	−26.08
	−25%	939.14	875	−64.14	−146.41

		單位成本（不含折舊）		價差	內部回收率，%
基本設定		974.29	1,166.67	192.38	13.37
原料	−10%	916.78	1,166.67	249.88	15.92
	+10%	1,031,79	1,166.67	134.88	9.47
	+20%	1,089,26	1,166.67	77.4	2.82
	+50%	1,261.76	1,166.67	−95.09	−435.92
總投資	−40%	903.14	1,166.67	263.53	19.50
	−20%	938.71	1,166.67	227.96	16.61
	+20%	1,009.86	1,166.67	156.81	9.65
	+40%	1,045.48	1,166.67	121.19	5.42
	+80%	1,116.57	1,166.67	50.1	−5.17

表 9-14 顯示：

- 價差與內部回收率之間呈顯較佳的線型關係。即是**成本與售價之間的價差與獲利之間的關係最為直接**，是經營上最重要的因素。價差的擴大，來自於售價的提高和成本的減低。要提高售價有外來的競爭和壓力，減低成本則是可以自求的，是以設法降低成本，是所有製造業的目標。
- 售價變動時，成本亦改變，這是由於成本中包含有貨物稅項目。同時管理和銷售費用亦是以銷售金額為基準。

當價差過低時，會發生現金不足的情況。以售價減少 10%（表 9-15）為例。在最下一欄中顯示 1995 至 1998 年之間，現金分別不足 2,877,000；3,512,000；939,000；及 53,000 元，即是共需補充現金 7,831,000 元。或者是說要使工廠能經營下去，投資者必須再設法投入 7,831,000 元。原計算中未計入此項資金來源及成本。企業要能運作，現金流量是否為正值，是存亡的關鍵。

表 9-15　售價（－10%）的現金流量表

單位：1000 US$

年	1995	1996	1997	1998	1999	2000	2001	2002	2003	2004	2005	2006	2007	2008	2009	2010	2011	2012	2013	2014
固定投資	$72,275																			
銷貨收入	$44,100	$65,520	$68,141	$70,866	$73,701	$76,649	$79,715	$82,904	$86,220	$89,669	$93,255	$96,986	$100,865	$104,900	$109,096	$113,459	$117,998	$122,718	$127,626	$132,731
成本																				
利息費用	$5,025	$5,045	$4,040	$2,940	$1,840	$740	$95													
變動成本																				
原料成本	$24,147	$35,875	$37,310	$38,803	$40,355	$41,969	$43,648	$45,394	$47,209	$47,098	$51,062	$53,104	$55,228	$57,438	$59,735	$62,124	$64,609	$67,194	$69,882	$72,677
水電費用	$1,855	$2,756	$2,866	$2,981	$3,100	$3,224	$3,353	$3,487	$3,627	$3,772	$3,923	$4,080	$4,243	$4,412	$4,589	$4,773	$4,963	$5,162	$5,368	$5,583
包裝費用	$588	$874	$909	$945	$983	$1,022	$1,063	$1,105	$1,150	$1,196	$1,243	$1,293	$1,345	$1,399	$1,455	$1,513	$1,573	$1,636	$1,702	$1,770
總變動成本	$26,590	$39,505	$41,085	$42,729	$44,438	$46,215	$48,064	$49,986	$51,986	$54,065	$56,228	$58,477	$60,816	$63,249	$65,779	$68,410	$71,146	$73,992	$76,952	$80,030
營運成本	$2,678	$3,978	$4,137	$4,303	$4,475	$4,654	$4,840	$5,033	$5,235	$5,444	$5,662	$5,888	$6,124	$6,369	$6,624	$6,889	$7,164	$7,451	$7,749	$8,059
折舊	$6,505	$6,505	$6,505	$6,505	$6,505	$6,505	$6,505	$6,505	$6,505	$6,505										$7,228
財產稅	$723	$752	$782	$813	$846	$879	$915	$951	$989	$1,029	$1,070	$1,113	$1,157	$1,203	$1,252	$1,302	$1,354	$1,408	$1,464	$1,523
管理費用	$3,087	$4,586	$4,770	$4,961	$5,159	$5,365	$5,580	$5,803	$6,035	$6,277	$6,528	$6,789	$7,061	$7,343	$7,637	$7,942	$8,260	$8,590	$8,934	$9,291
貨物稅	$2,227	$3,309	$3,441	$3,579	$3,722	$3,871	$4,026	$4,187	$4,354	$4,528	$4,709	$4,898	$5,094	$5,297	$5,509	$5,730	$5,959	$6,197	$6,445	$6,703
總成本	$46,835	$63,680	$64,760	$65,829	$66,984	$68,229	$70,024	$72,466	$75,104	$77,848	$74,197	$77,165	$80,251	$83,461	$86,800	$90,272	$93,883	$97,638	$101,544	$112,833
利潤	$(2,735)	$1,840	$3,381	$5,038	$6,717	$8,420	$9,691	$10,438	$11,116	$11,820	$19,059	$19,821	$20,614	$21,438	$22,296	$23,188	$24,115	$25,080	$26,083	$19,898
所得稅	$—	$—	$—	$756	$1,008	$1,263	$3,198	$3,445	$3,668	$3,901	$6,289	$6,541	$6,803	$7,075	$7,358	$7,652	$7,958	$8,276	$8,607	$6,566
稅利潤	$(2,735)	$1,840	$3,381	$4,282	$5,710	$7,157	$6,493	$6,993	$7,447	$7,920	$12,769	$13,280	$13,811	$14,364	$14,938	$15,536	$16,157	$16,803	$17,476	$13,332
現金流出																				
流動資金	$6,647	$9,876	$10,271	$10,682	$11,109	$11,554	$12,016	$12,497	$12,996	$13,516	$14,057	$14,619	$15,204	$15,812	$16,445	$17,102	$17,787	$18,498	$19,238	$20,007
累計流動資金	$6,647	$3,229	$395	$411	$427	$444	$462	$481	$500	$520	$541	$562	$585	$608	$632	$658	$684	$711	$740	$770
償付貸款		$8,629	$10,429	$10,429	$10,429	$10,429	$1,801													
現金流入																				
折舊	$6,505	$6,505	$6,505	$6,505	$6,505	$6,505	$6,505	$6,505	$6,505	$6,505										$7,228
流動資金回收																				$20,007
現金流量	$(2,877)	$(3,512)	$(939)	$(53)	$1,358	$2,788	$10,735	$13,018	$13,453	$13,905	$12,229	$12,718	$13,226	$13,755	$14,306	$14,878	$15,473	$16,092	$16,736	$39,798

複習

*1.*在做可行性分析時，需要包含那些項目？

*2.*在這些項目中，討論那些項目的可預測性低，原因是什麼？

*3.*那一種分析指標最好？原因是什麼？

*4.*決定可行與否的終極判斷是什麼？詳細說明原因。

*5.*說明下列各名辭的意義：

   A.折現率，

   B.淨現值（NPV），

   C.投資報酬（ROI），

   D.投資回收期（Payback time），

   E.內部收益率（IRR），

   F.價差或毛利率（gross margin）。

參考資料

教　材

Smith. R. "Chemical Process Design and Integration", John wiley and Sons (2005).

Woods, D. R., "Process Design and Engineering Pratice", Prentice Hall (1995).

樓愛娟、吳志泉、吳敘美，《化工設計》，華東理工大學出版社（2005）。

鄭傳修、馬玉龍、韓其勇，《化工過程開發概要》，高等教育出版社（1991）。

于遵宏等，《化工過程開發》，華東理工大學出版社（2004）。

張濂、許志美，《化學反應器分析》，華東理工大學出版社（2005）。

張浩勤、章亞東、陳衛航主編，《化工過程開發與設計》，化學工業出版社（2002）。

倪進方主編，《化工過程設計》，化學工業出版社（2001）。

楊基和、蔣培華主編，《化工工程設計概論》，中國石化出版社（2005）。

趙錦全編，《化工過程及設備》，化學工業出版社（1996）。

蘇健瓦主編，《化工技術經濟》，化學工業出版社（1996）。

Turton, R.: Bailie, R. C.; Whiting, W. B. and Shaeiwitg," Analgsis, Synthesis, and Design of Chemical Process", Prentice Hall (1998).

Peters, M.S, and Timmerhaus, K.D. "Plant Design and Economics for Chemical Engineers", McGraw-Hall (1991).

王靜康主編,《化工過程設計》第二版,化學工業出版社(2006)。

戰樹麟編,《石油化工分離工程》,石油工業出版社(1994)。

梁斌、段天平、傅紅梅‧羅康碧編著,《化學反應工程》,科學出版社(2004)。

袁乃駒、丁昌新編著,《化學反應工程基礎》,清華大學出版社(1989)。

丁昌新、袁乃駒編,《化學反應工程例題與習題》,清華大學出版社(1991)。

手冊及書藉

Perry and Green."Perry's Chemical Engineer's Handbook", McGraw-Hall.

謝端綬、瓊定一、蘇元復編《化工工藝算圖》六冊,化學工業出版社(1990)。

時鈞、汪家鼎、余國琮、陳敏宗主編《化學工程手冊》,上下冊,化學工業出版社(1996)。

Ludwig, E. E. "Applied Process Design for Chemical and Petroleum Plants", (1978).

上海醫藥設計院《化工工藝設計手冊》,上下冊,化學工業出版社(1996)。

期　刊

Chemical Engineering Progress (CEP).

下篇

設計範例

反應器設計

　　由於反應器是一個化工廠的心臟，占有十分重要的地位。故利用下面幾個計算實例，來說明化工反應器設計上幾個基本但十分重要的觀念。

1.1　批次式反應器和連續式攪拌反應器的比較

　　一般來說，批次式反應器（Batch reactor）多用來生產量少產率（production rate）低的特用化學品，如染料，醫藥和農藥等。它的投資成本也較連續式攪拌反應器（CSTR）為低。而CSTR多用來生產產量大的化學品，它有許多操作上的優點，如較易以自動控制儀器來監控，因而可節省勞力成本，易使反應器保持一定的操作條件（如溫度，壓力等），造成產物的品質易趨於穩定。

　　雖然所用的化學動力反應方程式（reaction kinetics）均相同，但由於反應物中的諸化學分子（reactant molecules）在批次式反應器中和在連續式攪拌反應器中會因攪拌和流體流動效果的有無，而遭遇不同的反應經歷，如反應物所需的停留時間，濃度和溫度分布的不同等等。這些不同的反應經歷會造成兩種反應器在巨觀（macroscopic）上設計條件的差別，如在相同反應轉化率（conversion rate）時所需的反應器體積即有很大的差別。現以下面四個計算例題來說明。

今有一液態二聚合反應（dimerization），$2A \rightarrow R$，其反應動力方程式為二次式的等溫反應（second order to 反應物 A，isothermal at 80°C）。此反應為不可逆反應（irreversible），反應速率常數 k_A 值為 2.0 L/gmole·hr，反應物 A 的密度為 6.0 g mole/L。當原料中反應物 A 的濃度為 50 Vol% 時，若 75% 的反應物 A 聚合成產品 R 時，求出此聚合反應在一批次式反應器中所需要的反應時間。

此題的計算基礎（basis）為假設此批次式反應器的溶液體積為 1.0 L，和在反應過程中溶液體積將不會隨著反應的進行而改變。

對一批次式反應器而言，當反應物 A 的初始濃度為 N_A。轉化比率為 X_A 時，則反應物 A 的質量平衡方程式為，

$$\frac{d}{dt}[N_{Ao}(1 - X_A)] = -r_A \overline{V} \quad (1\text{-}1)$$

故，

$$-N_{Ao}\frac{dX_A}{dt} = -r_A \overline{V} \quad (1\text{-}2)$$

其中 $\overline{V}$ 為反應器的體積。由上式可知，當反應物 A 達到轉化比率為 X_{Af} 時，所需的反應時間為，

$$t_r = N_{Ao} \int_o^{X_{Af}} \frac{dX_A}{r_A \overline{V}} = \frac{N_{Ao}}{\overline{V}} \int_o^{X_{Af}} \frac{dX_A}{r_A}$$

$$= C_{Ao} \int_o^{X_{Af}} \frac{dX_A}{r_A} \quad (1\text{-}3)$$

其中 C_{Ao} 為反應物 A 的初始濃度。

由題可知，反應物 A 的初始體積應為 0.5L，故其 $N_{Ao} = 0.5 \times 6.0 = 3.0$ mole，$C_{Ao} = 3.0$ mole/L。而其反應速率方程式可表示為，

$$r_A = k_A c_A^2 = k_A [N_{Ao}(1-X_A)]^2$$
$$= 2.0[3.0(1-X_A)]^2$$

代入公式（1-3），當 $X_{Af} = 0.75$ 時，可得

$$t_r = 3.0 \int_0^{0.75} \frac{dX_A}{2.0[3.0(1-X_A)]^2} = \frac{1}{6} \left. \frac{1}{1-X_A} \right|_0^{0.75} = 0.5 \ hr$$

故向上述計算結果可知，在 0.5 小時的反應時局內，1.0 L 的反應物 A 將會在此批次式反應器中產生 $3.0 \times 0.75 \times \frac{1}{2} = 1.125$ g moles 的生成物 R。

由上題的計算結果知，在 1.0L 的批次式反應器中，3.0g moles 的反應物 A 在經過 0.5 小時的反應後，將有 2.25g moles（3.0 × 75%）的反應物 A 反應成產品 R。亦即，反應物 A 的消耗速率為 4.50g mole/hr。如此，若將上述的聚合反應換成在一連續式進料的攪拌反應器中（CSTR）進行時，則其所需的反應器體積為何？

對一 CSTR 而言，反應物 A 的質量平衡方程式可寫為，

$$F_A = r_A \overline{V} + F_A (1-X_{Af}) \quad (1-4)$$

其中 F_A 為反應物 A 進料時的質量流率（g mole/hr）。而 CSTR 最主要的特性為出料中各物質的濃度與其在反應器中的濃度相同。亦即，由於完全攪拌的理想條件，反應物 A 在進入反應器時，其濃度將立即由 C_{Ao} 降為 C_A，若 U 為反應物 A 的進料體積流率（L/hr），則公式（1-4）可改寫成，

$$UC_{Ao} = r_A \overline{V} + C_A U$$
$$= r_A \overline{V} + C_{Ao}(1-X_{Af})U \quad (1-5)$$

故可得

$$\overline{V} = \frac{C_{Ao}X_{Af}U}{r_A} \quad (1\text{-}6)$$

由題目可知，反應物 A 的體積流率 U 為，

$$U = 1.0 \text{ L/0.5hr} = 2.0 \text{ L/hr}$$

當其轉化率 X_{Af} 為 75% 時，知出料中反應物 A 的莫耳流率為$(6.0 - 4.5)$g mole/hr = 1.50 g mole/hr，其濃度 C_A 為 1.5 g mole/hr/2.0 L/hr = 0.75 g mole/ L。故，$r_A = k_A C_A^2$ 可表示為 $r_A = 2.0\,(0.75)^2$，代入公式（1-6）中可得，

$$\overline{V} = \frac{3 \times 0.75 \times 2.0}{2 \times 0.75^2} = 4.0\text{L}$$

亦即，在相同的反應條件和反應時間時，CSTR 所需的反應器體積為批次式反應器所需體積的 4 倍。這個差別最主要是因為在反應動力方程式 $r_A = k_A C_A^2$ 中的 C_A 值不同所造成的。在批次式反應器中其 C_A 值是逐漸由 C_{Ao} 值降為 C_{Af} 的（見公式（1-3）的積分公式），而在 CSTR 中，其 C_A 值在進入反應器後，立即由 C_{Ao} 降為 C_{Af}，因而造成公式（1-6）中分母 r_A 值變的很小，使其 $\overline{V}$ 值變的很大。

由上述兩個計算例題，可知反應動力方程式 r_A 對於反應器體積大小有著重要的影響。而此 r_A 方程式一般皆需由實驗求得，若無法獲得一簡易的解析解時（如，一次或二次式反應方程式），則上題中 CSTR 所需的反應體積可由作圖法求得，方法如下所述。

將公式（1-5）重新整理可得，

$$C_A = C_{Ao} - \frac{\overline{V}}{U}r_A \quad (1\text{-}7)$$

若我們從實驗中可得 r_A 和 C_A 的關係如下圖中的曲線所示（見圖 1-1），則從此曲線上任何一點的座標（C_A, r_A）到橫座標上（C_{Ao}, 0）的直線斜率，由公式（1-7）知，為 $-\dfrac{\overline{V}}{U}$。若進料的體積流率 U 為已知，則可從此斜率求得對應此 C_A 值所需的 CSTR 體積。此畫圖法的優點，除了不必求得 r_A 的反應動力方程式外，最大的好處為針對 n 個串聯在一起的 CSTR，我們可由其中每個 CSTR 的體積，很快由此圖求出每個反應器出料中的 C_A 值。或反之，由已知的 C_A 值和 C_{Ao} 值，由此作圖法，求出每個 CSTR 的體積。

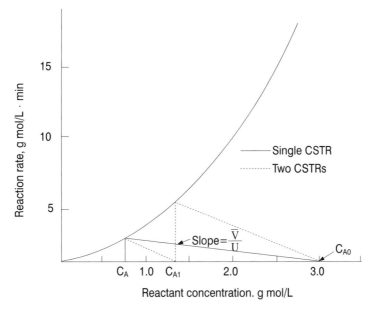

圖 1-1　CSTR 作圖法的示意圖。

同例題 1.2，但此時聚合反應係在兩個等體積串聯的 CSTR 中進行，求此兩個串聯反應器所需有的反應總體積。

由公式（1-6）知，每個 CSTR 的體積為，

$$\overline{V}_1 = \frac{C_{Ao}X_{A1}U}{r_{A1}} \ , \ \overline{V}_2 = \frac{C_{A1}X_{A2}U}{r_{A2}}$$

其中　$r_{A1} = k_A (C_{A1})^2$，$r_{A2} = k_A (C_{A2})^2$

而因為，

$$C_{A1} = C_{Ao} (1 - X_{A1})$$

$$C_{A2} = C_{A1}(1 - X_{A2}) = C_{Ao}(1 - X_{Af})$$

故可得，

$$1 - X_{Af} = (1 - X_{A1})(1 - X_{A2})$$

又因為 $\overline{V_1} = \overline{V_2}$，故

$$\frac{C_{Ao}X_{A1}U}{k(C_{A1})^2} = \frac{C_{A1}X_{A2}U}{k(C_{A2})^2}$$

由前題知 $C_{Ao} = 3.0$ g mole/L，$C_{Af} = C_{A2} = 0.75$ g mole/L，利用圖 1-1 的作圖法，當兩條直線斜率相同時（因 $\overline{V_1} = \overline{V_2}$），可得 $X_{A1} = 0.564$ 和 $X_{A2} = 0.426$，則，

$$\overline{V_1} = \frac{3.0(0.564)2.0}{2.0[3.0(1-0.564)]^2} = 0.99 \text{ L}$$

$$\overline{V_2} = \frac{3.0(1-0.564) \times 0.426 \times 2.0}{2(0.75)^2} = 0.99 \text{ L}$$

故此兩個 CSTR 串聯的所需總體積為 1.98 L，遠較上題單一 CSTR 時的體積 4.0 L 為低。這是因為有一半以上的反應物 A 係在 $\overline{V_1}$ 槽中反應掉，其 r_A 值也較單一 CSTR 時的 r_A 值大（見例題 1.2）。

重複例題 1.2 的計算，但反應器形式由 CSTR 改為管式反應器（Tubular-flow reactor）。

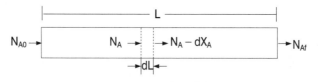

圖 1-2　管式反應器的示意圖

針對反應物 A，其在管式反應器中的質量平衡方程式為：

$$N_A = (N_A + 2N_A) + r_A S dL \quad (1\text{-}8)$$

而　$N_A = N_{Ao}(1 - X_A)$ 和 $dN_A = -N_{Ao}dX_A$

代入公式（1-8），並對反應物 A 在此管式反應器進出口的轉化率進行積分後，可得：

$$\overline{V}_r = SL = N_{Ao} \int_0^{X_{Af}} \frac{dX_A}{r_A} \quad (1\text{-}9)$$

其中 S 為管式反應器的截面積，L 為總長度。由例題 1.2 知，進料流率 U = 2.0 L/hr 中含有 N_{Ao} = 6 moles 的反應物 A，故 C_{Ao} = 3.0 mole/L。代入公式（1-9）可得，

$$\overline{V}_r = N_{Ao} \int_0^{X_{Af}} \frac{dX_A}{kC_A^2} = 6.0 \int_0^{0.75} \frac{dX_A}{2.0[3.0(1 - X_A)]^2} = 1.0L$$

此體積與例題 1.1 所算得的批次式反應器體積相等。此結果不難解釋為，當將圖 1-2 中的一個長度高 dL 的 plug 視為一微小的批次式反應器，當它以 t_r = 0.5 小時的時間通過比 1.0 L 的管式反應器後，反應物 A 的轉化率將達到 X_{Af} = 0.75。當然，其先決條件為流體經過此管式反應器後的密度值將維持不變。

　　以上四個例題說明了在相同的反應條件等，如何計算出批次式，連續式進料攪拌和管式等三種反應器所需有的反應槽體積。它提供了如何將批次式反應器的設計條件轉換為所對應的 CSTR 和管式反應器的計算方法。由上述四例題的結果，可看出在相同的反應條件下，批次式反應器所需的設計體積似乎為最少。但在實際上，批次式反應器在進料和產品的裝卸上，均需消耗額外的時間和勞力，如此將會增加此類反應器的操作成本，這是我們在選擇此類反應器時所必須考慮的因素。

　　此外，由上述的計算結果知道，除了當反應動力方程式 r_A 為零次式外，在相同的反應條件下，CSTR 所需的體積較其他二種反應器來的大。當轉化率 X_A 值愈大時，其差值也愈大。為了減少此單一 CSTR 所需的設計體積，我們可將設計轉為 n 個串聯的 CSTR，將發現其總體積將遠較一個CSTR時為小（見例題 1.3）。當n值愈大時，其總體積值將愈趨近於單一批次式或管式反應器所需的設計

體積。如此，n 值愈大時，似乎可減少 CSTR 的硬體投資成本。但事實上不然，因為當二個以上 CSTR 串聯在一起時，進出料管線的聯結和控制儀表的操作上將變的更為複雜，其操作和維修成本不見得會更節省。

1.2 CSTR 和管式反應中溫度控制的方法

由於一般的化學反應均為放熱反應，故在反應器中隨著化學反應的進行，會有大量的化學反應熱產生，這些熱量將會升高反應器內部的溫度，當溫度愈高時，化學反應進行的速度也愈快，所產生的反應熱量也更多。如此下去，我們若無法有效的將此反應熱量有效的移除，則整個反應器的內部溫度將失控，其所對應的壓力值也會導致反應器發生爆炸。故如何有效的控制反應器內部的溫度，在化工廠的程序設計上是一重要的課題。現以 CSTR 和管式反應器為例，將其中幾個重要的觀念扼要說明之。

假設一 CSTR 的反應為一次式反應，$r_A = kC_A$，則其化學反應式產生速率可表示為，

$$Q_R = -kC_A\overline{V}\Delta H \tag{1-10}$$

針對反應物 A，其質量平衡方程式可寫為，

$$UC_{Ao} = r_A\overline{V} + UC_A = kC_A\overline{V} + UC_A$$

則，

$$C_A = \frac{C_{Ao}}{1 + k\overline{V}/U} \tag{1-11}$$

將公式（1-10）代入，可得

$$Q_R = -\frac{C_{Ao}U\Delta H}{1 + \left(\dfrac{U}{\overline{V}k_o}\right)e^{E/RT}} \tag{1-12}$$

其中　$k = k_o e^{E/RT}$（Arrhenius Law）

在 steady state 時，此反應熱 Q_R 將等於反應器的散熱速率 Q_r，而 Q_r 可由進出料的能量平衡方程式中求得，

$$Q_r = U\rho C_p(T - T_o) + \overline{U}_{overall}A(T - T_c) \tag{1-13}$$

公式（1-13）等號右邊的第一項為生成物流出 CSTR 時所帶出的熱量，第二項為經由反應器管壁熱傳導所散出的總熱量。其中，ρ 為生成物流體的密度，C_p 為此流體的比熱值，$\overline{U}_{overall}$ 為器壁的總熱傳係數，A 為反應器的總熱傳面積，T_o 和 T_c 則分別為流體和器壁計算散熱量時的參考溫度。一般來說，T_o 為 CSTR 進料流體的溫度，T_c 為反應器開始反應前的溫度。若將公式（1-13）重新整理後，可得，

$$Q_r = (U\rho C_p + \overline{U}_{overall}A)T - \rho U C_p T_o - \overline{U}_{overall}AT_c \tag{1-14}$$

故，Q_r 與 T 將成線性關係，如圖 1-3 中的諸直線所示。而公式（1-12）中 Q_R 與 T 的關係，則如圖 1-3 中的 S 型曲線所示。當 $Q_R = Q_r$ 時，此 CSTR 才會達到 steady state，其所對應的溫度即如圖 1-3 中這兩種曲線的交點所示。

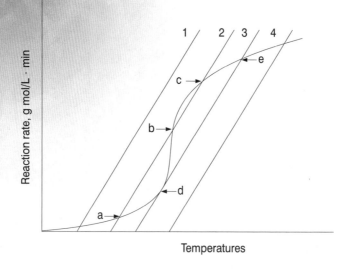

圖 1-3　CSTR 中反熱產生熱量和移除熱量與所對應溫度間的關係示意圖

　　圖 1-3 中兩種曲線的交點位置，對此 CSTR 的溫度控制有著十分重要的影響，現分別說明如下。

　　(a)當 Q_r 大於 Q_R 時，如此圖中的 curve 1 所示。兩線交點所對應的橫座標溫度值將相當低，此溫度值亦即為此 CSTR 在實際操作時所會具有的溫度。如此低的溫度會使反應速率 r_A 變得很低，生成物的產量也隨之變低。是故，在實際操作 CSTR 生產時，我們要避免 curve 1 的情形發生。

　　(b)當 Q_r 小於 Q_R 時，如此圖中的 curve 4 所示，反應器的操作溫度將相當高。一般來說，我們為了提高生成物的產量，均希望反應器的溫度控制在高溫的狀況。但當 CSTR 中有觸媒存在時或生成物為低玻璃化溫度的高分子物時，此高溫值也需有其上限值。

　　(c)當 $Q_r = Q_R$ 時，則這兩種曲線的交點位置會如此圖中的 curve 2 和 curve 3 所示。其中 curve 2 的交點位置有 a，b 和 c 三點，其物理意義為反應器起始低於 b 點時，則此 CSTR 的操作溫度將自動降至 a 點，反應器的溫度將無法提高。反之，若起始溫度高於 b 點，則反應器的溫度將會升至 c 點，反應將會在高溫狀態下進行。溫度正好落於 b 點上，則此反應器的操作將十分不穩定很難控制，因為一個小的操作擾動均會將反應器的溫度降至 a 點或升至 c 點。同樣的不穩定情形也會發生 curve 3 的 d 點上。

是故，我們若要 CSTR 的溫度控制在高溫狀態，Q_r 值要避免過高。由公式（1-13）知，當 U 值愈低（即液體的停留時間增加時），T_0 和 T_c 愈高或 $\overline{U}_{overall}A$ 值愈低時，Q_r 值愈低，如此反應器的溫度也較易於控制在高溫狀態。當然，當化學反應本身能夠產生足夠的 Q_R 值時，反應器的溫度將自動的會處於高溫狀態。

同理，圖 1-3 也可應用於管式反應器的溫度控制上。為了提高 T_0 值，如圖 1-4 所示，我們可將生成物和進料進行熱交換，亦即應用生成物的熱量預熱進料中的反應物，以提高其 T_0 值。如此，管式反應器的溫度將很容易的維持在高溫狀態，此種預熱進料的技巧是我們在程序設計中常運用的。

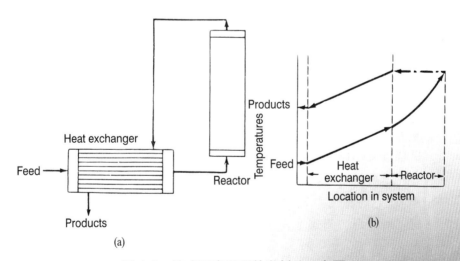

圖 1-4　管式反應器預熱進料的示意圖

1.3　反應器中觸媒需要量的計算方法

　　觸媒的選擇和使用量多寡，決定了化工廠中反應器的操作成本。對同樣一種反應物，不同種類的觸媒會有不同的反應速率方程式 r_A，此不同的 r_A 方程式對生成物的產量和所需的觸媒使用量均有決定性的影響。現舉等溫式（isothermal）和絕熱式（adiabatic）兩種管式反應器的計算列題說明之。

例題 1.5

等溫式管式反應器在化工廠中並不多見。現以二硫化碳的製程為例，反應物為甲烷和硫磺氣體，反應式為：

$$CH_{4(g)} + 2S_{2(g)} \rightleftharpoons CS_{2(g)} + 2H_2S_{(g)}$$

此反應需在一管式觸媒反應器中，以 650℃ 等溫的方式進行。因為當溫度低於 650℃ 時，此反應將變為放熱反應。溫度高於 650℃ 時，此反應又會呈現吸熱反應的狀態。此反應的反應速率方程式與反應物的 CH_4 和 S_2 的偏蒸氣壓有關（partial pressure）。經實驗後證實，在 600℃ 時，反應速率方程式可寫為，$R = 0.26\, P_{CH_4} P_{S_2}$，其中 P_{CH_4} 和 P_{S_2} 的單位為 atm，R 的單位為每小時每克觸媒所能形成的 CS_2 克莫耳數。

若在進料中，硫磺氣體的量超過其化學反應所需量的 10%，當 CH_4 的轉化率為 90% 時，若每小時需生產 3.0 噸的 CS_2 時，所需用的觸媒量為多少？

假設進料的總質量為 100 莫耳，由題目的反應式知 CH_4 和 S_2 的反應莫耳數比為 1：2，如果 S_2 的進量量超過 10%，則可知這 100 莫耳的進料中，CH_4 的含量為 31.25 莫耳，而 CH_4 的含量則為 68.75 莫耳。若假設此反應的轉化率為 X，則在反應前後進出料的組成為：

	進　料	出　料
CH_4	31.25	31.25(1 − X)
S_2	68.75	68.75 − 62.5(1 − X)
H_2S		62.5X
CS_2		31.25X
總計	100 莫耳	100 莫耳

由 Rault 定律知，出料中 CH_4 和 S_2 的偏壓力可表示為：

$P_{CH_4} = 0.3125 (1 − X)$

$P_{S_2} = 0.6875 − 0.625 (1 − X)$

故，上述的反應速率方程式可寫成，

$R_{600℃} = 0.26 \times 0.3125 (1 − X) [0.6875 − 0.625 (1 − X)]$

由於反應是在 650℃ 進行，而上述的反應式係在 600℃ 獲得，若此反應的活化能為 34,400 cal/gmole，則由 Arrhenius 定律知

$R_{650℃} = 0.76 \times 0.3125 (1 − X) [0.6875 − 0.625 (1 − X)]$

此管式反應器生成物的質量平衡方程式，則可由圖 1-5 中求出，

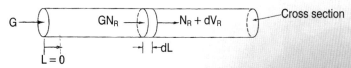

圖 1-5　管式反應器生成物的質量平衡示意圖

假設此管式反應器的橫截面積為 S，經過此圖中一微小反應器體積 SdL 的生成物單位面積質量流率為 G，若 N_R 為每單位質量流體所含的生成物莫

化工程序設計

耳數，觸媒的密度為 ρ_b，則在此 SdL 體積的觸媒反應器中的反應產生的生成物總莫耳數可表示為，

$$R\,\rho_b dL = GdN_R \quad (1\text{-}15)$$

其中 R 的定義和單位在題目中已提過。將公式（1-15）對反應器的長度積分可得，

$$L = \frac{G}{\rho_b}\int_{NR_o}^{N_{RL}}\frac{dN_R}{R} \quad (1\text{-}16)$$

若 N_{RL}（產量）為已知，則可得此反應所需用的觸媒量為：

$$\overline{W} = \rho_b LS \quad (1\text{-}17)$$

若 N_R 為單位質量流體所含生成物 CS_2 的莫耳數，$M_F = 76\text{g/mole}$ 為 CS_2 的分子量，則知

$$100\text{mole} \times M_F \times N_R = 31.25X$$

所以，

$$N_R = \frac{0.3125X}{M_F}, \ dN_R = \frac{0.3125}{M_F}dX \quad (1\text{-}18)$$

將公式（1-17）和（1-18）代入公式（1-16）可得，

$$W = GS\int_0^{N_R}\frac{dN_R}{R} = \frac{GS}{MF}\int_0^X\frac{0.3125}{R}dX \quad (1\text{-}19)$$

其中 GS/MF 為每小時的進料莫耳數，可由題目所要求的 CS_2 產量 3000 kg/hr 換算而得之。因為 X = 0.9，故

$$\frac{GS}{MF} = \frac{3000 \times 1000g}{76 \times 0.3125 \times 0.9} = 1.4 \times 10^5\text{mole/hr}$$

將此結果和 R_{650} 公式代入公式（1-19）後，可得

$$\overline{W} = 1.4 \times 10^5\int_0^{0.9}\frac{dX}{0.76(1-X)[0.6875-0.625(1-X)]}$$

$$= 1.4 \times 10^5 \times 8.81 = 1.234 \times 10^6\text{g} = 1234\text{kg}\ 觸媒需要量$$

以上所舉的例題為如何計算一等溫管式反應器所需的觸媒量，至於在化工廠中常見的絕熱式管式反應器（adiabatic）的計算方法則如下所示。（註：在實務上，反應器的絕熱裝置較等溫裝置容易做到）。

以圖 1-5 為例，若反應器的器壁為絕熱狀態，則所有的反應熱皆將成為流體的內焓（enthalpy），其能量平衡方程式可寫為：

$$\rho_b \, (-\Delta H)R\,dL = GC_\rho\,dL \qquad\qquad (1\text{-}20)$$

將公式（1-10）代入公式（1-15），可得

$$C_p \frac{dF}{dN_R} = -\Delta H \qquad\qquad (1\text{-}21)$$

積分後可得此管式反應器內部的溫度將與生成物莫耳數的多寡呈一線性關係的變化，如圖 1-6 中的直線所示。

$$T = T_o + \frac{-\Delta H}{\overline{C_p}} N_R \qquad\qquad (1\text{-}22)$$

其中 $\overline{C_p}$ 為此流體流經反應器時的平均比熱值。

又，從 R 的反應速率方程式知其為反應物濃度和反應溫度的函數，即在一定的進料濃度時，其生成物 N_R 的值將呈先增減後的變化關係，而有一最高點（maximum）產生。此是因為在放熱反應時，反應速率將隨著溫度的上升朝著反應式的右邊方向增加，直到反應物的濃度低於生成物的濃度時，若溫度再繼續升高，則反應反而會遭式子的左邊（可逆反應）增加，故 N_R 會有一極大點產生。當進料濃度不同時，如圖 1-6 所示，我們可畫出一組 N_R 對 T 的平衡反應曲線（isorate contours），其中的最高點可用圖中的虛線連在一起。這些最高點所對應的溫度值，亦是我們在操作一絕熱反應器時所需的最佳溫度值，因此時我們可得最大的 R 和 N_R 值，由公式（1-16）知，可得一最小 L 值，即此點所對應的觸媒和反應器體積將為最小。

當然在實務操作時，如圖 1-7 所示，我們可將進料先預熱到 A 點的位置，當進料進入第一個反應器後，其反應溫度和生成物濃度

N_R 值會隨著反應的進行而到達圖中 B 點的位置，此時出料進過熱
交換器冷卻，降低溫度至圖中的 C 點，再進入第二個反應器反應至
D 點，再冷卻至 E 點，如此重複進行後，則可達到圖中的 H 點，
其 N_R 值已相當高，亦即反應物進料在經過一組最小體積串聯的絕
熱式管式反應器後，可將生成物的產量增至最高點。而其所經的路
徑均在圖 1-6 中 Maximum 虛線的附近。上述觀念，常應用於觸媒
反應器的設計和最佳觸媒使用量的計算中。

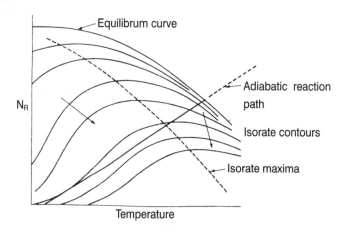

圖 1-6　絕熱式管式反應器的生成的濃度與溫度關係圖

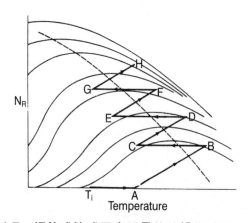

圖 1-7　絕熱式管式反應器最佳的操作路徑

二氧化碳氧化製造純硫酸時，常用二個串聯在一起的絕熱式管式觸媒反應器。進入第一個反應器進料氣體中含有 8% SO_2，13% O_2 和 79% N_2，進料溫度為 410℃，在第一個反應器中的轉化率為 70%。反應物進入第二個反應器的溫度為 450℃，在此反應器中的轉化率為 90%。問如果每天要生產 1000kg 的 100% H_2SO_4 時，此二個反應器所需要的觸媒量為何？

經實驗得知，此氧化反應所採用的 V_2O_5 觸媒反應速率方程式為：

$$R = P_{O2}P_{SO_2}^{1/2} \exp\left(-\frac{31,000}{RT} + 12.07\right) - \frac{P_{SO_3}P_{O2}^{1/2}}{P_{SO_2}^{1/2}} \exp\left(-\frac{53,600}{RT} + 22.75\right) \quad （1\text{-}23）$$

其反應溫度與轉化率間的關係為

$$T = 235.0X + T_o \quad （1\text{-}24）$$

公式 1-23 中 O_2，SO_2 和 SO_3 的偏壓力（partial pressure）則可由進出料中各成分的組成換算出。若假設進入第一個反應器的進料質量為 100 莫耳時，則其各成分組成的偏壓力為：

Component	Moles in	Moles at fractional conversion X	Partial pressure, atm
SO_2	8	$8(1-X)$	$\dfrac{81-X}{100-4X}$
O_2	13	$13-\dfrac{8X}{2}$	$\dfrac{13-4X}{100-4X}$
N_2	79	79	$\dfrac{79}{100-4X}$
SO_3	...	$8X$	$\dfrac{8X}{100-4X}$
Total	100	$100-4X$	1

化工程序設計

若此氧化反應的平衡常數 K_p 與溫度間的關係為：

$$\ln K_p = \frac{22,600}{RT} - 10.68 \quad （1\text{-}25）$$

而 K_p 的定義為：

$$K_p = \frac{P_{SO_3}}{P_{SO_2}P_{O_2}^{1/2}} = \frac{X(100 - 4X)^{1/2}}{(1 - X)(13 - 4X)^{1/2}}$$

$$= \exp\left(\frac{22,600}{RT} - 10.68\right) \quad （1\text{-}26）$$

將公式（1-24）與公式（1-26）中 X 對 T 作圖，其結果如圖 1-8 所示。由此圖可知道，當進料從 410℃ 的位置進入第一個反應器後，在絕熱狀態下進行氧化反應後，所能達到的最大轉化率為 X＝78%。故，我們必須在 B 點的位置出料冷卻至 450℃ C 點的位置，再進入第二個反應器反應至 D 點的位置。

由公式（1-16）和公式（1-17）知。

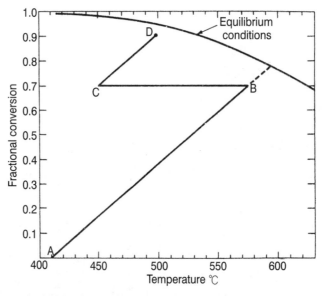

圖 1-8 在兩個串聯的絕熱式管式觸媒反應器中，SO_2 氧化反應中轉化率與溫度的關係圖

$$\overline{W} = F_A \int_{X_\circ}^{X_A} \frac{dx}{R} \quad （1\text{-}27）$$

其中 F_A 為每秒的進料莫耳數。

由題目知，第一個和第二個反應器的轉化率分別為 70% 和 90%，故

$$\frac{\overline{W}}{F_A} = \int_0^{0.7} \frac{dx}{R} + \int_{0.7}^{0.9} \frac{dx}{R} \quad （1\text{-}28）$$

其中 R 和 X 的關係可由公式（1-23）和進出料的質量平衡關係得到

$$R = \frac{(13-4X)(8-8X)^{1/2}}{(100-4X)^{3/2}} \exp\left(-\frac{31,000}{RT} + 12.07\right) -$$

$$\frac{8X(13-4X)^{1/2}}{(100-4X)(8-8X)^{1/2}} \exp\left(-\frac{53,600}{RT} + 22.75\right) \quad （1\text{-}29）$$

將公式（1-29）代入公式（1-28）積分後可得，

$$\frac{\overline{W}}{F_A} = (207.7 + 133.2) \times 10^3 \text{g} \frac{\text{catalyst}}{\frac{\text{mole}}{\text{sec}}}$$

由題目知 100% H_2SO_4 的產量為每天 1000 kg，故此二個反應器所需的觸媒總量為：

$$\overline{W} = \frac{(207.7 + 133.2) \times 103 \times 1000\text{kg}}{24 \times 3600 \times 98.1} = 40.22\text{kg}$$

參考資料

William Resnick, Process Analysis and Design for Chemical Engineering, Chapter 6, McGraw-Hill, 1980.

範例2

蒸餾塔設計

2.1

如何利用 Heat Pump 的原理，達到節約下圖中（圖 2-1）蒸餾塔分離丙烯和丙烷時，所須消耗的能源。

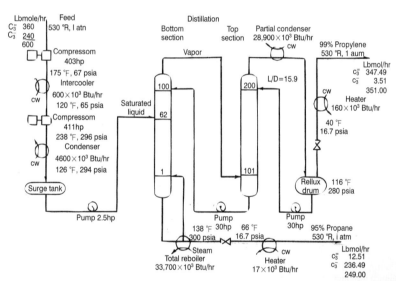

圖 2-1　以高壓蒸餾塔分離丙烯（propylene）和丙烷（propane）時的流程圖

此題係源自 Profs. Henley 和 Seader 所著的《Equilibrium-Stage Separation Operations in Chemical Engineering》（John Wiley & Sons, 1981）的例題

化工程序設計

17.3。如圖 2-1 所示，在傳統的高壓蒸餾塔中分離丙烯和丙烷時，塔中的壓力將高達 300psia，在此高壓下，丙烯和丙烷間的相對揮發度（relative volatility）將降低（註：在迴流比（reflux ratio）L/D = 15.9 時，塔頂的相對揮發度為 1.08，而在塔底時，此值為 1.14）。故，如圖 2-1 所示，此時蒸餾塔的總板數將高達 200 板。並且，為了彌補圖中第一個塔的壓力損失，必須在兩塔之間加裝一個 30 馬力的 pump。在進料部分，如圖 2-1 所示，為了達到 300psia 飽和液體的要件，此進料必須經過兩段式的加壓（isentropic compressor）和冷卻（intercooler）。此流程圖中，冷卻水的水溫為 70°F，加熱蒸氣為 220°F 的飽和水蒸氣。為要了解此流程圖能量消耗的情形（net work consumption），必須先將 pump 的 shaft work，heater 和 cooler 所傳送的熱量換算為相同的能量單位。例如，採用英制單位時進料部分第一個 compressor 的 shaft work 換算方法為：

$$-W_S = 403hp\left(2545\frac{Btu}{hp \cdot hr}\right) = 1,030,000\frac{Btu}{hr}$$

如此，圖 2-1 中其他部分的能量消耗情形可整理如表 2-1 所示。

表 2-1　圖 2-1 中各單元操作所消耗能量的換算結果

Item	Rate of Work Done by Surroundings, hp	Rate of Heat Transfer to Process, Btu/hr	Percent of Heat Transfer Available for Work	Equivalent Rate of Work Done on the Process, Btu/hr.
Compressor 1	403	—	—	1,030,000
Compressor 2	411	—	—	1,050,000
Distillation feed pump	2.5	—	—	6,400
Intercolumn pump	30	—	—	76,000
Reflux pump	30	—	—	76,000
Total reboiler	—	33,700,000	22.1	7,433,800
Parial condenser	—	− 28,900,000	0.0	0
Intercooler	—	− 600,000	0.0	0
Aftercooler-condenser	—	− 4,660,000	0.0	0
Propane heater	—	17,000	0.0	0
Propylene heater	—	160,000	0.0	0
Values	0	—	—	0
			NET WORK CONSUMPTION≅9,672,200Btu/hr	

上表中，reboiler 的 equivalent work 的計算方法係採用圖 2-2 所示 heat engine 的原理。當 steam 在此 reboiler 中加熱前後，只有相（phase）的改變而溫度不變時，其所輸入熱量即為此 reboiler 的 energy duty，利用熱力學第一定律，若此加熱過程是可逆的（reversible），則可得如下所示的等量輸出熱量功

$$W_{eq} = Q_{in}\left(\frac{T_S - T_O}{T_S}\right)$$

若圖 2-1 中第一根蒸餾塔底部 reboiler 加熱飽和蒸氣的溫度維持在 680°R，則

$$-W_{eq} = 33{,}700{,}000 \text{ Btu}\left(1 - \frac{530}{580}\right)$$
$$= 7{,}433{,}800 \text{ Btu/hr}$$

照此算法，圖 2-1 中其他加熱器和冷卻器的能量換算也可求出，結果如表 2-1 所示。可得整個流程圖的淨耗損功 W_{net}（net work consumption）為 9,672,20 Btu/hr。

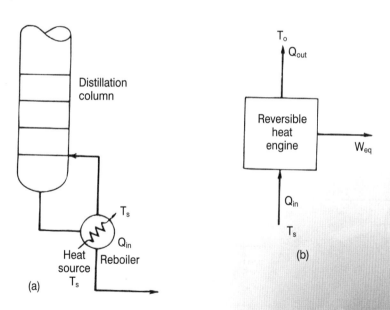

圖 2-2　(a)蒸餾塔底部 roboiler 的加熱情形
(b)相等於此 reboiler 的 reversible heat engine 的能量進出圖

化工程序設計

再者，如將圖 2-1 的質量平衡圖整理如圖 2-3 所示，利用熱力學第二定律得外界對此系統所做的最小功（minimum work）為：

$$-W_{min} = \sum_{out} n_k G_k - \sum_{in} n_j G_j$$

因為　　$\overline{G_i} = \overline{G_i^o} + RT_o[\ln f_i - \ln f_i^o]$

其中　　f_i^o 為 component 在溫度下 T_o 時的 fugacity

$$G = \sum_i Z_i \overline{G_i}$$

所以，

$$-W_{min} = RT_o \left[\sum_{out} n_k \left(\sum_i z_{i,k} \ln f_{i,k} \right) - \sum_{in} n_j \left(\sum_i z_{i,j} \ln f_{i,j} \right) \right]$$

對於 ideal mixtures，因為 $Z_i = y_i$ 和 $f_i = y_i p$，所以

$$-W_{min} = RT_o \left\{ \sum_{out} n_k \left[\sum_i y_{i,k} \ln (y_{i,k}) \right] - \sum_{in} n_j \left[\sum_i y_{i,j} \ln (y_{i,j}) \right] \right\}$$

故將圖 2-3 中進出料中各組成的莫耳分率代入上式可得：

$$-W_{min} = (1.987)(530)\{(351)[0.99 \ln(0.99) + 0.01 \ln (0.01)]$$
$$+ (249)[0.05 \ln(0.05) + 0.95 \ln(0.95)] - (600)[0.60 \ln(0.60)$$
$$+ 0.40 \ln(0.40)]\} = 352,500 \text{ Btu/hr or } 5875 \text{ Btu/bmole of}$$

feed done by the surroundings on the system.

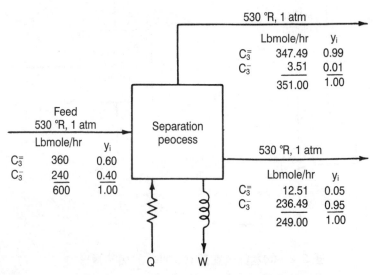

圖 2-3　進出料中丙烯和丙烷的質量平衡圖

上式中所算出的 352,500　Btu/hr 亦為圖 2-1 整個製程的 availability function ΔB，其與 Wnet 的關係。

$$-W_{net} = \Delta B + LW(Lost\ Work)$$

故，圖 2-1 整個流程圖熱力學上的有效係數（thermodynamic efficiency）為：

$$\eta = \frac{\Delta B}{(-W_{net})} \times 100\%$$

$$= \frac{352,500}{9,672,200} \times 100\% = 3.64\%$$

而整個製程因蒸餾塔操作上的不可逆性所造成的損失功（lost work）為：

$$LW = 9,672,200 - 352,500 = 9,319,700\ Btu/hr = 3,662\ hp$$

由表 2-1 中可看出，為了維持蒸餾塔的高壓狀態（300 psia），進料部分的兩個 compressor 和蒸餾塔底部的 reboiler 消耗了此製程大部分的有用熱量，故為了提升此製程的效率（即 η 值），可將上述分離丙烯和丙烷的蒸餾塔改為低壓的操作狀態（100 psia），如此也可降低進料部分所需壓縮機的馬力。此外，由於丙烯和丙烷在低壓時亦為一種很好用的冷媒，故我們亦可利用 heat pump 和冷凍機循環（refrigeration cycle）的原理，來達到降低此蒸餾塔 reboiler energy duty 的目標。

圖 2-4 所示的為如何將進料的壓力達到 100 psia 飽和狀態的過程，與圖 2-1 比較時，明顯地可看出兩個壓縮機所需的馬力小了許多。當以 100 psia 的壓力進行蒸餾時，如圖 2-5 所示，因為丙烯和丙烷間相對揮發的提高（1.20），因此此低壓蒸餾塔所需的板數將從 200 板降低至 115 板，回流比也從 15.9 降至 8.76。圖 2-5 中蒸餾塔的各項操作條件，可由 CHEMCAD 的電腦軟體模擬計算出，其過程如附錄 2-1 所示。

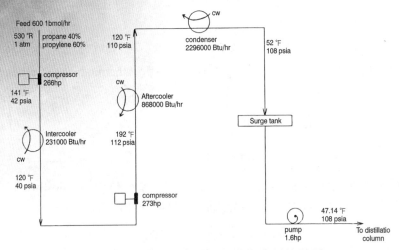

圖 2-4　100 psia 時，丙烯和丙烷的進料流程圖

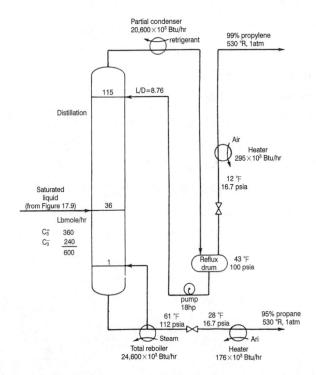

圖 2-5　低壓蒸餾塔（100 psia）的丙烯和丙烷所量平衡圖

如前所述，為了降低蒸餾塔 reboiler 的 energy duty，我們可以利用冷凍機循環的原理，將蒸餾塔頂部 condenser 所移出的熱量來加熱底部的 reboiler。由於丙烯和丙烷本身即是良好的冷媒，故可利用它們來做為此循環中的液體。根據此想法，Null（H. R. Null, Chem. Eng. progr, 72, 58-64, 1976）利用 Heat Pump 的原理將圖 2-5 中蒸餾塔頂部冷卻所放出的熱量回收再利用至底部的 reboiler，三種冷卻熱回收再利用的流程圖見於圖 2-6。在此圖中的 (a) 圖部分，蒸餾塔 condenser 和 reboiler 的熱量靠著圖中右半部的冷凍機循環原理，不斷的可回收再利用，其所用的冷媒為丙烷。(b) 圖部分的構想為將蒸餾塔頂部流出的一部分丙烯經壓縮機（compressor）加壓增溫後，來加熱塔底 reboiler 中的丙烷，當此丙烯液體釋放熱量後再流經一 expansion valve 釋壓降溫，最後再流入塔頂的 partial condenser 經氣液平衡後，氣相的丙烯再循環至壓縮機加熱加壓。而 (c) 圖的構想則正好相反，係利用蒸餾塔底部所產生的丙烷氣先經一 expansion valve 釋壓降溫後，來做為塔頂 condenser 的冷媒，此吸熱後的丙烷再經壓縮機加壓增溫後，循環至蒸餾塔的底部。此三圖右半部的壓縮機所扮演的角色即為 heat pump，有關此三個流程圖熱力學上有效係數（即 η 值）的計算則說明如下。計算過程中所需用到的丙烯和丙烷 T-S 圖則見於附錄 2-2 和附錄 2-3，所採用公共用水和電的價格則見於表 2-2。

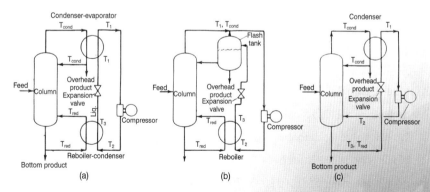

圖 2-6　利用冷凍機循環原理來回收分離丙烯和丙烷蒸餾塔熱量的三種流程圖

表 2-2　公共用水和電（utility cost）的價格

Utillity	Cost	Equlvalent Cost,$/10⁵ Btu
Steam（17.2 psia saturated, condensed at same pressure）	$.60/1000lb	1.66
Cooling Water（20°F rise）	$0.04/1000gal	0.24
Electricity	$0.04/kWh	11.72

(a) 圖 2-6 (a) 的計算

如圖 2-7 所示，若將丙烷經過蒸發器（evaporator）的壓力定為 100 psia，溫度定為 55°F，經過 condenser 後的壓力定為 215 psia，溫度定為 110°F 時，則此冷凍機循環（refrigeration cycle）的 C.O.P. 值計算方法如下：

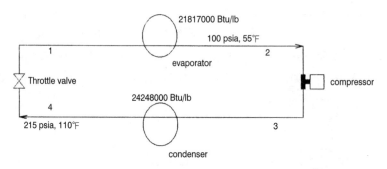

圖 2-7　當丙烷為冷媒時，冷凍機循環的流程圖

Assume stream 2　100 psia　55°F　$H_2 = -672$ Btu/1b

Assume stream 4　215 psia　110°F　$H_4 = -790$ Btu/1b

Throttle valve：adiabatic　$W = 0 \rightarrow \Delta H = 0$

∴$H_1 = H_4 = -790$ Btu/1b

Steam 1　100 psia, 55°F，$H_1 = -790$ Btu/1b

condenser-evaporator　heat duty　$Q_L = 21817000$ Btu/1b

$Q_L = m(H_2 - H_1) \rightarrow 21817000 = m(-672 - (-790))$

$$\therefore m = 184890 \ lb/hr$$

reboiler-condenser　heat duty　$Q_R = -24248000 \ Btu/lb$

$Q_R = m(H_4 - H_3) \rightarrow -24248000 = 18489000 \ (-790 - H_3)$

$$\therefore H_3 = -659 \rightarrow 215 \ psia，113°F$$

$\therefore stream \ 3:215 \ psia，113°F，H_8 = -659 \ Btu/lb$

Compressor work

$-W = m(H_3 - H_2) = 18489000 \ [-659 - \ (-672)]$

$$= 2403570 \ Btu/hr$$

$$= 945 \ hp$$

Throttle valve work　$W = 0$

可得，$COP = \dfrac{-Q_L}{+W_{net}} = \dfrac{-21817000}{-2403570} = 9$

此結果與圖 2-5 配合後，就可得到圖 2-8 的完整流程圖。

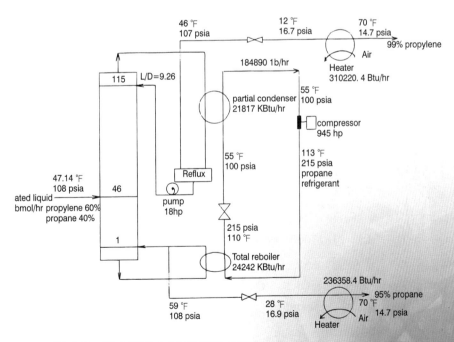

圖 2-8　配合圖 2-6 (a) 所得的分離丙烯和丙烷蒸餾塔的流程圖

(b) 圖 2-6 (b) 的計算：

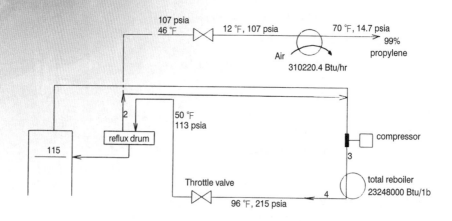

圖 2-9　當丙烯為冷媒時，冷凍機循環的流程圖

如圖 2-9 所示，若丙烯流出 reflux drum 的溫度定為 50°F，壓力為 113 psia，經過 total reboiler 後的溫度為 96°F，壓力為 113 psia，則此循環的 C.O.P.值可由下列計算中得到。

Assume stream 2，50°F，113 psia，$H_2 = 476.2$ Btu/1b

Assume stream 4，96°F，215 psia，$H_4 = 352$ Btu/1b

Throttle valve = adiabatic　$W = 0 \rightarrow \Delta H = 0$

$\quad \therefore H_1 = H_4 = 352$ Btu/1b

Steam 1　50°F，100 psia，$H_1 = 352$ Btu/hr

Compressor-evaporator　heat duty　$Q_L = 21817000$ Btu/hr

$Q_L = m(H_2 - H_1) \rightarrow 21817000 = m(476.2 - 352)$

$\quad \therefore m = 175660$ 1b/hr

Reboiler-condenser　heat duty　$Q_R = -23248000$ Btu/hr

$Q_R = m(H_4 - H_3) \rightarrow -23248000 = 175660 (352 - H_3)$

$\quad \therefore H_3 = 484$ Btu/hr→stream 3　215 psia，107°F

Compressor work

$-W = m(H_3 - H_2) = 175660(484 - 476.2) = 1370148$ Btu/hr

$= 538$ hp

Throttle valve work　$W = 0$

可得，$COP = \dfrac{-Q_L}{W_{net}} = \dfrac{-21817000}{-1370148} = 16$

此結果與圖 2-5 配合後，就可得到圖 2-10 的完整流程圖。

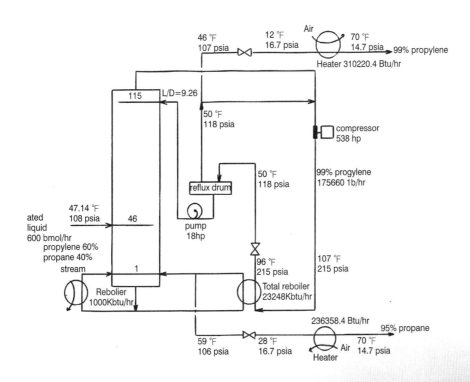

圖 2-10　配合圖 2.6 (b) 所得的分離丙烯和丙烷蒸餾塔的流程圖

(c) 圖 2-6 (c) 的計算

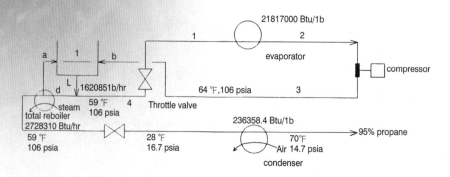

圖 2-11　當以蒸餾塔塔底的丙烷為冷媒時，冷凍機循環的流程圖

如圖 2-11 所示，當丙烷經過 evaporator 後的壓力定為 100 psia，溫度定為 55°F，經過此圖中 Throttle valve 後的溫度為 59°F，壓力為 106 psia 時此循環的 C.O.P 可由下列的計算過程得到。

Assume stream 2　100 psia，55°F，$H_2 = -672$ Btu/1b

Assume stream 4　106 psia，59°F，$H_4 = -823$ Btu/1b

Throttle valve：adiabatic，$W = 0 \rightarrow \Delta H = 0$ Btu/1b

　　$\therefore H_1 = H_4 = -823$ Btu/1b

Steam 1：100 psia，53°F，$H_1 = -823$ Btu/1b

Compressor-evaporator　heat duty　$Q_L = 21817000$ Btu/hr

$Q_L = m(H_2 - H_1) \rightarrow 21817000$ But/1b $= m[-672 - (-823)]$

　　$\therefore m = 144483$ 1b/hr

material balance

$F + a + b + Lo = V + L$，$V = a + b \rightarrow F + Lo = L$

$Lo = 600 + 351*9.26 = 3850$ 1bmol/hr $= 162085$ 1b/hr

$m_d = L - m = 162085 - 144483 = 17602$ 1b/hr

Assume stream 3，$a \rightarrow 64°F$，106 psi，$H_8 = H_a = -668$ Btu/1b

Total reboiler heat duty (ma＝md)

md(Ha－Hd)＝17602* [－668－(－823)]＝2172.8310 Btu/1b

Compressor work

$$-W = m(H_8-H_2) = 144483\ [-668-(672)]$$
$$= 577932\ Btu/hr = 227hp.$$

Throttle value work w＝0

$$C.O.P. = \frac{-Q_U}{W_{net}} = \frac{-21817000}{-577932} = 38$$

上述結果與圖 2-5 結合後，可得圖 2-12 的完整流程圖。

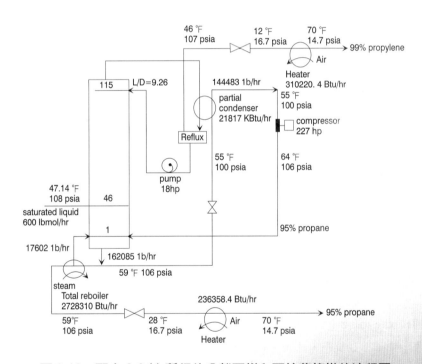

圖 2-12　配合 2-6 (c) 所得的分離丙烯和丙烷蒸餾塔的流程圖

為了計算圖 2-8，2-10 和 2-12 三個流程圖熱力學上的有效係數，則此三個圖中蒸餾塔頂部和底部出料中加熱器（Heater）所作的 equivalent work 必須先算出，其計算過程如下：

化工程序設計

Top product

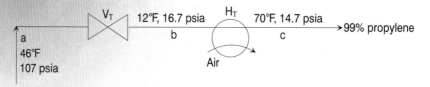

assume：pure proplyene　∴H_a＝475 Btu/1b　　H_B＝475 Btu/1b

　　　　　　　　　　H_C＝496 Btu/1b

∴Throttle valve（V_T）作功

　ΔH＝H_b－H_c＝475－475＝0 Btu/1b

　W＝0

Heater（H_T）作功

　ΔH＝H_c－H_b＝495－475＝21 Btu/1b

　W＝21 × 14772.4＝310220.4 Btu/hr

Bottom product

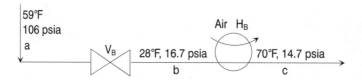

assume：pure propane，H_a＝－672 Btu/1b　　H_b＝－672 Btu/1b

　　　　　　　　　　H_c＝－656 Btu/1b

∴Throttle valve（V_a）作功

　H_a＝－672 Btu/1b，H_b＝－672 Btu/1b，H_c＝－656 Btu/1b

∴H＝H_b－H_a＝－672－（－672）＝0 Btu/1b

　W＝0

Heater（H_a）作功

ΔH＝H_c－H_b＝－656－（－672）＝16 Btu/1b

$W = 16 \times 14772.4 = 236358.4$ Btu/hr

而整個流程的 minimum work of separation 為：

Assume C_3H_8，C_3H_6 是 ideal gas mixture

$$-W_{net} = RT_o\{\Sigma n_k\ [\Sigma y_{ik} \ln\ (y_{ik})] - \Sigma n_j\ [\Sigma y_{ij} \ln\ (y_{ij})]\}$$

$$= 1.987 \times 530 \times \{(351)[0.99\ \ln(0.99) + 0.01\ \ln(0.01)]$$

$$+ (249)[0.05\ \ln(0.05) + 0.95\ \ln(0.95)]$$

$$- (600)[0.6\ \ln(0.6) + 0.4\ \ln(0.4)]\}$$

$$= 352497\ \text{Btu/hr} = \Delta B$$

三個流程圖的 η 值則分別為：

圖 2-8：

$-W_{net} = 266 + 273 + 1.6 + 18 + 945 = 1503.6$ hp $= 3825910.2$ Btu/hr

Thermodynamic efficiency

$$\eta = \frac{\Delta B}{-W_{net}} \times 100\% = \frac{352497}{3825910.2} \times 100\% = 9.2\%$$

圖 2-10：

The equivalent work for the reboiler is computed from

$(-W_{net}) = Q(1 - T_o/T_s)$，using Ts is equal to 680°R，the saturated steam temperature

$(-W_{net}) = 1000000 \times (1 - 530/680) = 220588$ Btu/hr $= 87$ hp

$-W_{net} = 266 + 273 + 1.6 + 18 + 538 + 87 = 1175.6$ hp $= 2991314.2$ Btu/hr

Thermodynamic efficiency

$$\eta = \frac{\Delta B}{W_{net}} * 100\% = \frac{352497}{2991314.2} * 100\% = 11.8\%$$

圖 2-12：

The equivalent work for the total reboiler is computed from

$$(-W_{net}) = Q\ (1 - T_o/T_s)$$

using T_s is equal to 680°R，the saturated steam temperature

$(-W_{net}) = 2728310\ (1 - 530/680) = 601833$ Btu/hr $= 237$ hp

$(-W_{net}) = 266 + 273 + 1.6 + 18 + 227 + 237 = 1022.6$ hp $= 2602005.7$

Btu/1b

Thermodynamic efficiency

$$\eta = \frac{\Delta B}{-W_{net}} * 100\% = \frac{352497}{2602005.7} * 100\% = 13.5\%$$

Utility cost 則分別為：

圖 2-8：

Steam cost = 0

cooling water cost = $[(231000 + 868000 + 2296000)/10^6]*24*0.24 = 19.56$
$/day

Electricity cost = $(266 + 273 + 1.6 + 18 + 945)*2544.5*11.74*24$
= 1076.15 $/day

Total cost = 19.56 + 1076.15 = 1095.71 $/day

圖 2-10：

Stream cost = $(1000000/10^6)*1.66*24 = 39.84$ $/day

cooling water cost = $[(231000 + 868000 + 2296000)/10^6] \times 24 \times 0.24$
= 19.56 $/day

Electrictity cost = $[(266 + 273 + 1.6 + 18 + 538) \times 2544.5/10^6] \times$
$11.74 \times 24 = 748.86$ $/day

Total cost = 39.84 + 19.56 + 748.86 = 808.16 $/day

圖 2-12：

Stream cost = $(2728310/10^6) \times 1.66 \times 24 = 108.70$ $/day

cooling water cost = $[(231000 + 868000 + 2296000)/10] \times 24 \times 0.24$
= 19.56 $/day

Electrictity cost = $[(266 + 273 + 1.6 + 18 + 227) \times 2544.5/10^6] \times$
$11.72 \times 24 = 560.07$ $/day

Total cost：108.70 + 19.56 + 562.27 = 690.53 $/day

上述三種流程的計算過程，整理如圖 2-13 所示

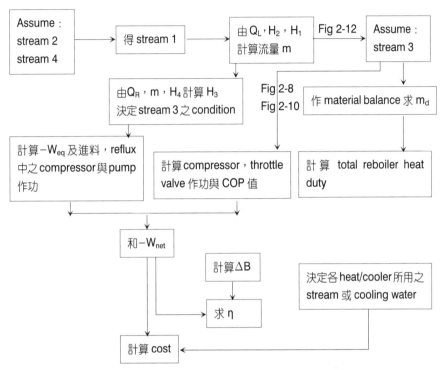

圖 2-13　圖 2-6 (a)，(b) 和 (c) 三種冷凍機循環的計算流程圖

上述三種流程的計算結果，則總結如表 2-3 所示，當與圖 2-1 的 η 值
（＝3.64%）比較時，很明顯地可看出圖 2-6 中的三種冷凍機循環裝置，均
可提高此蒸餾塔的 η 值，其中又以圖 2-6 (c) 的製程為最佳。

	Fig 2-8	Fig 2-10	Fig 2-12
thermodynamic efficiency%	9.2	11.8	13.5
Net work comsumption hp	1530.6	1175.6	1022.6
total cost $/day（美金）	1095.71	808.16	690.53
compressor work hp	945	538	227
COP	9	16	38

參考文獻

1. E. J. Henley and J. D. Seader (eds.) Equilibrium-stage separation operations in chemical Engineering, John Wiley & Sons, New York, 1981.

2. H. R. Null, Chem, Eng, Progr, 72, 58-64, 1976.

附錄 2-1 分離丙烯和丙烷蒸餾塔的電腦 模擬

一、圖 2-5 蒸餾塔的質能平衡分析

material balance

total：$F = D + B$

A   ：$FX_{A,F} = DX_{A,D} + BX_{A,B}$

energy balance

$FH_F + Q_R = DH_D + BH_B + Q_C$

$600 = D + B$

$600 \times 0.6 = D \times 0.99 + B \times 0.05$

$\rightarrow D = 350.904$，$B = 249.096$

Fraction Light key

$$\frac{350.904 \times 0.99}{600 \times 0.6} = 0.965$$

Fraction Heavy key

$$\frac{350.904 \times 0.01}{600 \times 0.4} = 0.0146$$

Light key ≡ propylene

Heavy key ≡ propane

Chemcad 模擬採 mode＝4 得

總板數＝115 板

進料板＝46 板

R＝9.26

condenser heat duty＝21817 KBut/hr

reboiler heat duty＝24248 KBut/hr

Let：A＝propylene，D＝propane

Then X_{AF}＝0.6，X_{AD}＝0.99，X_{AB}＝0.03

X_{PF}＝0.4，X_{PD}＝0.01，X_{PB}＝0.95

上述方程式中，諸符號的定義和單位定義如下：

F：feed flowrate hr/1bmol

D：Overhead product flowrate hr/1bmol

B：bottom product flowrate hr/1bmol

X_D：mole fraction of Overhead product

X_B：mole fraction of bottom product

X_F：mole fraction of feed

H_F：feed enthalpy Btu/1bmol

H_D：Overhead product enthalpy Btu/1bmol

H_B：bottom product enthalpy Btu/1bmol

Q_R：reboiler heat duty Btu

Q_C：condenser heat duty Btu

二、CHEMCAD 3.0 版（CC-3）的模擬結果

pp4.OUT　　28-Apr-92　　　1:54 am　　　Page 1

CHEMCAD: Chemical Engineering Simulation System (C) Copyright,
COADE / McGraw-Hill, 1986

All Rights Reserved.

TOPOLOGY

Equipment	Stream Numbers		
1　DISC	1	−2	−3

Stream Connections

Stream	Equipment	
	From	To
1	0	1
2	1	0
3	1	0

COMPONENTS......　2

ID numbers......　　4, 23

THERMODYNAMICS

Kvalue option: Soave-Redlich-Kwong

Enthalpy option:Soave-Redlich-Kwong

Density option:API method

MISCELLANEOUS

Convergence tolerances,	Error
Flowrates:	0.00100000

Vapor fraction:	0.00100000
Temperature:	0.00100000
Pressure:	0.00100000
Enthalpy:	0.00100000
Flash calcs:	0.00005000

Max. loops in recycle calo.:　30

　　　　　in flash calcs:　　75

CHEMCAD: Chemical Engineering Simulation System

(C) Copyright, COADE / McGraw-Hill, 1986

All Rights Reserved.

SHORT DISTILLATIONS

Equipment no.	1
External name	
Option	4.0
Light key (position)	2.0
Fraction Light key	0.96500
Heavy key (position)	1.0
Fraction Heavy key	.14600E-01
Condenser type	1.0
Reflux ratio, R	9.2577
R/Rmin	1.0700
Number of stages	117.0
Minimum ♯ of stages	42.9
Feed stage	70.0
Cond duty KBTU/hr	−21817.
Rebr duty KBTU/hr	24248.

....

CHEMCAD REPORT

Stream no. 1

		All Liquid
Temperature deg F......		47.1400
Pressure Psia......		108.000
Enthalpy KBTU/hr......		2024.19
Entropy KBTU/hr*R......		−3.93385
Ave. mol. wt......		42.8844
Total flow 1b/hr......		25730.6
1bmol/hr......		600.000
Density 1b/ft3......		32.9036
Viscosity centipoise.......		963785E-01
Thermal cond. BTU/ft*h*R......		.587924E-01
Specific heat BTU/1b*R......		.629988
Surface tension dyne/cm......		8.99158
S. G. (60/60)......		.516313
GPM (60 deg F & 1 atm)......		99.6827
Vol. flowrate gai/hr......		5849.75

	Liquid mole fraction	Liquid flowrate 1bmol/hr
Propane	.400000	240.000
Propylene	.600000	360.000

Stream no. 2

	All Vapor
Temperature deg F......	46.4060
Pressure psia......	108.000
Enthalpy KBTU/hr......	3504.50

Entropy KBTU/hr*R......	2.19827
Ave. mol. wt......	42.0981
Total flow 1b/hr......	14772.4
1bmol/hr......	350.904
Density 1b/ft3......	.966138
Viscosity centipoise......	.788390E-02
Thermal cond. BTU/ft*h*R......	.125557E-02
Specific heat BTU/1b*R......	.385008
Z factor......	.866509
SCFH (60 deg F & 1 atm)......	133161.
Vol. flowrate ft3/hr......	15290.2

	Vapor mole fraction	Vapor flowrate 1bmol/hr
Propane	.998564E-02	3.50400
Propylene	.990014	347.400

Stream no. 3

	All Liquid
Temperature deg F......	58.7965
Pressure psia......	108.000
Enthalpy KBTU/hr......	950.940
Entropy KBTU/hr*R......	−1.32972
Ave. mol. wt......	43.9920
Total flow 1b/hr......	10958.2
1bmol/hr......	249.096
Density 1b/ft3......	31.7551
Viscosity centipoise......	.123611
Thermal cond. BTU/ft*h*R......	.572920E-01

Specific heat BTU/1b*R......		.659093
Surface tesion dyne/cm......		8.21026
S. G. (60/60)......		.508660
GPM (60 deg F & 1 atm)......		43.0919
Vol. flowrate gal/hr......		2581.41

	Liquid mole fraction	Liquid flowrate 1bmol/hr
Propane	.949417	236.496
Propylene	.505829E-01	12.6000

附錄 2-2 丙烯的 T-S 圖

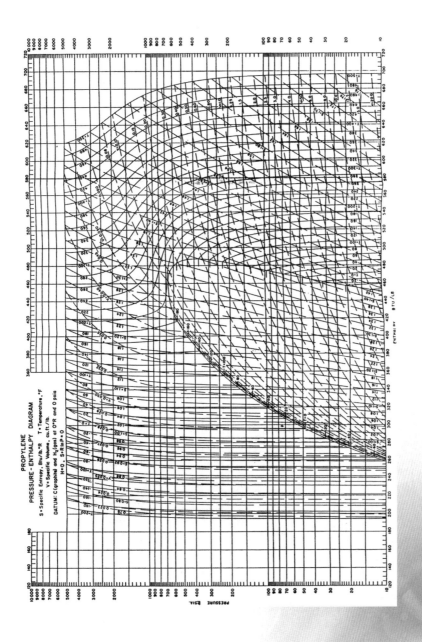

附錄 2-3 丙烷的 T-S 圖

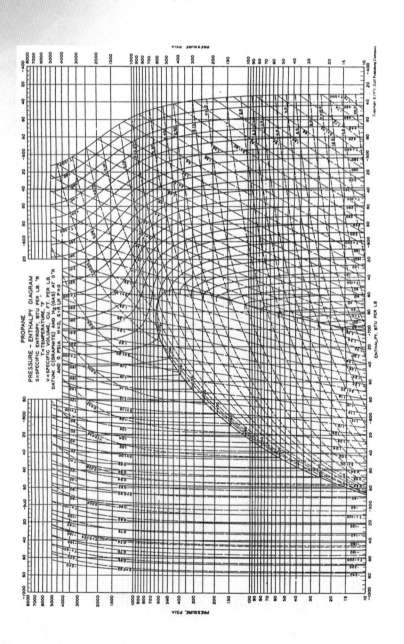

範例 3

觸媒反應器設計

3.1

由丙烯和丙烷聚合生成四聚丙烯（tetrapropylene）時，批次式觸媒反應器的設計。題目已知條件為：

(1)進料的總體積流量為每天 15,000 barrels（1 barrel＝42 gallons）其中40%（體積比）為丙烯，60%（體積比）為丙烷。

(2)使用 5 個等體積的批次或觸媒反應器，其中每個反應器可裝 20,000 lb 的觸媒。

(3)此 5 個觸媒反應器皆以相同的條件和方法操作。

(4)反應時，進料以等流量的方式進入 5 個反應器中的 4 個反應器中反應生產四聚丙烯，而第 5 個反應器則進行觸媒的換裝，換裝所須的最短天數為 5 天，最長不超過 8 天。

(5)反應器的操作溫度為 430°F。產率為每 barrel 的丙烯可反應生成 0.715 barrels 的四聚丙烯高分子。

(6)觸媒的壽命因子計算方程式為：

Catalyst age factor＝A＝

$$\frac{\text{gallons of polymer produced since catalyst charging}}{\text{pounds of catalyst charged}}$$

$$A = \frac{[\int_0^D F(t)dt][\text{conversion factors to give gallons of polymer}]_{arith.ave}}{\text{pounds of catalyst}}$$

t＝time, days

D＝time in days at which $\Delta P/F^2$ is to be calculated

F＝F(t)＝reactor total feed rate as thousands of barrels/day

ΔP = pressure drop across reactors, psi

此觸媒壽命因子 A 與反應器中填充狀壓降的關係為：

At the operating pressure and temperature of 430°F, the following data apply for the special catalyst used:

A plot of log $\Delta P/F^2$ versus catalyst age, A, is linear with $\Delta P/F^2$ = 0.2 at A = 0 and $\Delta P/F^2$ = 100 at A = 84.90.

(Resultant equation is log $\Delta P/F^2$ = 0.03179A − 0.699)

The conversion of propylene to polymer at the time of fresh catalyst charge (catalyst age zero) is 97.66 percent.

而此觸媒壽命因子 A 與觸媒轉化率的關係為：

A	% conversion of propylene at castalyst age A / % conversion of propylene at catalyst age zero
0	1.00
10	0.995
20	0.99
30	0.98
40	0.97
50	0.96
60	0.935
70	0.91
80	0.87
90	0.82
100	0.76

要求的設計項目為：

(1)當反應器中觸媒的轉化率降至 93.75%需要換新時，計算每個觸媒反應器的操作天數。

(2)此時觸媒反應器的壓力降為何？

(3)此 5 個觸媒反應器的操作週期為何？當一年的工作天數為 310 天時，此 5 個觸媒反應中觸媒更換的頻率又為何？

題解

此題出自 Peters 和 Timmerhaus《Plant Design and Economics for Chemical Engineers》一書中附錄 C 設計題目的第 11 題，亦為 1974 年 AIChE student contest 的題目。設計的方法和過程如下：

3.1 程序設計解說

　　本設計之主題乃丙烯四聚物的聚合反應，由於設計之重點在於觸媒反應器的計算及設計，故將解說分成兩大部分，第一部分為實際上工廠在聚合丙烯四聚物的程序解說，第二部分為觸媒反應器設計的程序說明。

3.1.1 實際工廠操作程序說明

1. 操作環境

(a) 操作溫度及壓力

　　本製造程序屬於石油精煉（petroleum refining）中的接觸聚合法，乃利用烯類經酸催化後，進行低分子聚合的反應。由於此類反應為放熱反應，在高溫下乃非自發性反應，故需在低溫下，加上適當的觸媒，始能進行。一般而言，大約以 330℃ 左右為界，在 330℃ 以上時，其 Gibbs 自由能大於 0，為非自發性反應；在 330℃ 以下時，其 Gibbs 自由能小於 0，為自發性反應。是故在較高的溫度下時（指 330℃ 以上的溫度），產生較大之烯類聚體的機率較小。就本程序的丙烯聚體而言，溫度在 300℃ 上下時，產物以二聚丙烯及三聚丙烯為主，四聚丙烯的產量極少，欲提高四聚丙烯的產量，必須降低其反應溫度，製造四聚丙烯的工廠通常將反應溫度控制在 175～225℃，並將壓力控制在 30～90atm 之間進行聚合反應，以獲取最大的利益。

(b)觸媒選擇

由於進行低分子烯類的聚合時反應屬非均勻相反應，所使用的觸媒一般皆使用固體酸。在非均勻相的反應中，使用固體酸觸媒時，具有自動分離觸媒與反應物質的優點。

常用做酸觸媒的有鹽酸、硝酸、硫酸及磷酸。使用鹽酸當觸媒時，有極大的缺點，便是產生氯氣。使用硝酸當觸媒，因氧化行為太強，以致於其聚合活性過大，並不適於烯類的低分子聚合。故進行此類反應時常採用硫酸或磷酸做觸媒，而工業上用生產四聚物丙烯的觸媒，皆是固體磷酸觸媒。

(c)觸媒床的選擇

本製程使用的觸媒反應為固定反應器。

2.反應機構

本製程中的反應乃是丙烯 C_3H_6 加上丙烷 C_3H_8 以磷酸 H_3PO_4 為觸媒，聚合出的主產物為四聚丙烯$(C_3H_6)_4$，其反應機構為：

$$
O = P\!\!\begin{matrix} \diagup OH \\ \diagdown OH \end{matrix} + CH_2 = CHCH_3 \longleftrightarrow O = P\!\!\begin{matrix} \diagup O\text{-}CHCH_3 \ \overset{CH_3}{} \\ \diagdown OH \end{matrix}
$$

再由此中間體與其他的丙烯分子進行聚合，現已經由實驗證明丙烯與磷酸一起加熱，確實會生成如 $PO(OH)_2O\text{-}CH(CH_3)_2$ 之類的中間體。

根據資料顯示，其大概的反應機構如下所述，首先由觸媒放出來的質子付加於丙烯而生成多碳陽離子。

$$C = C - C + H^+ \rightarrow C - \overset{+}{C} - C$$

$$C - \overset{+}{C} - C + C = C - C \rightarrow C - \underset{\underset{C}{|}}{C} - C - \overset{+}{\underset{\underset{C}{|}}{C}}$$

$$C - C - \overset{+}{C} - \overset{+}{C} + C = C - C \rightarrow C - \underset{\underset{C}{|}}{C} - C - \underset{\underset{C}{|}}{C} - \overset{+}{\underset{\underset{C}{|}}{C}}$$

$$C - \underset{\underset{C}{|}}{C} - C - \underset{\underset{C}{|}}{C} - C - \overset{+}{\underset{\underset{C}{|}}{C}} + C = C - C \rightarrow C - \underset{\underset{C}{|}}{C} - C - \underset{\underset{C}{|}}{C} - C - \underset{\underset{C}{|}}{C} - C - \overset{+}{\underset{\underset{C}{|}}{C}}$$

$$C - \underset{\underset{C}{|}}{C} - C - \underset{\underset{C}{|}}{C} - C - \underset{\underset{C}{|}}{C} - C - \overset{+}{C} \rightarrow C - \underset{\underset{C}{|}}{C} - C - \underset{\underset{C}{|}}{C} - C - \underset{\underset{C}{|}}{C} - C - C = C + H^+$$

　　形成的多碳陽離子將與其他的丙烯分子形成丙烯低分子聚合物，如二聚丙烯，三聚丙烯，四聚丙烯，五聚丙烯等等。

　　因多碳陽離子機構反應很容易引起氫原子或烷基移動之異構化反應，因而不能期待生成單一結構的聚合物，以二聚丙烯為例，表示如下。

$$
\begin{array}{l}
C - \underset{\underset{C}{|}}{C} - \overset{+}{C} - C - C \rightarrow \left[C - C \overset{\overset{C}{\diagdown\diagup}}{} C - C - C \right]^+ \rightarrow C - \overset{+}{C} - \underset{\underset{C}{|}}{C} - C - C \\[2em]
C - \underset{\underset{C}{|}}{C} - \overset{+}{C} - C - C \rightarrow \left[C - \underset{C}{C} - C \overset{\overset{C}{\diagup}}{} C \right]^+ \rightarrow C - \underset{\underset{C}{|}}{C} - \underset{\underset{C}{|}}{C} - \overset{+}{C}
\end{array}
$$

3.流程說明

　　實際上工廠進行四聚丙烯聚合反應的流程圖如下頁（圖 3-1）流程圖所示。入料中含有高比例的丙烷及低比例的丙烯，在反應中加入丙烷的用途有二。第一個用途為基於安全性的考量，因為本反應為放熱反應，若丙烯的濃度過高，會造成反應速率過快，將使熱大量釋出，溫度急劇上升，有安全上的顧慮，故需加入大量的丙烷使丙烯的濃度降低，減慢反應速率。第二個用途為，液態丙烷是個良好的冷凝劑，在反應中可維持反應器在恆溫狀態。

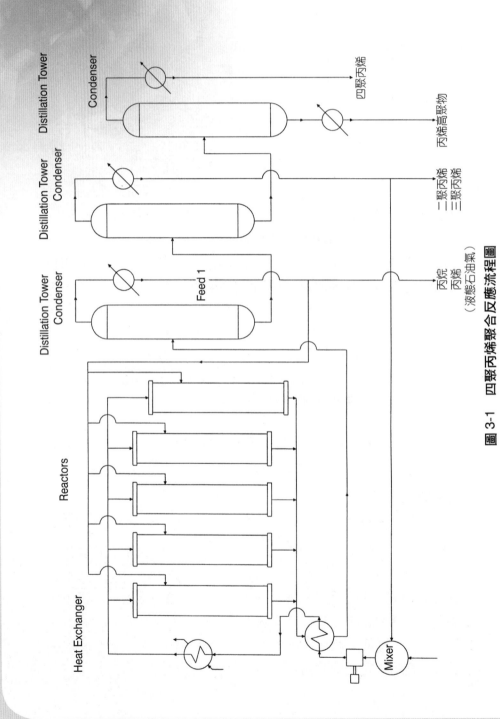

圖 3-1　四聚丙烯聚合反應流程圖
（液態石油氣）

　　首先將丙烯與丙烷再加上回流的低丙烯聚合體混合進料，先由壓縮機將其壓力提高至所需之壓力後，進料會進入第一個熱交換器，並在此與高溫產物進行第一次熱交換，以提高進料的溫度。第一次熱交換之後，進料將進入第二個熱交換器，由高壓蒸氣加熱至 175～225℃，由於此一溫度遠高過丙烯及丙烷的臨界溫度，故丙烯及丙烷此時必為氣相。

　　包含有氣態丙烯，丙烷及低丙烯聚合物之進料由裝填滿固體磷酸觸媒的固定床反應器頂端送入，進行酸催化聚合反應。反應後的出料由反應器底端排出，此時出料應包含有丙烷，微量的未反應丙烯，二聚丙烯及三聚丙烯兩種低丙烯產物，主產物為四聚丙烯以及微量之五聚丙烯，六聚丙烯等等的高丙烯聚合物。

　　出料經由第一個熱交器，與入料進行熱交換冷凝之後，送入第一個蒸餾塔，由於丙烯與丙烷的臨界溫度頗低且極為相近（丙烷臨界溫度 96.75℃，丙烯臨界溫度 91.95℃），故蒸餾塔將很輕易的把未反應的丙烷與微量的丙烯同時由塔頂蒸出。

　　這條包含丙烷及微量丙烯的 stream 經由水冷凝至室溫後，由 Clausius Clapeyron equation 及 Trouton's rule

$$P = P^* e^{-\frac{bT_b}{R}\left(\frac{1}{T} - \frac{1}{T^*}\right)} \tag{3-1}$$

$$b \cong 85 JK^{-1}mole^{-1} \tag{3-2}$$

　　我們可得，在室溫 25℃ 之下，大約在 10atm 的壓力時，丙烷及丙烯即可液化，由於液態丙烷及丙烯的 C_P 值頗大，是很好的冷媒，故將其回流可收一舉兩得之利，一方面丙烯本來就是反應物，將其回流可減少進料成本；另一方面反應屬放熱反應，可藉由液態丙烷及丙烯的回流量來控制反應,以保持恆溫反應的溫度,如此就毋需在反應器外另行加裝熱交換裝置,可省下一筆錢。沒有回流的液態丙烷及微量丙烯的混合物,可當燃料出售,此即俗稱的液態石油氣(LPG)。

將第一個蒸餾塔塔底流出的 polymers 混合液體送入第二個蒸餾塔,可再由塔頂蒸出沸點較低的二聚丙烯及三聚丙烯,此一包含二聚丙及三聚丙烯的 stream,經由冷凝後,一部分回流至 mixer 處,與初始進的料丙烷及丙烯混合,送入反應器,又一次進行酸催化聚合反應,可再生成四聚丙烯,如此可提高最終四聚丙烯的產量。沒有回流的部分,三聚丙烯可回收當做潤滑油添加劑及塑化劑,二聚丙烯亦可當做塑化劑利用。

最後將第二個蒸餾塔塔底流出的 polymers 混合液體送入第三個蒸餾塔,由塔頂所蒸出沸點較低的聚合物,經冷凝後,即為本程序最終的主產物四聚丙烯。由塔底流出的是少量的高丙烯聚合物混合液體,包含有五聚丙烯,六聚丙烯等等等,

3.1.2 觸媒反應器的程序說明

1. 流程說明

觸媒反應器是本設計的主題,如下頁流程圖(圖 3-2)所示。反應器共有五個,採用並聯方式進行,其中第五個反應器經由的控制,關閉其相關管線進行觸媒的換裝,故實際上只有四個反應器進行反應。反應一開始先由四個反應器進行觸媒催化聚合反應,當其中的一個反應器內的觸媒活性已減至標準值以下時,便關閉相關的進出料管線,進行觸媒的再生,此時立即開啟第五個反應器的相關進出料管線,使其加入反應的行列。以此方法,不斷地循環,便可確保工廠運作的正常及穩定,而不會因為反應器觸媒的再生,造成工廠面臨產量減少甚至停工的危機。

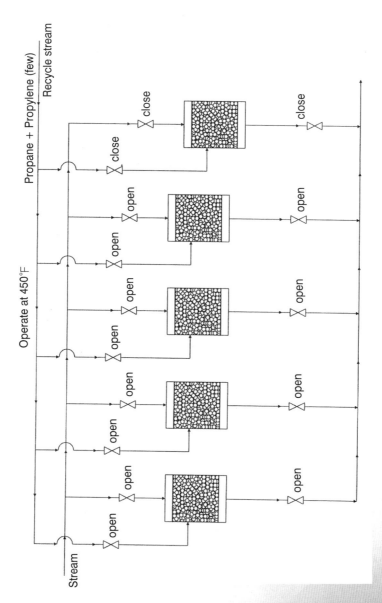

圖 3-2　四聚的烯聚合反應中五個批次式反應器流程圖

　　題目所定的總進料量為每天 15,000 桶，其中丙烯的體積分率 40%，丙烷的體積分率 60%。

在五個反應器中，都填滿了 20,000 lb 的固體磷酸觸媒，各個反應器的入料量均相同，且五個反應器都有相同的停工開工之時間表，反應器觸媒的再生所需時間為 5～8 天。

反應器的溫度保持在最利於生成四聚丙烯的 450°F（即 220℃）下進行聚合反應，且每桶的丙烯可轉化成 0.715 桶的聚合物。

根據以上的條件，再配合質能平衡計算，將可獲得二項重要的操作數據：

(a)丙烯的轉化率由新鮮觸媒時（轉化率 97.66%）掉到 93.75% 時，所需的天數。

(b)當丙烯的轉化率掉到 93.75% 時，觸媒床的壓降。

2.實際上工廠操時的一些數據

數據 Universal Oil Products Company（UOP）實際固體磷酸催化聚合烯類的工廠反應器設計資料，UOP 係以普通的火爐預熱進料達到 204℃（400°F），並混合少量的水後，通過四具直徑 1.0668 公尺，高 7.62 公尺的並聯固定床固體磷酸觸媒反應器。因反應為放熱反應，造成每具反應器溫度會上升 70℃（158°F）。

在此連續操作及 2-5cu.ft./hr lb catatyst 的氣體進料流速之下，烴類轉化成所有聚合物的轉化率至少為 90%。

3.固體磷酸觸媒的再生

在聚合反應中造成磷酸觸媒活性降低的原因有三，第一個原因是磷酸的脫水現象，第二個原因是生成高沸點的揮發性聚合物，第三個原因是產生非揮發性類瀝青的物質。

在所有的磷酸催化聚合反應中，磷酸都會脫去一個水分子形成 meta-acid（HPO_3），此種現象將造成磷酸量的減少及衰退。欲防止磷酸脫水現象的發生，只須事前在進料混合物中加入少許的水，使其進入觸媒反應器之後，能夠提供彌補磷酸因催化所失去的水分。

另外，反應器在有高沸點的揮發性聚合物存在時，都會對磷酸觸媒的功能活性構成障礙，若是此種聚合物停留在觸媒表面時，將造成觸媒的崩解變軟。還有，在觸媒上會附著極大量的非揮發性類瀝青的物質，造成觸媒體積變大並導致觸媒膠凝結塊。事實上，這種類瀝青的物質對觸媒造成的毒害並不會比高沸點的揮發性聚合物來得嚴重，因為少量的類瀝青物質存在觸媒上，將可使觸媒的活性變大，並可使觸媒的機械強度變高，所以只需在較長的時間週期後，從觸媒表面上移除部分的類瀝青物質即可。

通常觸媒再生的第一步驟，是先移除易造成觸媒崩解的高沸點揮發性聚合物，藉由在 300℃ 下，通過 N_2 或是煙道氣，共需 4～12 小時，即可快速的完成此移除工作。

若欲移除類瀝青物質，唯一的方法只有在 350℃，通入含有少量氧氣的煙道氣，靠著類瀝青物質的氧化或者是部分燃燒達到移除的目的。

在進行再生程序時，必須特別注意防止觸媒內 local hot spots 的發生，否則磷酸將會蒸發而逸去。根據一些經驗顯示，當產量接近 20 gallons of polymers product/pound of catalyst 時，就需通入一定量空氣進行再生。

3.2 計算流程圖

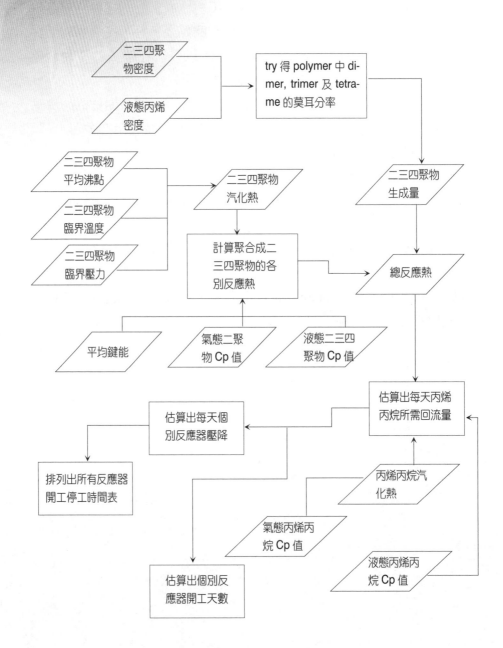

3.3　各種物料基本性質數據之蒐集及計算

為了得到在 220℃（450°F）下，丙烯聚合成二聚物，三聚物及四聚物的反應熱，我們必須得到二聚物，三聚物及四聚物的生成熱及 Cp 值。

我們現在以汽化熱及平均鍵能計算 25℃時二，三，四聚物的生成熱。要得到汽化熱，便需要先對二，三，四聚物的臨界溫度及臨界壓力進行估算。

3.3.1　臨界溫度之計算（T_C）

1. 使用公式

由經驗式

$$T_C = a_0 + a_1 T_b + a_2 T_b^2 + a_3 A T_b + a_4 T_b^3 + a_5 T_b^2 + a_6 A^2 T_b^2$$

其中

$a_0 = 768.07121$ ，　　　　$a_5 = 0.53094920 \times 10^{-5}$ ，

$a_1 = 1.7133693$ ，　　　　$a_6 = 0.32711600 \times 10^{-7}$ ，

$a_2 = -0.10834003 \times 10^{-2}$ ，　　$a_4 = 0.38890584 \times 10^{-6}$ ，

T_C：臨界溫度，°R

T_b：平均沸點，°F

A：比重指標，°API

2. 已知數據

二聚丙烯（propylene dimer）

平均沸點 $\overline{T_b} = 54.25℃ = 129.65°F$

$$°API = 80.8$$

三聚丙烯（propylene trimer）

平均沸點 $\overline{T_b} = 137.5℃ = 279.5°F$

$$°API = 60.2$$

四聚丙烯（propylene teramer）

平均沸點 $\overline{T_b} = 200.5℃ = 392.9°F$

$$°API = 51$$

3.計算臨界溫度 T_C

依據上述經驗式計算可得

二聚丙烯的臨界溫度 $= 217.58℃$

三聚丙烯的臨界溫度 $= 299.77℃$

四聚丙烯的臨界溫度 $= 356.92℃$

3.3.2 臨界壓力之計算（P_C）

1.使用公式

利用 Riedel eqution 計算

$$P_C = \frac{M}{(H + 0.33)^2}$$

其中

P_C：臨界壓力，atm

M：分子量

H：特徵常數（依分子結構式決定）

2.已知數據

二聚丙烯（propylene dimer）

$M = 81.16224$

$H = 1.32$

三聚丙烯（propylene trimer）

$M = 126.24336$

$H = 2.01$

四聚丙烯（propylene tetramer）

$M = 168.32448$

$H = 2.7$

3. 計算臨界壓力

以 dimer 為例，進行估算

$$P_C = \frac{M}{(H + 0.33)^2}$$
$$= \frac{84.16224}{(1.32 + 0.33)^2}$$
$$= 30.9136 \text{（atm）}$$

同理可得
三聚丙烯臨界壓力 = 23.0556atm
四聚丙烯臨界壓力 = 18.3342atm

3.3.3 二聚，三聚，四聚丙烯 C_p 之計算

因為在 220℃下，二聚丙烯為氣態，三聚及四聚丙烯為液態（將反應器平均壓力假設為 30atm 時），故我們需得到三聚及四聚丙烯的液態 C_p 公式，和二聚丙烯在氣液態時的 C_p 公式

1. 使用公式

由經驗式

液態碳氫化合物 C_p 值為

$$C_p = [(0.355 + 0.128 \times 10^{-2}API) + (0.503 + 0.177 \times 10^{-2}$$
$$API) \times 10^{-3}T](0.05K + 0.41)$$

氣態碳氫化合物 C_p 值為

$$C_p = (0.0450K - 0.233) + (0.440 + 0.0177) \times 10^{-3}T - 0.1520$$
$$\times 10^{-6}T^2$$

其中

C_p：熱容，Btu/lbm°F

T：溫度，°F

API：比重指標，°API

K：UOP characterization factor

2. 已知數據

二聚丙烯（propylene dimer）

°API＝80.8

K＝12.579

三聚丙烯（propylene trimer）

°API＝60.2

K＝12.23

四聚丙烯（propylene tetramer）

°API＝51

K＝12.23

3. C_p 公式計算

故二聚丙烯液態時，

$$C_P = 0.47628 + 0.62081 \times 10^{-3}T \tag{3-3}$$

二聚丙烯氣態時，

$$C_P = 0.33306 + 0.66265 \times 10^{-3}T - 0.1520 \times 10^{-6}T^2 \tag{3-4}$$

三聚丙烯液態時

$$C_P = 0.44178 + 0.58634 \times 10^{-3}T \tag{3-5}$$

四聚丙烯液態時

$$C_P = 0.42932 + 0.57477 \times 10^{-3}T \qquad (3\text{-}6)$$

3.3.4 生成熱（25℃）的計算

1. 使用公式

由 Giacalone eqn.

$$標準沸點汽化熱\ H_{vb} = \frac{RT_cT_b\ln P_c}{T_c - T_b}$$

及 Watson eqn.

$$\frac{H_{v1}}{H_{v2}} = \left(\frac{T_c - T_2}{T_c - T_1}\right)^{0.38}$$

令 $H_{v2} = H_{vb}$

則可得溫度 T 時之汽化熱

$$H_v = RT_cT_b\frac{(T_c - T)^{0.38}}{(T_c - T_b)^{1.38}}\ln P_c$$

其中

H_v：汽化熱，J/mole

R：8.314，J/mole · K

T_c：臨界溫度，K

T_b：標準沸點，K

T：欲求溫度，K

P_c：臨界壓力，atm

2.已知數據

mean bond enthalpies data

$B(H\text{-}H) = 436KJ/mole$，$B(C\text{-}H) = 412KJ/mole$

$B(C\text{-}C) = 348KJ/moke$，$B(C\text{-}C) = 612KJ/mole$

碳在 25℃ 時的昇華熱

$C(\text{sm graphite}, 25℃) \rightarrow C_{(g)}$，$\Delta H_{sub}(25℃) = 716.68$ KJ/mole

二聚丙烯

$T_c = 490.73$ K，$P_c = 30.9136$ atm

$T_b = 327.4$ K

三聚丙烯

$T_c = 572.92$ K，$P_c = 23.0556$ atm

$T_b = 410.65$ K

四聚丙烯

$T_c = 630.07$ K，$P_c = 18.3342$ atm

$T_b = 473.65$ K

3.計算 25℃ 下之生成熱

現以 dimer 為例進行計算

$$6C_{(s)} + 6H_{2(g)} \rightarrow C_6H_{12(l)}，25℃$$

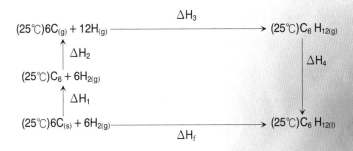

(a)25℃（298.15K）時汽化熱的計算

由公式

$$H_v = RT_c T_b \frac{(T_c - T)^{0.38}}{(T_c - T_b)^{1.38}} \ln P_c$$

$$= 8.314 \times 490.73327.4 \times \frac{(490.73 - 298.15)^{0.38}}{(490.73 - 327.4)^{1.38}} \ln 30.9136$$

$$= 29874.3 \text{ J/mole}$$

(b)計算 25℃ 時二聚丙烯的生成熱

ΔH_1 為 6 莫耳碳的昇華熱，其值為 6×716.68 KJ/mole $= 4300.08$ KJ/mole

ΔH_2 為打斷 6 莫耳氫分子氫鍵所需能量，由 mean bond enthalpies data，其值為 $6 \times B(\text{H-H}) = 6 \times 436$KJ/mole $= 2616$ KJ/mole

ΔH_3 為形成 1.0 莫耳 $C_6H_{12(g)}$ 所放出的鍵能，由 mean bond enthalpies data，其值為 $4 \times B(\text{C-C}) + 12 \times B(\text{C-H}) + 1 \times B(\text{C}=\text{C}) = -6948$ KJ/mole

ΔH_4 為 $C_6H_{12(g)}$ 在 25℃ 時的凝結熱，由 (a) 部分汽化熱的計算結果可知，其值為 -29.87 KJ/mole

故 25℃時二聚丙烯的生成熱

$\Delta H_f = \Delta H_1 + \Delta H_2 + \Delta H_3 + \Delta H_4 = -61.79$ KJ/mole

(c)25℃時三聚，四聚丙烯的生成熱

同 (a)(b) 的步驟計算可得，

三聚丙烯在 25℃ 時的生成熱為 -163.09 KJ/mole

四聚丙烯在 25℃ 時的生成熱為 -209.25 KJ/mole

3.3.5　由資料上可查得的數據

1. 丙烷的 C_p 值

(a)液態丙烷

$$C_P = 0.3326 + 2.332 \times 10^{-3}T - 13.36 \times 10^{-6}T^2 + 30.16$$
$$\times 10^{-9}T^3 \tag{3-7}$$

其中

C_p：比容，cal/g℃

T：溫度，K

(b)氣態丙烷

1atm 下，氣態丙烷

$$C_P = 68.033 + 22.59 \times 10^{-2}T - 13.11 \times 10^{-5}T^2 + 31.71$$
$$\times 10^{-9}T^3 \tag{3-8}$$

由於我們假設反應器內平均壓力為 30atm，針對氣態丙烷在 30atm 下的 C_p 有個修正值 27.59，

故 30 atm 下，氣態丙烷

$$C_P = 95.623 + 22.59 \times 10^{-2}T - 13.11 \times 10^{-5}T^2 + 31.71$$
$$\times 10^{-9}T^3 \tag{3-9}$$

其中

C_p：比容，J/mole ℃

T：溫度，℃

2.丙烯的 C_p 值

(a)液態丙烯

由於缺乏液態丙烯的 C_p 方程式，我們僅能對所要的溫度範圍內液態丙烯的 C_p 值進行平均估算。

在 20℃～70℃ 之間，液態丙烯的 C_p 平均估算值為

$$\overline{C_p} \cong 123.09 \text{ J/mole℃} \tag{3-10}$$

(b)氣態丙烯

1atm 下，氣態丙烯

$$C_p = 59.88 + 17.71 \times 10^{-2}T - 10.17 \times 10^{-5}T^2 + 24.6 \times 10^{-9}T^3 \tag{3-11}$$

在 30atm，針對氣態丙烯在 30atm 下的 C_p 之修正值為 24.23，故 30atm 下，氣態丙烯

$$C_p = 84.11 + 17.71 \times 10^{-2}T - 10.17 \times 10^{-5}T^2 + 24.6 \times 10^{-9}T^3 \tag{3-12}$$

其中

C_p：比容，J/mole ℃

T：溫度，℃

3.4　質量平衡計算

　　在此一部分的質量平衡計算中，我們最終目的在於得到產物 polymer 混合物中，各聚合物的莫耳比率。由於高聚合物，如五聚丙烯、六聚丙烯、七聚丙烯等等，其產量甚少，可以忽略。故為了簡化題目，我們將產物視為沒有此類高聚合物的生成。

3.4.1　假設條件

1. 10atm，20℃ 的液態丙烯料。

2. 沒有五個及五個以上的丙烯分子聚合在一起。

3. 產物二聚丙烯，三聚內烯及四聚丙烯的溫度為 20℃。

4. polymer 混合溶液視做理想溶液。

3.4.2　已知數據及條件

1. 丙烯分子量 $M_P = 42.08112$

　　10atm，20℃ 時的液態丙烯密度 $\rho_P = 0.514 \ g/cm^3$

2. 二聚丙烯分子量 $M_d = 84.16224$

　　　　20℃ 時密度 $\rho_d = 0.667 \ g/cm^3$

　　三聚丙烯分子量 $M_{tri} = 126.24336$

　　　　20℃ 時密度 $\rho_{tri} = 0.7366716 \ g/cm^3$

　　四聚丙烯分子量 $M_{tetra} = 168.32448$

　　　　20℃ 時密度 $\rho_{tetra} = 0.768414 \ g/cm^3$

3. 每一單位體積的丙烯反應，將生成 0.715 單位體積的 polymer 混合溶液。

3.4.3 計算公式推導

1. 假設反應掉的 1 莫耳丙烯中，有 X_d 莫耳的丙烯用來生成二聚丙烯，有 X_{tri} 莫耳的丙烯用來生成三聚丙烯，有 X_{tetra} 莫耳的丙烯用來生成四聚丙烯。

且

$$2C_3H_6 \rightarrow (C_3H_6)_2$$
$$3C_3H_6 \rightarrow (C_3H_6)_3$$
$$4C_3H_6 \rightarrow (C_3H_6)_4$$

即

1 莫耳丙烯可生成 1/2 莫耳的二聚丙烯，

1 莫耳丙烯可生成 1/3 莫耳的三聚丙烯，

1 莫耳丙烯可生成 1/4 莫耳的四聚丙烯，

故每 1 莫耳的丙烯反應即可得 $\left(\dfrac{1}{2}X_d + \dfrac{1}{3}X_{tri} + \dfrac{1}{4}X_{tetra}\right)$ 莫耳的 polymer 混合溶液。

其中

$$X_d + X_{tri} + X_{tetra} = 1 \tag{3-13}$$

2. 由 1 莫耳的丙烯 $\xrightarrow{\text{反應生成}}$ $\left(\dfrac{1}{2}X_d + \dfrac{1}{3}X_{tri} + \dfrac{1}{4}X_{tetra}\right)$ 莫耳的 polymer，$\left(1 \times \dfrac{M_P}{\rho_P}\right)$ 單位體積的丙烯 $\xrightarrow{\text{反應生成}}$ $\left(\dfrac{1}{2}X_d \times \dfrac{M_d}{\rho_d} + \dfrac{1}{3}X_{tri} \times \dfrac{M_{tri}}{\rho_{tri}} + \dfrac{1}{4}X_{tetra} \times \dfrac{M_{tetra}}{\rho_{tetra}}\right.$ 單位體積的 polymer，故

1 單位體積的丙烯 $\xrightarrow{\text{反應生成}}$

$\left(\dfrac{1}{2}X_d \times \dfrac{M_d}{\rho_d} + \dfrac{1}{3}X_{tri} \times \dfrac{M_{tri}}{\rho_{tri}} + \dfrac{1}{4}X_{tetra} \times \dfrac{M_{tetra}}{\rho_{tetra}}\right) \times \dfrac{\rho_P}{M_P}$ 單位體積的 polymer。

因為每反應 1 單位體積的丙烯即可生成 0.715 單位體積的polymer
混合溶液，所以可得

$$\left(\dfrac{1}{2}X_d \times \dfrac{M_d}{\rho_d} + \dfrac{1}{3}X_{tri} \times \dfrac{M_{tri}}{\rho_{tri}} + \dfrac{1}{4}X_{tetra} \times \dfrac{M_{tetra}}{\rho_{tetra}}\right) \times \dfrac{\rho_P}{M_P}$$
$$= 0.715 \tag{3-14}$$

3. 由式（3-13）

$$X_d + X_{tri} + X_{tetra} = 1$$

現今 $X_d = x$，$X_{tri} = (1 - x - y)$，$X_{tetra} = y$，並將各項已知數據代入
式（3-14），可得式（3-15）

$$y = 2.513452229x - 0.595485763 \tag{3-15}$$

以不同的 x 值代入，即可得出不同的y值，依此可得 X_d，X_{tri}，
X_{tetra}，並可算出 1 莫耳丙烯反應後所生成的二聚，三聚，四聚丙烯
的莫耳數及二聚，三聚，四聚丙烯的莫耳分率，茲將一部分數據列
於表 3-1。

表 3-1　莫耳分數率計算數據表

X_d (x)	X_{tri} (1−x−y)	X_{tetra} (y)	二聚物莫耳數	三聚物莫耳數	四聚物莫耳數	二聚物莫耳數率	三聚物莫耳數率	四聚物莫耳數率
0.28	0.61172	0.10828	0.14	0.20391	0.02707	0.37738	0.51965	0.07297
0.29	0.57659	0.13342	0.145	0.19219	0.03335	0.39131	0.51868	0.09001

X_d (x)	X_{tri} (1−x−y)	X_{tetra} (y)	二聚物莫耳數	三聚物莫耳數	四聚物莫耳數	二聚物莫耳數率	三聚物莫耳數率	四聚物莫耳數率
0.30	0.54145	0.15855	015	0.18048	0.03964	0.40527	0.48763	0.10709
0.31	0.50632	0.18368	0.155	0.16877	0.04592	0.41927	0.45652	0.12421
0.315	0.48875	0.19625	0.1575	0.16292	0.04906	0.42628	0.44094	0.13279
0.32	0.47118	0.20882	016	0.15706	0.05220	0.43329	0.42533	0.14138
0.33	0.43605	0.23395	0.165	0.14535	0.05849	0.44735	0.39407	0.15858
0.34	0.40091	0.25901	0.17	0.13364	0.06477	0.46144	0.36274	0.17582
0.35	0.36578	0.28422	0.175	0.12193	0.07106	0.47557	0.33134	0.19310
036	0.33064	0.30936	018	0.11021	0.07734	0.48973	0.29986	0.21042

參考以上數據，我們選取二聚丙烯莫耳分率為 0.426，三聚丙烯莫耳分率為 0.441，四聚丙烯莫耳分率為 0.133 的數據做為此一部分質量平衡計算的結果。

3.5 能量平衡計算

在能量平衡當中，我們將計算分為兩大部分。第一部分要得到丙烯在 220℃ 下，聚合成二聚丙烯，三聚丙烯及四聚丙烯的個別反應熱，以配合質量平衡的計算結果，求出整體的總放熱量。第二部分則是要計算出 1 莫耳，20℃ 的液態丙烷及液態丙烯上升到 220℃（反應器需維持的溫度）所可交換吸走的熱量，如此便利用計算得到的總放熱量，求出丙烯丙烷的回流量。

3.5.1 假設條件

反應器的平均壓力為 30 atm。

3.5.2　已知數據

1.二聚丙烯

平均沸點 $T_b = 54.25℃ = 327.4$ K

臨界溫度 $T_c = 217.58℃ = 490.73$ K

臨界壓力 $P_c = 30.9136$ atm

生成熱 ΔH_f (25℃, liquid) $= -61.79$ KJ/mole

三聚丙烯

生成熱 ΔH_f (25℃, liquid) $= -163.09$ KJ/mole

四聚丙烯

生成熱 ΔH_f (25℃, liquid) $= -209.25$ KJ/mole

2.丙烷

臨界溫度 $T_c = 369.9$ K

臨界壓力 $P_c = 42.0$ atm

3.丙烯

臨界溫度 $T_c = 365.1$ K

臨界壓力 $P_c = 45.4$ atm

生成熱 ΔH_f (25℃, gas) $= 20.42$ KJ/mole

3.5.3　反應熱的計算

$$2C_3H_{6(g)} \xrightarrow{220℃} (C_3H_6)_{2(g)}$$

$$3C_3H_{6(g)} \xrightarrow{220℃} (C_3H_6)_{3(g)}$$

$$4C_3H_{6(g)} \xrightarrow{220℃} (C_3H_6)_{4(g)}$$

1. 丙烯聚合成二聚丙烯的反應熱計算

現以二聚丙烯為例，進行計算。基本上反應熱只與溫度有密切關係，與壓力的關係並不大，故計算中所用的數據如與壓力有關，皆是取用 1atm 時的數據。

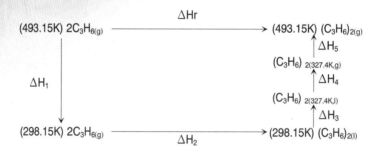

由式（3-9），可計算 2 莫耳氣態丙烯由 220℃ 冷凝至 25℃ 的放熱量 ΔH_1。

$$\Delta H_1 = 2 \int_{220℃}^{25℃} Cp_{C3H6(g)}\, dT = 2 \times (-15502.54)$$

$$= -31005.08 \text{ J}$$

$$= -31.005 \text{ KJ}$$

25℃ 下 2 莫耳丙烯氣體聚合成 1 莫耳二聚丙烯液體的反應熱 ΔH_2 可由 25℃ 下的丙烯氣體及二聚丙烯液體之生成熱計算而得。

$$\Delta H_2 = (-61.79) - 2 \times (20.42) = -102.63 \text{ KJ}$$

將二聚丙烯液體由 25℃（77°F）加熱至沸點 54.25℃（129.65°F）所需熱量 ΔH_3，可由式（3-1）計算而得。

$$\Delta H_3 = \int_{77°F}^{129.65°F} (0.47628 + 0.62081 \times 10^{-3} T) dT$$

二聚丙烯在沸點 54.25℃（327.4K）的蒸發熱 ΔH_4 可由下式計算。

$$H_v = RT_c T_b \frac{(T_c - T)^{0.38}}{(T_c - T_b)^{1.38}} \ln P_c \qquad （3\text{-}16）$$

$$\Delta H_4 = 8.314 \times 490.73 \times 327.4 \times \frac{(490.73 - 427.4)^{0.38}}{(490.73 - 427.4)^{1.38}} \times \ln$$

$$(30.9136)$$

$$= 28061.5 \text{J/mole} = 28.0615 \text{ KJ/mole}$$

將二聚丙烯氣體由 54.25℃（129.65°F）加熱至 220℃（430°F）所需熱量 ΔH_5，可由式（3-4）計算而得。

$$\Delta H_5 = \int_{29.65°F}^{430°F} (0.33306 + 0.66265 \times 10^{-3}T - 0.152$$

$$\times 10^{-3}T^2) \, dT$$

$$= 151.8077 \text{ BTU/lbm} = 29.6915 \text{ KJ/mole}$$

故在 220℃ 時，2 莫耳丙烯氣體聚合成 1 莫耳二聚丙烯氣體的反應熱 $\Delta Hr = \Delta H_1 + \Delta H_2 + \Delta H_3 + \Delta H_4 + \Delta H_5$

故 $\Delta Hr(\text{dipropylene}) = -31.00508 - 102.63 + 5.0565097 + 28.0615 +$

$$+ 29.6915$$

$$= -70.29 \text{ KJ/mole propylene dimer formed}$$

2.丙烯聚合成三聚，四聚丙烯的反應熱計算

在 220℃，3 atm 下時三聚丙烯及四聚丙烯均為液體，利用式

（3-3）及式（3-4），計算步驟同 1.部分，代入已知數據，可得 220℃時丙烯聚合成三聚丙烯及四聚丙烯的反應熱。

故 220℃ 下，3 莫耳氣體丙烯聚合成 1 莫耳三聚丙烯液體的反應熱 $\Delta Hr = -209.57$ KJ/per mole propylene trimer formed

且 220℃ 下，4 莫耳氣體丙烯聚合成 1 莫耳四聚丙烯液體的反應熱 $\Delta Hr = -273.36$ KJ/per mole propylene trimer formed

3.5.4　計算丙烷及丙烯當冷水媒時的吸熱量

1. 計算丙烷丙烯的沸點

根據 Clausius-Clapeyrone equation [公式（3-1）] 及 Trouton's rule [公式（3-2）] 可以估算任何壓力下物種的沸點。依此估算出 30atm 時，丙烷沸點為 72.23℃，丙烯沸點為 65.74℃。

2. 丙烷的吸熱量計算

20℃，1 莫耳的液態丙烷變成 1 莫耳 220℃ 的氣態丙烷之吸熱量計算如下：

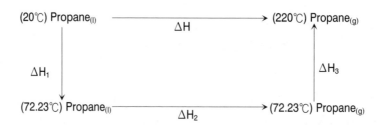

20℃ 的液態丙烷加熱至沸點溫度 72.23℃ 所需的熱量 ΔH_1 可由公式（3-7）計算而得。

$$\Delta H_1 = \int_{293.15K}^{346.38K} (0.3326 + 2.332 \times 10^{-3}T - 13.36 \times 10^{-6}T^2$$
$$+ 30.16 \times 10^{-9}T^3)\, dT$$
$$= 37.368561\ \text{cal/g} = 6.8992\ \text{KJ/mole}$$

在丙烷沸點溫度 72.23℃（346.38K）時所需的汽化熱，ΔH_2 可由公式（3-16）計算而得。

即，$\Delta H_2 = 9.7556$ KJ/mole

將丙烷氣體在 30 atm 下，由 72.23℃ 加熱至 220℃ 所需的熱量 ΔH_3 可由公式（3-9）計算得出。

$$\Delta H_3 = \int_{72.23℃}^{220℃} (95.623 + 22.59 \times 10^{-2}T - 13.11 \times 10^{-5}T^2$$
$$+ 37.71 \times 10^{-9}T^3)\, dT$$
$$= 18.466\ \text{KJ/mole}$$

故在 30atm 之下，將 20℃ 的液態丙烷加熱成 220℃ 的氣態丙烷，可吸走的熱量 $\Delta H = \Delta H_1 + \Delta H_2 + \Delta H_3$

即，$\Delta H = 6.8992 + 9.7556 + 18.466 = 35.121$ KJ/per mole propane heated

3.丙烯的吸熱量計算

在 30atm 下，將 1mole 液體丙烯由 20℃ 加熱成 220℃ 的丙烯氣體，其吸收的熱量，可利用公式（3-10）、公式（3-12）及公式（3-14），代入已知數據，仿照丙烷吸熱量的計算步驟即可得到。

最後的計算結果，

$\Delta H = 32.126$ KJ/per mole propylene heated

3.6　反應器質能平衡計算

　　本部分的計算目的，在於利用 3.4 質量平衡及 3.5 能量平衡的結果，進行整個反應器的質能平衡計算，以求得反應器每天的聚合物產量，回流比及反應器壓降。並且得出反應器中轉化率降到 93.75% 的天數。

3.6.1　已知條件

1. 每天進料 15,000 桶，其中 40% 是丙烯，60% 是丙烷。
2. 反應器的溫度需維持在 220℃（430℉）。
3. 新鮮觸媒（第零天）的轉化率為 97.66%，當觸媒轉化率降至 93.75% 時，即需關閉反應器，進行觸媒再生或更新。

3.6.2　假設條件

1. 反應器平均壓力為 30 atm。
2. 進料為 10 atm，20℃ 的丙烷丙烯液體。
3. 聚合物經冷凝後，皆是 20℃ 的液體。
4. 回流為 10 atm，20℃ 的丙烷丙烯液體。
5. 所有混合溶液皆視為理想溶液。
6. 因四聚丙烯的產量頗低，實際工廠操作皆將大量的副產品二聚丙烯及三聚丙烯回流至反應器再與丙烯進行聚合反應，以提高四聚丙烯的產量。

　　在計算過程中，我們將把二聚丙烯及三聚丙烯視為不回流的物料，因此實際上工廠操作時反應器的可開工天數，將比我們所估計的天數來得短，且實際反應器的壓降將比我們所估算的要大。

3.6.3　已知數據

1. 每個反應器裝填觸媒量為 20000 lb。

2. 丙烷每天每個反應器固定進料量為 2,250 桶。

　10 atm，20℃ 的液態丙烷密度 0.503 g/cm³。

　30 atm，1 莫耳丙烷由 20℃ 加熱至 220℃ 所需熱量 35.121 KJ。

　分子量為　44.09706。

3. 丙烯每天每個反應器固定進料量為 1,500 桶。

　10 atm，20℃ 的液態丙烯密為 0.514 g/cm³。

　30 atm，1 莫耳丙烯由 20℃ 加熱至 220℃ 所需的熱量為 32.126

　KJ。分子量為 42.08112。

4. 每一莫耳的聚合物中含有 0.426 莫耳的二聚丙烯，0.441 莫耳
　的三聚丙烯，0.133 莫耳的四聚丙烯。

5. 聚合物平均分子量為 113.9135918

　聚合平均密度為 0.721020752 g/cm³

6. 每聚合成 1 莫耳二聚丙烯時放熱 70.29 KJ

　每聚合成 1 莫耳三聚丙烯時放熱 209.57 KJ

　每聚合成 1 莫耳四聚丙烯時放熱 273.36 KJ

7. 每反應 1 單位體積的丙烯，可生成 0.715 單位體積的 polymer。

8. $A = \dfrac{\text{gallons of polymer produced since catalyst charging}}{\text{pounds of catalyst charged}}$

$\qquad = \dfrac{\left[\displaystyle\int_0^D F(t)dt\right]\left[\text{conversion factors to give gallons of polymers}\right]_{\text{arith.ave}}}{\text{pounds of catalyst}}$

$$\text{（3-17）}$$

表 3-2　丙烯轉化率與觸媒年齡 A 的關係數據

A	%conversion of propylene at catalyst age A
0	0.9766
10	0.971717
20	0.966834
30	0.957068
40	0.947302
50	0.937536
60	0.913121

9. 反應器壓降 ΔP（psi），反應器總進料流量 F（千桶）與觸媒年齡 A 的關係方程式為

$$\frac{\Delta P}{F^2} = 0.03179A - 0.699 \tag{3-18}$$

3.6.4　反應器的質能平衡計算

1. 基量選擇說明

(a)時間基量

因為每個時刻的觸媒轉化率皆不同，故任何時間所聚合出的聚合物量亦不同，使得反應放熱總量會不斷隨時間改變，致使丙烯丙烷的回流比亦隨之變化，加上觸媒年齡A不斷的增加，亦即反應器的壓降是時間的變數。欲求出每個時間點上的丙烯丙烷回流比及反應器壓降，在技術上是非常困難的。所以我們把時間的基量取為一天，底下計算將會求出反應器開工期間，每天二聚，三聚，四聚丙烯的生成量，每天的丙烯丙烷回流比及每天反應器的壓降。

(b)反應器基量

本製程共有五個反應器，一個反應器在進行觸媒再生或更新，其餘四個反應器進行運作。為了使工廠操作穩定連續，這四個反應器並非同時上線開工，故同一時刻下四個反應器的轉化率與觸媒年齡A皆不同，而使得聚合物產量，丙烯丙烷回流比及壓降均不同，故若同時計算四個反應器，將使問題複雜化，於是我們選取一個反應器做為基量。

2.第一天反應器的質能平衡

(a)轉化率的計算

現假設第一天後，丙烯的轉化率為 x。

由表 3-2，利用內插法，可得公式（3-19）

$$\frac{A-0}{10-0} = \frac{x-0.9766}{0.971717-0.9766}$$

$$A = \frac{0.9766-x}{4.883 \times 10^{-4}} \tag{3-19}$$

利用公式（3-17），$\int_0^1 F(t)dt$ 為第一天的丙烯總流量，因為第一天還沒有回流量，故單一反應器第一天丙烯的總流量即為固定的進料量 63,000 加侖，故可得

$$A = \frac{63000 \times \left(\frac{x+0.9766}{2} \times 0.715\right)}{20000} \tag{3-20}$$

結合公式（3-19）及（3-20）可得公式（3-21）

$$\frac{0.9766-x}{4.833 \times 10^{-4}} = \frac{63000 \times \left(\frac{x+0.9766}{2} \times 0.715\right)}{20000} \tag{3-21}$$

其中 $\left(\dfrac{x+0.9766}{2}\right)$ 為第一天的平均轉化率。

由公式（3-21），可得 $x=0.975526551$，此即第一天結束，第二天開始時丙烯的轉化率。並算得第一天的丙烯平均轉化率是 0.976063276。

(b)二聚丙烯，三聚丙烯，四聚丙烯的產量計算

丙烯總量有 63000 加侖 $=238480200$ cm³

共有 238480200 cm³ $\times$ 0.976063276 $=232771765.3$ cm³ 丙烯反應掉，亦即生成 polymer 232771765.3 cm³ $\times$ 0.715 $=166431765.1$ cm³。

根據 Polymer 的平均密度及平均分子量，我們可得生成的 polymer 莫耳數為 1053436.684 莫耳。

故生成二聚丙烯有 0.426 $\times$ 1053436.684 莫耳 $=448764.0275$ 莫耳，三聚丙烯有 0.441 $\times$ 1053436.684 莫耳 $=464565.5777$ 莫耳，四聚丙烯有 0.133 $\times$ 1053436.684 莫耳 $=140107.079$ 莫耳。

在單位換算之後，二聚丙烯的產量有 356.162688 桶，三聚丙烯的產量有 500.7495604 桶，四聚丙烯的產量有 192.9914199 桶。

(c)丙烯丙烷回流比的計算

由丙烯聚合成二聚丙烯，三聚丙烯及四聚丙烯的反應熱，以(b)部分計算所得的二聚丙烯，三聚丙烯及四聚丙烯的生成莫耳數即可計算出第一天的總放熱量。

其值為

$$
\begin{aligned}
&448764.0275\ (\text{mole})\ \times 70.29\ (\text{KJ/mole})\ +\\
&464565.5777\ (\text{mole})\ \times 209.57\ (\text{KJ/mole})\ +\\
&140107.079\ (\text{mole})\ \times 273.36\ (\text{KJ/mole})\\
&=167202302.7\ \text{KJ}
\end{aligned}
$$

又 Feed1（參考圖 3-1）的組成包含所有進料丙烷及未反應的丙烯。丙烷的量即為每天固定進的 2,250 桶，相當於 4080392.455 莫耳；而未反應的丙烯量等於（丙烯所有進料量）×（1－平均轉化率），共有 69726.50161 莫耳。

所以在 Feed 1 中，丙烷莫耳分率為 0.983198915，丙烯莫耳分率為 0.016801085，這些莫耳分率即為回流中丙院及丙烯的莫耳分率。

由 1 莫耳丙烷丙烯從 20℃ 上升至 220℃ 所吸的熱量，我們可以得到 1 莫耳的回流量可以吸走多少的熱量，其值為

$$0.983198915 \times 35.121 \text{ KJ} + 0.016801085 \times 32.126 \text{ KJ}$$
$$= 35.07068075 \text{ KJ}$$

故，Feed 1 的總莫耳數為

$$(4080392.455 + 69726.50161) = 4150118.957 \text{ mole}$$

可帶走的熱量為

35.07068075（KJ/mole）× 4150118.957 mole = 145547497 KJ 的熱量

第一天結束時，就算把 Feed 1 的丙烯丙烷全部回流，亦無法把反應所放出的熱量全部帶走，尚有 21654805.73 KJ 的熱量殘留在反應器內，將使反應器的溫度升高。

所以第一天的回流比為 100%。

(d)反應器壓降的計算

由 (a) 部分的計算可知，第一天後丙烯的轉化率由 97.66% 掉到 0.975526551，由表 8.2，利用內插法可求出第一天後觸媒年齡 A 為 2.198339136。

第一天反應器的總流量即是進料量 3.75 千桶，依據公式（3-18）可求得第一天反應器的壓降。

第一天反應器壓降為 3.303297865 psi，相當於 0.2247753038 atm。

3. 第二天反應器的質能平衡

(a)轉化率的計算

現假設第二天後，丙烯的轉化率為 x。

由表 3-2，利用內插法，可得公式（3-22）

$$\frac{A-0}{10-0} = \frac{x-0.9766}{0.971717-0.9766}$$

$$A = \frac{0.9766-x}{4.883 \times 10^{-4}} \tag{3-22}$$

利用公式（3-17），$\int_0^2 F(t)dt$ 為第一天丙烯的總流量加上第二天丙烯的總流量，因為第一天還沒有回流量，故單一反應器第一天丙烯的總流量即為固定的進料量 63,000 加侖，但第二天由於有第一天結束後為冷凝反應器的回流，故第二天丙烯的總流量除了每天固定進的 63,000 加侖之外，尚需加上回流的丙烯，所以第二天丙烯總流量為 64,508.031 加侖，可得公式（3-23）

$$A = \frac{63000 \times 0.976063276 \times 0.715}{20000} +$$

$$\frac{64508.031 \times \left(\frac{x+0.975526551}{2} \times 0.715\right)}{20000} \tag{3-23}$$

結合公式（3-22）及（3-23）可得公式（3-24）

$$\frac{0.9766 - x}{4.883 \times 10^{-4}} = \frac{63000 \times 0.976063276 \times 0.715}{20000}$$

$$+ \frac{64508.031 \times \left(\frac{x + 0.975526551}{2}\right) \times 0.715}{20000} \quad （3\text{-}24）$$

其中 $\left(\dfrac{x + 0.975526551}{2}\right)$ 為第二天的平均轉化率。

由公式（3-24），可得，$x = 0.97442863$，此即第二天結束，第三天開始時丙烯的轉化率。並算得第二天的平均轉化率是 0.974977591。

(b)二聚丙烯，三聚丙烯，四聚丙烯產量計算

丙烯總量有 64,508.031 加侖 = 244188700.5 cm³

共有 244188700.5 cm³ × 0.974977591 = 238078811 cm³ 丙烯反應掉，亦即生成 polymer 238078511 cm³ × 0.715 = 170226135.4 cm³。

根據 polymer 的平均密度及平均分子量，我們可得生成的 polymer 莫耳數為 1077453.306 莫耳。

故生成二聚丙烯有 0.426 × 1077453.306 莫耳 = 458995.1086 莫耳

三聚丙烯有 0.441 × 1077453.306 莫耳 = 475156.9081 莫耳

四聚丙烯有 0.133 × 1077453.306 莫耳 = 143301.2898 莫耳

在單位換算之後，二聚丙烯產量有 364.282611 桶，三聚丙烯產量有 512.165826 桶，四聚丙烯產量有 197.3913066 桶。

(c)丙烯丙烷回流比的計算

由丙烯聚合成二聚丙烯，三聚丙烯及四聚丙烯的反應熱，並以(b)部分計算所得的二聚丙烯，三聚丙烯及四聚丙烯的生成莫耳數即可計算出第二天的反應總放熱量。

其值為

458995.1086（mole）× 70.29（KJ/mole）+

475156.9081（mole）× 209.57（KJ/mole）+

143301.2898（mole）× 273.36（KJ/mole）

= 171014240 KJ

又 Feed 1 中丙烷的量即為每天的 2,250 桶加上第一天結束後回流至反應器的丙烷 2,250 桶（因為第一天結束後回流比 100%），相當於 8160784.91 莫耳；而未反應的丙烯量等於（丙烯所有進料量）×（1－平均轉化率），共有 74632.93331 莫耳。

所以在 Feed 1 中丙烷莫耳分率為 0.990937566，丙烯莫耳分率為 0.009062434，這些莫耳分率即為回流中丙烷及丙烯的莫耳分率。

由 1 莫耳丙烷丙烯從 20℃ 上升至 220℃ 所吸的熱量，我們可以得到 1 莫耳的回流可以吸走多少的熱量，其值為

0.990937566 × 35.121 KJ + 0.009062434 × 32.126 KJ

= 35.09385801 KJ

Feed 1 的總莫耳數為

(8160784.91 + 74632.93331) = 8235417.843 mole

第一天結束時，經回流冷凝，尚有 21654805.73 KJ 的熱殘留在反應器內，故第二天結束時反應器內共有

$$171014240 + 21654805.73 = 192669045.7 \text{ KJ}$$

需由回流的丙烷丙烯吸熱，冷凝帶走。

故共需回流量為

$$\frac{192669045.7 \text{ KJ}}{35.09385801 \text{ KJ/mole}}$$

$= 5490107.291 \text{mole}$ 的丙烯丙烷

所以第二天回流比為 66.665%。

(d)反應器壓降的計算

由(a)部分的計算可知，第二天後丙烯的轉化率由 97.66%掉到 0.97442863，由表 8.2，利用內插法可求出第二天後觸媒年齡 A 為 4.446795003。

第二天反應器的總流量即是進料量 3.75 千桶加上第一天結束後回流的丙烯丙烷2.2859055千桶，故第二天反應器總流量共有 6.0359055 千桶，依據公式（3-18）可求得第二天反應器的壓降。

第二天反應器的壓降為 10.08900824 psi，相當 0.68653897 atm。

4.反應器開工期間每天的質能平衡計算

第一天及第二天的質能平衡計算業已於第 2.部分及第 3.部分完成，餘下各天計算，均可仿此步驟方式獲得，特將開工期間各天的計算結果列於表 3-3。

表 3-3　開工期間反應器每天的各項立要數據列表

時間 （天）	進料總量 （桶）	二聚丙烯 （桶）	三聚丙烯 （桶）	四聚丙烯 （桶）	回流比 （％）	壓降 （atm）
1	3750	356.2	500.7	193.0	100	0.2248
2	6036	364.3	512.2	197.4	66.66	0.6865
3	6776	361.4	508.2	195.8	50.37	1.0185
4	6414	359.7	505.8	194.9	53.73	1.0740
5	6402	359.8	505.9	195.0	53.89	1.2586
6	6403	359.7	505.7	194.9	53.84	1.4811
7	6401	359.5	505.4	194.8	53.82	1.7416
8	6400	359.3	505.1	194.7	53.80	2.2213
9	6399	359.1	504.9	194.6	53.78	2.4080
10	6397	358.7	504.3	194.4	53.72	2.8300
11	6394	358.2	503.6	194.1	53.65	3.3237
12	6391	357.8	503.1	193.9	53.62	3.9025
13	6388	357.4	502.5	193.7	53.57	4.5824
14	6385	357.0	502.0	193.5	53.53	5.3800
15	6382	356.6	501.4	193.3	53.49	6.3150
16	6379	356.3	500.9	193.0	53.44	7.4112
17	6377	355.9	500.3	192.8	53.40	8.6963
18	6374	355.5	499.8	192.6	53.35	10.202
19	6371	355.1	499.2	192.4	53.31	11.967
20	6368	354.7	498.7	192.2	53.26	14.034
21	6365	354.3	498.1	192.0	53.22	16.456
22	6362	353.9	497.6	191.8	53.17	19.292
23	6359	353.5	497.0	191.5	5313	22.608

（註：事實上，在進行轉化率估算時，在 22.667 天時轉化率即已掉至 93.75％，亦即當在此時關閉反應器，進行觸媒的再生或更新，但為了方便比較各天的狀況，我們仍算足 23 天。）

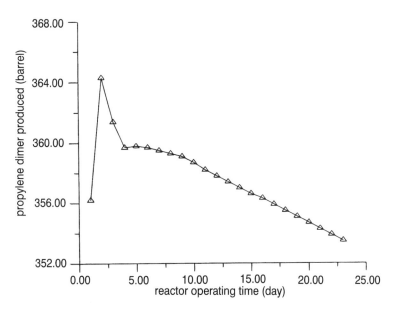

圖 3-3　二聚丙烯每天產量圖

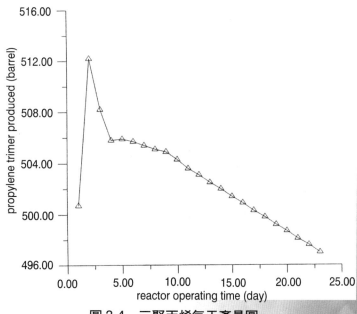

圖 3-4　三聚丙烯每天產量圖

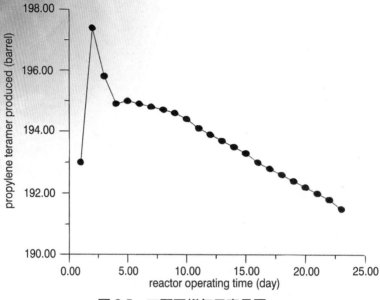

圖 3-5　四聚丙烯每天產量圖

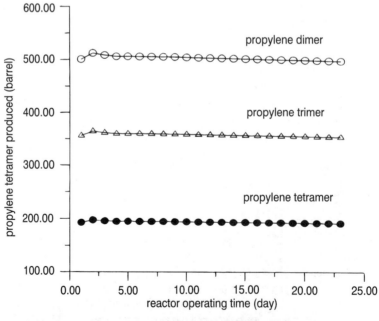

圖 3-6　每天二聚，三聚，四聚丙烯產量綜合圖

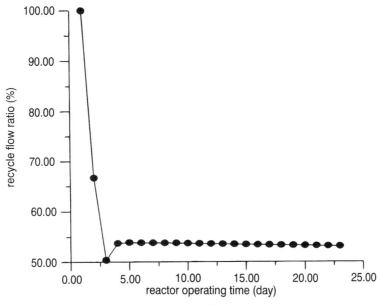

圖 3-7　每天丙烷丙烯回流比示意圖

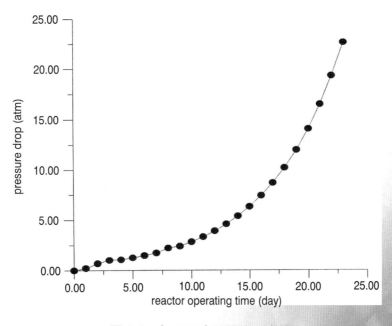

圖 3-8　每天反應器壓降示意圖

3.7 反應器停工開工時間表

由前節得到填充觸媒之轉化率由 97.66% 降到 93.75% 的時間後，即可決定五個反應器之操作方法和順序，此亦本製程最關鍵的部分。

觸媒死亡天數以 23 天設計之，再生或再填充的時間為 5～8 天，因此安排五個反應器的操作順序如表 3-4。

第一天進料流入 1～4 號的反應器，5 天後關掉 1 號反應器，打開 5 號反應器，此時仍維持四個反應器共同運作，1 號反應器進行再生；至第 11 天時關掉 2 號反應器使其再生，打開已再生完畢之 1 號反應器；5 天後，即第 16 天，關掉 3 號反應器並打開再生好之 2 號反應器，3 號反應器再生好後等 4 號反應器達 23 天之觸媒死亡時間再上線，也就是說在第 24 天時有 1、2、3 與 5 號反應器在線上運作，4 號反應器之觸媒達 23 天之死亡時間而再生中。至此 5 個反應器間已拉開有 5～8 天之時間差，可以穩定操作生產，每次維持 4 個反應器在線上進行反應生產四聚丙烯。表 3-4 列出 1～30 天中五個反應器的操作順序，餘可類推。

表 3-4 反應器開工關閉時間表

day	1	2	3	4	5	6	7	8	9	10	11	12	13	14	15
Rl	op	op	op	op	op						op	op	op	op	op
R2	op	op	op	op	op	op	op	op	op	op					
R3	op	op	op	op	op	op	op	op	op	op	op	op	op	op	op
R4	op	op	op	op	op	op	op	op	op	op	op	op	op	op	op
R5						op	op	op	op	op	op	op	op	op	op

day	16	17	18	19	20	21	22	23	24	25	26	27	28	29	30
R1	op	op	op	op	op	op	op	op	op	op	op	op	op	op	op
R2	op	op	op	op	op	op	op	op	op	op	op	op	op	op	op
R3						op	op	op	op	op	op	op	op	op	op
R4	op	op	op	op	op									op	op
R5	op	op	op	op	op	op	op	op	op	op	op	op	op		

3.8　反應器尺寸大小的計算及設計

　　此部分的計算是利用前節中質能平衡計算的數據結果並配合經驗數據，進行反應器尺寸大小的設計，以提供日後進行反應器溫度上升之計算及經濟評估的重要依據。

　　將計算分成三大部分，第一部分是反應器體積的計算，第二部分是反應器最佳直徑的計算，第三部分則是反應器壁厚、頂部及底部的厚度計算。

3.8.1　假設條件

1. 反應器每天進料多少，就能處理多少的進料，意即反應器內任何時間上，反應器頂部沒有累積的物料存在。
2. 反應器內的壓降只與反應器的高度有關，意即在反應器內，同一個高度面上的任一點位置，壓力一樣。
3. 反應器內的流體皆是理想溶液，意即不論是氣相或液相流體皆遵守體積可加成的原則。
4. 反應器內氣液不互溶。

5. 反應器入料的丙烯丙烷氣體及回流的丙烯丙烷液體皆是 40 atm，意即反應器的塔頂物料入口處之壓力為 40 atm。而設定 40 atm 的原因為因丙烷臨界溫度 96.7℃，臨界壓力 42 atm，由於操作溫度 220℃ 已超過丙烷的臨界溫度，我們不願再讓操作壓力超過其臨界壓力，讓其成為超臨界流體，造成計算上的困擾，但又基於最後幾天反應器的壓降達到 20 餘 atm，若塔頂壓力設定太低，經觸媒床壓降之後，恐怕無法提供足夠的動力以趨動流體，所以我們選擇 40 atm 為反應器的入口壓力。

3.8.2 反應器體積的計算

由於我們已假設任何時間點上反應器頂部皆無物料累積情況發生，所以基本上反應器的體積即為觸媒所占的體積。

(a)假設條件

1. 忽略磷酸觸媒經燒焙後 coating 在載體上所增加的體積。
2. 假設觸媒是圓球度為 1 的完美球形。

(b)已知條件

1. 觸媒重量 20000 lb。
2. 採用磷酸當觸媒，係為一種以矽藻土為載體，長時間高溫混合加熱而成的固體觸媒。
3. 觸媒中矽藻土與磷酸之重量比為 1：3。
4. 觸媒之平均粒徑 0.006 m。
5. 觸媒填料視為不同粒徑的球體，依其平均粒徑，可得孔隙度ε 的經驗值為 0.56。
6. 矽藻土密度 0.216 g/cm³；
   磷酸之密度 1.864 g/cm³。
7. 矽藻土作成觸媒載體時之比小孔容量為 1.14 cm³/g。

(c)計算

矽藻土密度 0.216 g/cm³

$\Rightarrow$ 矽藻土之比體積 $= \dfrac{1}{0.216} = 4.62963$ cm³/g

$\Rightarrow$ 載體之比體積 $= 4.62963 + 1.14$ cm³/g

$\Rightarrow$ 觸媒之比體積 $= \dfrac{5.76963 + 0}{1 + 3} = 1.44241$ cm³/g

20000 lb 觸媒之總體積

$= 20000$ lb $\times$ 453.59 g/lb $\times$ 1.44241 cm³/g

$= 13085.232$ L

觸媒之孔隙度為 0.56

$\Rightarrow$ 觸媒所占的空間體積

$\Rightarrow \left(1 + \dfrac{0.56}{1 - 0.56}\right) \times 13085.232\text{L} = 29739.163\text{L} = 29.739163$ m³

3.8.3　反應器最佳直徑及塔高之計算

　　因為我們無法取得觸媒反應器最佳直徑的算法，故將觸媒反應器視為填料塔的一種，並使用根據 Kwanten equation 所繪之圖形（見附錄 3-1），求出填料塔最佳塔徑。使用這個方法求出觸媒反應器最佳塔徑之前，我們必計算設定以下的數據：機械效率 η，塔的單位體積價格（美元/m³），動力費 f_e（美元／千瓦小時），填料比表面積 a（m²/m³），流體密度 ρ（kg/m³），總流體負荷 G（kg/sec）。

(a)計算

　　1. 機械效率 η 指的是整體機械上的效率，包括泵等，我們設其為 0.8。

　　2. 塔的單位體積價格（美元/m³）的計算

反應器總體積為 29.739163 m³ = 7856,19469 gal

使用之材質為碳鋼（carbon steel）

依據圖 3-9，我們可得反應器造價約為 33000 美元

$$K_C = \frac{33000\,US}{29.739163\,m^3} = 1109.647908\ US/m^3$$

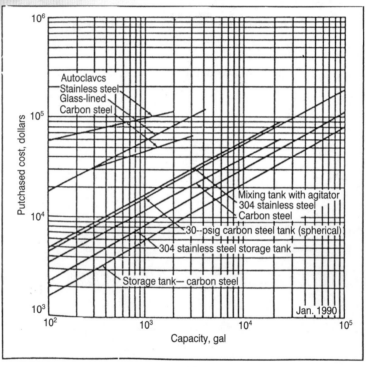

圖 3-9　不同材質的混合槽，貯存槽，壓力槽造價圖（Peters 和 Timmer haus 一書中的 Fig.14-56）。

3.動力費之計算

一度電（1 千瓦小時）以 3.0 元新台幣計算，折合 0.1 美元

$\Rightarrow f_e = 0.117$ ／千瓦小時

4.填料比表面積之計算

・填料中磷酸與矽藻土共占 29.739163 m^3

- 矽藻土之比表面積 $4.2 \ m^2/g$
- 觸媒中矽藻土與磷酸之重量比為 $1 : 3$
- 觸媒重為 20000 lb

故　矽藻土有 5000 lb = 2267950 g

　　⇒總表面積為 $4.2 \ m^2 g \times 2267950 \ g = 9525390 \ m^2$

　　⇒填料比表面積（a）

$$= \frac{9525390 \ m^2}{29.739163 \ m^3} = 320297.851 \ m^2/m^3$$

5. 流體平均密度的計算

　　進料丙烯與丙烷混合物由觸媒反應器塔頂處進入後，丙烯經觸媒反應後，逐漸聚合反應成聚合物，物料愈往下流，生成的聚合物愈多，殘留的丙烯愈少，終至於出料的組成。是故，反應器內各處的密度皆異，由於我們無法評估出各處的密度，所以取入料及出料的密度平均值做為我們的所要的平均密度。

- 以第一天為例，首先進行塔頂密度的估算。

塔頂的環境為 40 atm，493.15 K（220℃）。

塔頂組成丙烯 2912917.308 莫耳，莫耳分率為 0.4165，Z = 0.88

　　　　丙烷 4080392.455 莫耳，莫耳分率為 0.5935，Z = 0.86

塔頂進料體積

= 丙烷氣體體積 + 丙烯氣體體積

= (0.88 × 2912917.308 × 0.082057)/40

　+ (0.86 × 4080392.455 × 0.082057)/40

= $6143311.597 \ l^3$ = $6143.3116 \ m^3$

進料重量為

$$2912917.308 \times 42.08112 + 4080392.455 \times 44.09706$$
$$= 302512133.7 \, g = 302512.1337 \, kg$$

故進料的平均密度為

$$\frac{302512.1337 \, kg}{6143.316 \, m^3} = 49.2425 \, kg/m^3$$

· 塔底出料的平均密度
  塔底出料除包含有氣相的剩餘丙烯,丙烷以及二聚丙烯。
  尚有液相的三聚丙烯及四聚丙烯。
  塔底的環境為$(40 - 0.239) = 39.761 atm$,$493.15K$（$220°C$）

· 塔底的出料組成
  氣相有丙烯$6412 \, mole$,丙烷$4080392 \, mole$,二聚丙烯4478023 mole。
  液相有三聚丙烯$463203 \, mole$,四聚丙烯$139494 \, mole$。
  塔底出料氣相體積的算法與塔頂氣相體積的算法相同,最後結果為$421452 \, m^3$

因為　$\ln\dfrac{V_2}{V_1} = \beta(T_2 - T_1) - \kappa(P_2 - P_1)$　　　　（3-25）

就液體而言,壓縮係數 κ 遠小於膨脹係數 β,

故　$\ln\dfrac{V_2}{V_1} = \beta(T_2 - T_1)$　　　　（3-26）

依據估算有機化合物液體的膨脹係數β的經驗式

$$\beta = \frac{0.04314}{(T_C - T)^{0.641}} \tag{3-27}$$

在 493.15 K 下，

四聚丙烯 $\beta = 1.8425 \times 10^{-3}$

三聚丙烯 $\beta = 2.60496 \times 10^{-3}$

取 293.15 K（20℃）為比較狀態，293.15 K 下

四聚丙烯的體積有

$$139494 \text{ mole} \times \frac{168.32248 \text{ g/mole}}{0.768614 \text{ g/cm}^3} \times \frac{1 \text{m}^3}{1000000 \text{ cm}^3} = 30.55 \text{ m}^3$$

三聚丙烯的體積有

$$463203 \text{ mole} \times \frac{126.21336 \text{ g/mole}}{0.736616 \text{ g/cm}^3} \times \frac{1 \text{m}^3}{1000000 \text{ cm}^3} = 79.38 \text{ m}^3$$

故在 493.15 K 之下，四聚丙烯液體體積有 44.16 m³，三聚丙烯液體體積有 133.65 m³。

氣相體積

$$\frac{6412 \times 0.88 \times 0.082057 \times 493.15}{39.761 \times 1000}$$

$$+ \frac{4080392.455 \times 0.86 \times 0.082057 \times 493.15}{39.761 \times 1000}$$

$$+ \frac{447803 \times 1.40 \times 0.082057 \times 493.15}{39.761 \times 1000}$$

$$= 4214.52 \text{ m}^3$$

在理想溶液及氣液不互溶的假設前提之下，塔底出料體積為

$$4214.52 \text{ m}^3 + 44.16 \text{ m}^3 + 133.65 \text{ m}^3 = 4392.33 \text{ m}^3。$$

根據質量不滅定律，塔底出料的總質量必相等於塔頂入料的總質量，故其質量有

$$2912917.308 \text{ mole} \times 42.08112 \text{ g/mole} + 4080392.455 \text{ mole}$$

$$\times 44.09706 \text{ g/mole}$$

$$= 302512.1337 \text{ kg}$$

塔底平均密度為 $\dfrac{302512.1337 \text{ kg}}{4392.33 \text{ m}^3} = 68.6728 \text{ kg/m}^3$

故反應器整體的平均密度為 $0.5 \times (49.2425 + 68.8728) = 59.0576$ kg/m^3，其餘各天數據列於表 3-5，並取反應器平均密度為 55 kg/m^3。

6. 總流體負荷

總流體負荷取 23 天中的最大值

於第三天中，總流體負荷量為

$$\frac{2917464.349 \text{ mole} \times 0.04208112 \text{ kg/mole} + 9486982.756 \text{ mole} \times 0.04409706 \text{ kg/mole}}{86400 \text{sec}}$$

$$= 6.263 \text{Kg/sec}$$

表 3-5　各天之平均密度及質量負荷

天數	塔頂密度（kg/m³）	塔底密度（kg/m³）	平均密度（kg/m³）	質量負荷（kg/sec）
1	49.246	68.873	59.058	3.501
2	49.769	603776	55.271	5.587
3	49.867	58.602	54.234	6.263
4	49.821	59.296	54.558	5.922

天數	塔頂密度（kg/m³）	塔底密度（kg/m³）	平均密度（kg/m³）	質量負荷（kg/sec）
5	49.820	59.024	54.422	5.918
6	49.820	58.697	54.258	5.916
7	49.819	58.312	54.066	5.914
8	49.819	57.593	53.706	5.911
9	49.818	57.320	53.569	5.908
10	49.818	56.694	53.256	5.906
11	49.817	55.795	52.806	5.902
14	49.816	54.940	52.378	5.897
13	49.815	53.367	51.591	5.892
13	49.814	52.085	50.950	5.887
15	49.813	50.712	50.263	5.882
16	49.813	49.085	49.450	5.876
17	49.812	46.217	48.015	5.871
18	49.811	43.979	46.895	5.866
19	49.810	41.421	45.616	5.861
20	49.809	37.949	43.880	5.856
21	49.808	34.396	42.103	5.851
22	49.808	29.948	39.878	5.846
23	49.807	25.156	37.482	5.841

7. 作圖可得最佳塔徑為 2.5 公尺（圖 3-10 附於下頁）

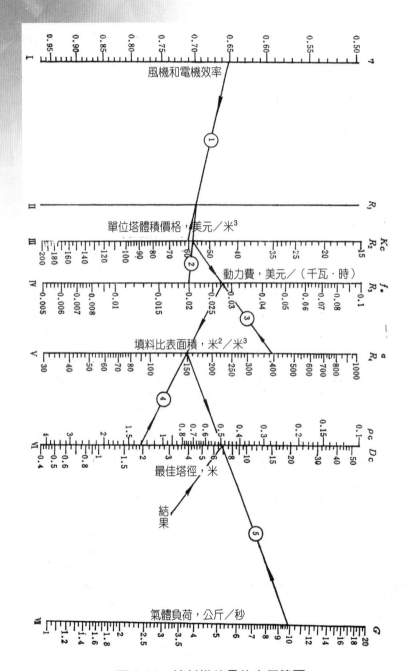

圖 3-10 填料塔的最佳直徑算圖

8.塔高（H）

$$H = \frac{V}{\frac{\pi}{4}D^2} = \frac{29.739163}{\frac{\pi}{4} \times 6.25} = 6.0584 \text{ 公尺}$$

3.8.4　反應器壁厚之計算

$$t = \frac{PR}{([\delta]\phi - 0.6P)} \tag{3-29}$$

t：容器的最小壁厚 in

p：容器設計內壓（錶壓）psig

R：容器之內半徑 in

$[\delta]$：材料許用應力 lb/in^2

ϕ：焊縫係數

碳鋼$[\delta] = 15000$　$\phi = 0.85$

　　$P = (45 - 1) \text{ atm} \times 14.696 \text{ psia/atm} = 646.624 \text{ psig}$

　　$R = 49.213 \text{ in}$

$\Rightarrow t = \dfrac{646.627 \times 49.213}{15000 \times 0.85 - 0.6 \times 646.624}$

　　$= 2.574 \text{ in} = 6.5384 \text{ cm}$

3.8.5　反應器圓形平蓋之最小厚度

$$t = D\sqrt{CP/[\delta]} \tag{3-30}$$

D：容器內徑

C：結構特徵係數

P：容器設計內壓 psig

$[\phi]$：材料許用應力 lb/in^2

$$t = 98.43\sqrt{0.5 \times 646.624/15000}$$

$$= 14.45 \text{ in} = 36.7 \text{ cm}$$

3.8.6 碳鋼之總體積

反應器內半徑 = 1.25 m

反應器外半徑 = 1.315384 m

$$V = \pi(1.315384^2 - 1.25^2) \times 6.0584 + 2\pi \times 1.315384^2$$

$$\times 0.367$$

$$= 7.17866 \text{ m}^3$$

3.8.7 反應器之溫控

(a)已知條件

1. 碳鋼之密度 = 7753 Kg/m^3。

2. 碳鋼之 C_p = 486 J/Kg · K。

3. 丙烷氣體 C_p = 95.623 + 22.59 × 10^{-2} T − 13.11 × 10^{-5} T^2 + 31.71 × 10^{-9} T^3。

4. 丙烯氣體 C_p = 84.11 + 17.71 × 10^{-2} T − 10.17 × 10^{-5} T^2 + 24.6

$\times 10^{-9}\ T^3$。

5. 因為矽藻土為極優良之絕熱體，故可忽略其溫度上升的情況。

6. 將整個系統視為絕熱，與外界無熱交換。

7. 第二天開始反應器殘熱為 23168162100 J。

8. 含丙烷氣體 8160784.909 mole。

9. 含丙烯氣體 2919329.472 mole。

(b)計算

設反應器最後溫度為 T℃

$$7.17866 \times 7753 \times (T-220) + 8160784.909 \times$$

$$\left[95.623(T-200) \times \frac{22.59 \times 10^{-2}}{2} \times (T^2-220^2)\right.$$

$$\left. - \frac{13.11 \times 10^{-5}}{3}(T^3-220^3) + \frac{31.71 \times 10^{-9}}{4}(T^4-220^4)\right]$$

$$+ 2919329.473 \times \left[84.11 \times (T-200) \times \frac{17.71 \times 10^{-2}}{2} \times (T^2\right.$$

$$\left. -220^2) - \frac{10.17 \times 10^{-5}}{3}(T^3-220^3) + \frac{24.6 \times 10^{-9}}{4}(T^4-220^4)\right]$$

$$= 23168162100$$

$$\Rightarrow T = 235.481\ ℃$$

故反應器溫度共上升 15.48℃。

3.8.8　反應器內壓力的變化

因為反應器的溫度上升，造成反應器內壓力的變化

$$P_1V = nZRT_1$$

$$P_2V = nZRT_2$$

$$\Rightarrow P_2 = P_1 \times \frac{T_2}{T_1} = 40 \text{ atm} \times \frac{(235.48 + 273.15)\text{K}}{(220 + 273.15)\text{K}}$$

$$= 41.256 \text{ atm}$$

當初設計反應器所能承受之最大壓力為 45atm，因溫度上升而造成的反應器內壓加大，仍未超出設計的最大承受內壓範圍。

故

反應器之直徑為 $(2.5 + 2 \times 0.065384) = 2.630768$ m

高為 6.8405 m

壁厚為 0.065384 m

頂蓋厚為 0.367 m

第二天之殘熱使得反應器溫度上升 15.48°C 並使得反應器入口壓力增加為 41.256 atm。

3.9　結語

本題完成了四聚丙烯製程中觸媒反應器的各項計算，包括反應器內的質能平衡、觸媒死亡時間、壓降、觸媒再生後反應器上線時間、反應器尺寸大小設計等各方面的計算，現在將於此處進行最後的總結。

3.9.1 質能平衡計算

根據本組質量平衡的計算結果，主產品四聚丙烯在產品中所占的莫耳分率為 0.133，聯產品三聚丙烯的莫耳分率為 0.441，二聚丙烯的莫耳分率為 0.426。

再依據本組能量平衡的計算結果，可得每個反應器約可進行生產 23 天，並且各天單個反應器的四聚丙烯，三聚丙烯及二聚丙烯的產量如下。

表 3-6　單一反應器每天各產品產量表

時間（天數）	二聚丙烯（桶）	三聚丙烯（桶）	四聚丙烯（桶）
1	356.2	500.7	193.0
2	364.3	5122	197.4
3	3614	508.2	195.8
4	359.7	505.8	194.9
5	359.8	505.9	195.0
6	359.7	505.7	194.9
7	359.5	505.4	194.8
8	359.3	505.1	194.7
9	359.1	504.9	194.6
10	358.7	504.3	194.4
11	358.2	503.6	194.1
12	357.8	503.1	193.9
13	357.4	502.5	193.7
14	357.0	502.0	193.5
15	356.6	501.4	193.3
16	356.3	500.9	193.0
17	355.9	500.3	192.8
18	355.5	499.8	192.6
19	355.1	499.2	192.4
20	354.7	498.7	192.2
21	354.3	498.1	192.0
22	353.9	497.6	191.8
23	353.5	497.0	191.5

　　故單個反應器在開工的 23 天週期內預計共可生產四聚丙烯 4456.3 桶，三聚丙烯 11562.4 桶，二聚丙烯 8223.9 桶。

　　若把一年的工作天數以 310 天計算，且每個反應器再填充（re-charge）觸媒所花的時間為 5 到 8 天，所以一年中單個反應器需更新觸媒 11 次，單個反應器在一年中共可上線 11 個週期，合 253 天，共生產四聚丙烯 49,019.3 桶，三聚丙烯 127,186.4 桶，二聚丙烯 90,462.9 桶。

　　是故一年中整個工廠五個反應器可生產四聚丙烯 245.1 千桶，三聚丙烯 635.9 千桶，二聚丙烯 452.3 千桶，很顯然的副產品的產量遠超過主產品四聚丙烯，故實際工廠要把三聚丙烯及二聚丙烯再回流至反應器內重新聚合，以提高主產品四聚丙烯的產量。

3.9.2　反應器的壓降

　　經由質能平衡的計算結果，本題所得的反應器內壓降如圖 3-11 所示。

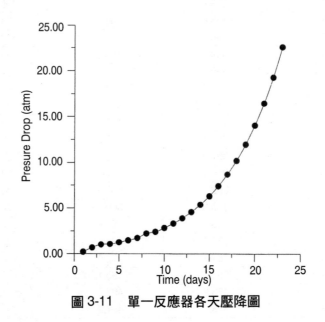

圖 3-11　單一反應器各天壓降圖

　　由圖中我們可以發現一個有趣的現象，當觸媒愈接近死亡時，其壓降愈是快速加大，這是因為觸媒愈接近死亡時，代表其表面活性愈小，亦即觸媒表面覆蓋的積垢愈多，造成觸媒粒徑變大，孔隙度銳減，所以觸媒床壓降急速上升。

3.9.3　反應器的尺寸大小設計

　　由反應器尺寸大小的計算當中，我們算得反應器體積為 29.739163 m^3，建造同樣大小的反應器，用碳鋼（carbon steel）為材質，其造價約為 33,000 美元，折合新台幣 1,056,000 元，五個反應器共需新台幣 5,280,000 萬元。反應器塔徑 2.5 m，塔高 6.0584 m，壁厚 6.5384 cm，塔底及塔頂厚 6.5384 cm。

　　在聚合反應為放熱反應的情況之下，反應器的溫度將上升 15.48℃，壓力將上升至 41.256atm。

參考文獻

1. Peters, M. S. and Timmerhaus, K. D. "Plant Design and Economics for Chemical Engineers", 4th ed., Mc Grow-Hill, New York, 1991.

2.《化工工藝算圖》，第三冊，化工單元操作，吉林化學工業公司設計院編，化學工業出版社，北京，1991 年。

附錄 3-1 填料塔的最佳直徑（克旺坦方程式）

基本依據

根據最佳氣速計算得到的塔徑的是最佳塔徑。克旺坦（Kwanten）給出直接計算最佳塔徑的公式如下：

$$D_C = 2.8G^{a/10}\left(\frac{f_e a}{K_C \eta \rho_G^2}\right)^{a/1}$$

式中：D_C——最佳塔徑，米；

$\quad\quad f_e$——動力費，美元／千瓦時；

$\quad\quad a$——填料比表面積，米²／米³；

$\quad\quad K_C$——單位塔體價格，美元／米³；

$\quad\quad \eta$——風機和電機效率；

$\quad\quad \rho_G$——氣體密度，公斤／米³；

$\quad\quad G$——總氣體負荷，公斤／秒。

由上式可以看出，當動力費用增加，和對較小填料（即 a 值較大）時，最佳塔徑將增加。

使用方法

由圖 8.10 依次連接標尺 $\eta \to K_C \to R_1$，$R_1 \to f_e \to K_G$（R_2），$R_2 \to a \to f_e$（R_3），$R_3 \to \rho_G \to a$（R_4）；$R_4 \to G \to D_G$，在標尺 D_C 的交點即為所

求之最佳塔徑。

已知數據η＝0.65，a＝400 米²／米³，G＝10 公斤／秒，K_G＝60 美元／米³，f_e＝0.02 美元／千瓦時，ρ_G＝1.3 公斤／米³。

1. 由圖 8.10 將標尺η＝0.65 和標尺 K_G＝60 相連，與 R_1 相交；
2. 將 R_1 上交點和標尺 f_e＝0.05 相連，與參考線 R_2 相交；
3. 由 R_2 上交點和標尺 a＝400 相連，與參考線 R_3 相交；
4. 將 R_3 上交點和標尺 ρ_G＝1.3 相連，與參考線 R_4 相交；
5. 由 R_4 上交點和標尺 G＝10 相連，與塔徑標尺相交，得 D_C＝6.9 米。

資料來源

Zanker, A., Processing, 4, 10(1976)。

範例4

烷基化反應

4.1

烷基化工廠的設計。如圖 4-1 所示，當反應器中生產 C_8 "alky-late" 烷化物的主要反應為正丁烯（butylene）和異丁烷（iso-butane）的反應：$C_4H_8 + C_4H_{10} \rightarrow C_8H_{18}$

且其產量為每天 1700 m^3 時，求

(a) 圖中的進料流量為何？

(b) 圖中異丁烷的回流量為何？

已知條件為：

1. 每消耗 1 m^3 的正丁烯時，異丁烷的消耗量為 1.10m^3，烷化物 C_8H_{18} 的 yield 為 1.72 m^3。

2. 反應器的出料中含 75 vol% 的異丁烷。

3. 回流中只含有純的異丁烷，圖中丙烷，烷化物和正丁烷出料量濃度則接近 100%。

4. 丙烷和正丁烷之間不產生化學反應。

題解

此題是出自 Peters 和 Timmerhaus 一書中附錄中的第 14 設計題目，也是 1977 年 AIChE Student 的競賽題目。其設計方法和過程如下：

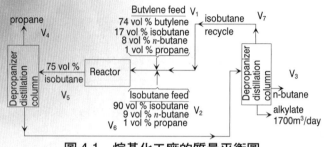

圖 4-1　烷基化工廠的質量平衡圖

4.1　相關製程簡介

4.1.1　製程分析

1. 基本裝置包含有：(1)原料預處理與預分餾；(2)反應系統；(3)分離催化劑；(4)產品中和；(5)產品分餾；(6)廢酸催化劑處理；(7)冷凍壓縮器。

2. 烷基化工業，基本上有兩種製程：(1)硫酸法；(2)氫氟酸法。

3. 因為環保的關係，用固態催化劑（如沸石）來取代液態催化劑是主要的發展方向。

4. 使用 H_2SO_4 為催化劑時，因硫酸黏度大且於烷烴中溶解度很低，所以需要高強度攪拌；而 HF 黏度較低，又微溶於烷烴中，故不太需要高強度攪拌，可較節省設備的投資。

5. 烷基化反應是強烈放熱的反應，因此需要較佳的冷卻系統：
   (1) 以 H_2SO_4 為催化劑時，在 278K（5℃）之下，產品品質較佳。
   (2) 以 HF 為催化劑時，控溫在 303K～318K，普遍使用冷卻水為冷卻劑。

6. 原料中，異丁烷和烯烴的比例高，可以減少不必要的聚合反應，使產品品質提升。硫酸法烷基化的烷／烯比值一般為（5～8）：1，氫氟酸法的比值較高，約（10～15）：1。

7. 為了增加烴－酸懸浮乳狀液在反應器中的停留時間，以增加反應性，加入適量的乳化添加劑，有利於改進烷基化產品的品質。

4.2　現階段製程上的選擇與考量

4.2.1　反應器設備之選擇

本設計在反應器上，選擇類似 Philips HF 烷基化反應之設備，而反應器則選擇套管式熱交換冷卻器（如圖 4-2 和圖 4-3 所示）。產物自反應器上從 Reaction riser 上升至酸沉降器，然後進行分離，其分離之原理是 HF 的密度大於烴類的密度，進而使酸可沉降到沉降器底部，而回到反應器內繼續使用，而 Raiser 的原理是利用壓力差的方式，使其不必使用任何機械式設備（如：Pump）即可自行輸送液體至酸沉降槽。

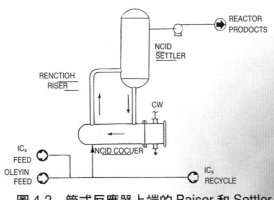

圖 4-2　管式反應器上端的 Raiser 和 Settler

4.2.2　滯留時間之考量

若滯留時間太少，則反應不完全，進而影響產品的品質；若滯留時間太長，則浪費能源，致使成本的增加。一般滯留時間為 5～25 min，故取 20 min。

4.2.3　熱交換器管號之選擇

選用標準是依照美國標準協會（American Standard Association），管號的定義為：

$$管號 = \frac{管內使用壓力}{鋼料在操作情況下可容許之強度}$$

例如，一般鋼管之可容許材料強度為 10,000 lbm/in^2，使用之壓力為 350 lbm/in^2，故管號為 1000*(350/10,000) = 35。

4.2.4　反應溫度

若溫渡太高，會產生裂解反應，使產品品質降低，故選擇較低的溫度，故本設計題目選用 41℃ 為反應溫度。

4.2.5　熱交換管之材質

由於 HF 為一具有高度腐蝕性之酸性液體，故需選擇較能耐酸性之物質，查畫得 Monel Alloy（Ni, Cu, Fe, Mn 之合金）符合此條件，由 Perry's Handbook 可得其 Thermal Conductivity = 133 Btu/h ft°F

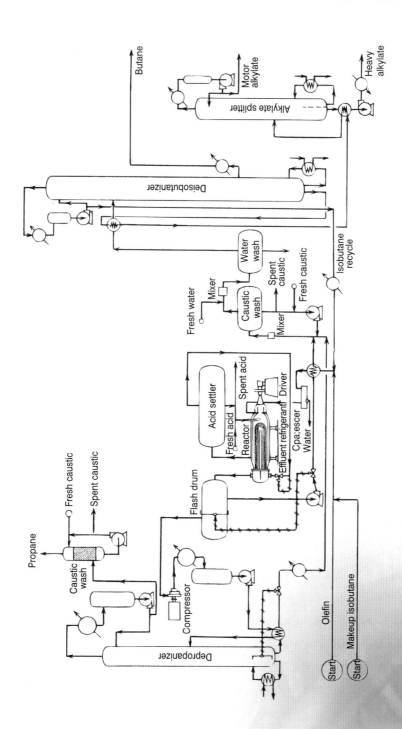

圖 4-3　HF 法的烷基化反應流程圖

4.3　Mass Balance Calculation

　　如圖 4-4 所示，質量平衡計算方法如下所示。由題目所給予之條件：

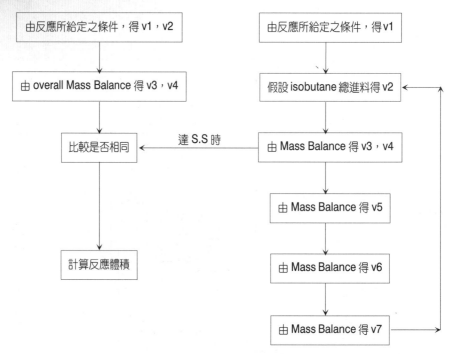

圖 4-4　計算流程圖

　　每產生 1.73 m³/day alkylate 須消耗 1 m³/day butylene（正丁烯）和 1.1 m³/day isobutane（異丁烷），所以愈得到 1700 m³/day alkylate 要消耗（1700/1.72）× 1 = 988.37（m³/day）butylene 和消耗（1700/1.72）× 1.1 = 1087.209（m³/day）isobutane

　　由於題目中並沒有顯示 butylene 的排放，且排出的 isobutane 也聲明為 pure，故我們假設 butylene 全部用完為限量試劑，且在 steady state 時 v1 及 v2 進料的 isobutane 為完全反應，由 overall mass balance

$$v1 \times 0.74 = 988.37$$

$$v1 \times 0.17 + V2 \times 0.9 = 1087.2$$

$$v3 = 0.08 \times V1 + 0.08 \times v1$$

$$v4 = 0.01 \times V1 + 0.01 \times v2$$

可得在 steady state 時

$$v1 = 1335.638 \ (m^3/day)$$

$$v2 = 955.638 \ (m^3/day)$$

$$v3 = 192.8 \ (m^3/day)$$

$$v4 = 22.9 \ (m^3/day)$$

但 v7 的流量仍無法求出，為達到 v7 為 v5 的 0.75 倍題目要求，必須按圖 4-4 所示的 Try and error 方法，求出 v7。

第一輪計算：

假設 isobutane 的總量控制在 $2700 \dfrac{m^3}{day}$，

$$v1 \times 0.74 = 988.37$$

$$v1 = 1335.638 \ (m^3/day)$$

在第一輪中，並沒有 recycle 的 isobutance 加入反應，故

$$v1 \times 0.17 + V2 \times 0.9 = 2700$$

$$v2 = 2747.713 \ (m^3/day)$$

因為 Propane 和 n-butane 不參與反應

故由 Propane 和 n-butane 的 mass balance 得知

$$v3 = 0.08 \times V1 + 0.09 \times v2$$

$$v3 = 354.1452 \ (\text{m}^3/\text{day})$$

$$v4 = 0.01 \times V1 + 0.01 \times v2$$

$$v4 = 40.8335 \ (\text{m}^3/\text{day})$$

由題目知

1. 經反應後之產物中含有 75% 之 isobutane
2. 且欲得到 1700（m³/day）alkylate 須耗費 isobutane 1087.2（m³/day）isobutane

故

$$v5 = (2700 - 1087.209)/0.75 = 2150.387 \ (\text{m}^3/\text{day})$$

$$v6 = v5 - v4$$

$$= 2150.387 - 40.8335 = 2109.554 \ (\text{m}^3/\text{day})$$

$$v7 = v6 - 1700 - v3$$

$$= 2109.554 - 1700 - 3\,54.1452 = 55.4087 \ (\text{m}^3/\text{day})$$

第二輪：

將第一輪算出之 v7 加回反應器進行第二輪的計算

$$v1 \times 0.74 = 988.37$$

$$v1 = 1335.638 \ (\text{m}^3/\text{day})$$

$$v7 + v1 \times 0.17 + v2 \times 0.9 = 2700$$

$$v2 = 2686.148 \ (\text{m}^3/\text{day})$$

因為 Propane 和 n-butane 不參與反應

故由 Propane 和 n-butane 的 mass balance 得知

$$v3 = 0.08 \times v1 + 0.09 \times v2$$

$$v3 = 348.6043 \ (m^3/day)$$

$$v4 = 0.01 \times v1 + 0.01 \times v2$$

$$v4 = 40.2178 \ (m^3/day)$$

由題目知，

1. 經反應後之產物中含有 75% 之 isobutane

2. 且欲得到 1700（m^3/day）alkylate 須耗費 isobutane 1087.2（m^3/day）isobutane

故

$$v5 = (2700 - 1087.209)/0.75 = 2150.387 \ (m^3/day)$$

$$v6 = v5 - v4$$

$$= 2150.387 - 40.21786 = 2110.170 \ (m^3/day)$$

$$v7 = v6 - 1700 - v3$$

$$= 2110.170 - 1700 - 348.6043 = 61.56525 \ (m^3/day)$$

第三輪：

將第二輪算出之 v7 加回反應器進行第三輪的計算

$$v1 \times 0.74 = 988.37$$

$$v1 = 1335.638 \ (m^3/day)$$

$$v7 + v1 \times 0.17 + v2 \times 0.9 = 2700$$

$$v2 = 2679.307 \ (m^3/day)$$

因為 Propane 和 n-butane 不參與反應

故由 Propane 和 n-butane 的 mass balance 得知

$$v3 = 0.08 \times v1 + 0.09 \times v2$$

$$v3 = 347.9887 \ (m^3/day)$$

$$v4 = 0.01 \times v1 + 0.01 \times v2$$

$$v4 = 40.14945 \ (m^3/day)$$

由題目知，

1. 經反應後之產物中含有 75% 之 isobutane

2. 且欲得到 1700（m^3/day）alkylate 須耗費 isobutane 1087.2（m^3/day）

故

$$v5 = (2700 - 1087.209)/0.75 = 2150.387 \ (m^3/day)$$

$$v6 = v5 - v4$$

$$\quad = 2110.238 \ (m^3/day)$$

$$v7 = v6 - 1700 - v3$$

$$\quad = 62.24932 \ (m^3/day)$$

將第三輪算出之 v7 加回反應器進行第四輪的計算

以下計算方式皆同

當到達第八輪後，v7 將會達一定值

（由 Fortran 程式計算而得）……參考下頁

v1 = 1335.638（m³/day）

v2 = 2678.452（m³/day）v3 = 347.9117（m³/day）

v4 = 40.1409（m³/day）

v5 = 2150.387（m³/day）

v6 = 2110.247（m³/day）

v7 = 62.33484（m³/day）

（如下頁的執行結果（一）所示）

但在 steady state 時 v7 應該為 v5 之 0.75 倍，故一開始所試的 Iso-butane 總進料不對，再 try……直到 v7 在達到 steady state 時為 v5 之 0.75 倍，故得到一 Isobutane 總進料為 6835（m³/day）時符合

v1 = 1335.638（m³/day）

v2 = 7342.158（m³/day）

v3 = 767.6453（m³/day）

v4 = 86.77795（m³/day）

v5 = 7663.721（m³/day）

v6 = 7576.943（m³/day）

v7 = 5109.297（m³/day）

此時，雖然滿足了 v7 為 v5 的 0.75 倍，但與題目的第一個已知條件：每消耗 1m³ 的正丁烷時，異丁烷的消耗量為 1.10m³ 不符，故再將先前 overall mass balance 所得 995.7 m³/day 和 v3 = 192.86 m³/day 值，代入重新計算，經 8 輪的 try and error 可得

$$v1 = 1335.638 \ (\text{m}^3/\text{day})$$

$$v2 = 955.536 \ (\text{m}^3/\text{day})$$

$$v3 = 192.8493 \ (\text{m}^3/\text{day})$$

$$v4 = 22.91175 \ (\text{m}^3/\text{day})$$

$$v5 = 7663.721 \ (\text{m}^3/\text{day})$$

$$v6 = 7640.809 \ (\text{m}^3/\text{day})$$

$$v7 = 5747.960 \ (\text{m}^3/\text{day})$$

（如下頁的執行結果（二）所示）

FORTRAN 程式

```
real a(4, 4), b(4), v5, v6, v7, I
OPEN(UNIT=10, FILE='2.DAT', STATUS='NEW')
a(l, l)=0.74
a(l, 2)=0
a(l, 3)=0
a(l, 4)=0
a(2, l)=0.17
a(2, 2)=0.9
a(2, 3)=0
a(2, 4)=0
a(3, l)=0.08
a(3, 2)= 0.09
a(3, a)=- 1
a(3, 4)=0
a(4, l)=0.01
a(4, 2)=0.01
```

```
a(4, 3)=0
a(4, 4)=-1
b(1)=988.372093
b(2)=2700
b(3)=0
b(4)=0
call gaussj(a, 4, 4, b, 4, 4)
WRIfE(10, *) B
DO  40 I=l, 15
  write(10, *) ' TIME@ - ->    '                I
  write(10, *) ' v1', B(1)     ,'     m^3/day'
  write(10, *)'v2', B(2)     ,'     m^3/day'
  write(10, *)'v3', b(3)     ,'     m^3/day'
  write(10, *)"v4', b(4)     ,'     m^3/day'
  v5=(2700-l087.2093)/0.75
  v6=v5-B(4)
  v7=v6-B(3)- 1700
  8(2)=(2700 - B(1)*0.17-v7）/0.9
  8(3)=B(1)*0.08+B(2)*0.09
  B(4)=B(1)*0.01+B(2)*0.01
  write(10, *)'v5', v5    ,'  m^3/day'
  write(10, *)'v6', v6   ,'  B^3/day'
  write(10, *)'v7', v7   ,'  m^3/day'
  write(10, *)
    write(20, *) I, v7
CONTINUE
STOP
end
```

＊＊＊＊＊＊＊＊＊＊＊＊＊＊＊＊＊＊＊＊＊＊＊＊＊＊＊＊

FORTRAN 程式執行結果(一)

TIME		1.000000	TIME→		7.000000
v1	1335.638000	m^3/day	v1	1335.638000	M^3/day
v2	2747.713000	m^3/day	v2	2678.452000	M^3/day
v3	354.145200	m^3/day	v3	347.911700	M^3/day
v4	40.833510	m^3/day	v4	40.140900	M^3/day
v5	2150.387000	m^3/day	v5	2150.387000	M^3/day
v6	2109.554000	m^3/day	v6	2110.247000	M^3/day
v7	55.408740	m^3/day	v7	62.334810	M^3/day

TIME		2.000000	TIME		8.000000
v1	1335.638000	m^3/day	v1	1335.638000	M^3/day
v2	2686.148000	m^3/day	v2	2678.452000	M^3/day
v3	348.604300	m^3/day	v3	347.911700	M^3/day
v4	40.217860	m^3/day	v4	40.140900	M^3/day
v5	2150.387000	m^3/day	v5	2150.387000	M^3/day
v6	2110.170000	m^3/day			M^3/day
v7	61.565250	m^3/day			M^3/day

TIME		3.000000	TIME		9.000000
v1	1335.638000	m^3/day	v1	1335.638000	M^3/day
v2	2679.307000	m^3/day	v2	2678.452000	M^3/day
v3	347.988700	m^3/day	v3	347.911700	M^3/day
v4	40.149450	m^3/day	v4	40.140900	M^3/day
v5	2150.387000	m^3/day	v5	2150.387000	M^3/day
v6	2110.238000	m^3/day	v6	2110.247000	M^3/day
	62.279320	m^3/day		62.334840	M^3/day

TIME ·····➤		4.000000	TIME ·····➤		10.000000
v1	1335.638000	m^3/day	v1	1335.638000	M^3/day
v2	2678.547000	m^3/day	v2	2678.452000	M^3/day
v3	347.920300	m^3/day	v3	347.911700	M^3/day
v4	40.141850	m^3/day	v4	40.140900	M^3/day
v5	2150.387000	m^3/day	v5	2150.387000	M^3/day
v6	2110.246000	m^3/day	v6	2110.247000	M^3/day
v7	62.325350	m^3/day	v7	62.334840	M^3/day

TIME ·····➤		5.000000
v1	1335.638000	m^3/day
v2	2678.46200	m^3/day
v3	347.912700	m^3/day
v4	40.141000	m^3/day
v5	2150.387000	m^3/day
v6	2110.246000	m^3/day
v7	62.333790	m^3/day

TIME ·····➤		6.000000
v1	1335.638000	m^3/day
v2	2678.453000	m^3/day
v3	347.911800	m^3/day
v4	40.140910	m^3/day
v5	2150.387000	m^3/day
v6	2110.247000	m^3/day
v7	62.334710	m^3/day

FORTRAN 程式執行結果㈡

| | 1335.638000 | 7342.158000 | TIME→ | | 7.000000 |

TIME ····→		1.000000	v1	1335.638000	m^3/day
v1	1335.638000	m^3/day	v2	955.547600	m^3/day
v2	7342.158000	m^3/day	v3	192.850300	m^3/day
v3	767.6453000	m^3/day	v4	22.911860	m^3/day
v4	86.77950	m^3/day	v5	7663.721000	m^3/day
v5	7663.721000	m^3/day	v6	7640.809000	m^3/day
v6	7576.943000	m^3/day	v7	5747.958000	m^3/day
v7	5109.29700	m^3/day			

TIME ····→		2.000000	TIME→		8.000000
v1	1335.638000	m^3/day	v1	1335.638000	m^3/day
v2	1665.160000	m^3/day	v2	955.536700	m^3/day
v3	256.715500	m^3/day	v3	192.849300	m^3/day
v4	30.007980	m^3/day	v4	22.911750	m^3/day
v5	7663.721000	m^3/day			
v6	7633.713000	m^3/day			
v7	5676.997000	m^3/day			

TIME ····→		2.000000	TIME→		9.000000
v1	1335.638000	m^3/day	v1	1335.638000	m^3/day
v2	1034.38300	m^3/day	v2	955.535600	m^3/day
v3	199.945500	m^3/day	v3	192.849200	m^3/day
v4	23.700210	m^3/day	v4	22.911740	m^3/day
v5	7663.721000	m^3/day			
v6	7640.021000	m^3/day			
v7	5740.075000	m^3/day			

TIME ·····→	4.000000		TIME→	10.000000	
v1	1335.638000	m^3/day	v1	1335.638000	m^3/day
v2	964.296000	m^3/day	v2	955.5351000	m^3/day
v3	193.637700	m^3/day	v3	192.849200	m^3/day
v4	22.999340	m^3/day	v4	22.911730	m^3/day
v5	7663.721000	m^3/day	v5	7663.721000	m^3/day
v6	7640.721000	m^3/day	v6	7640.809000	m^3/day
v7	5747.083000	m^3/day	v7	5747.960000	m^3/day
TIME ·····→	5.000000		TIME→	11.000000	
v1	1335.63800	m^3/day	v1	1335.638000	m^3/day
v2	956.509000	m^3/day	v2	955.535100	m^3/day
v3	192.936800	m^3/day	v3	192.849200	m^3/day
v4	22.921470	m^3/day	v4	22.911730	m^3/day
v5	7663.721000	m^3/day	v5	7663.721000	m^3/day
v6	7640.799000	m^3/day	v6	7640.809000	m^3/day
v7	5747.862000	m^3/day	v7	5747.960000	m^3/day
TIME ·····→	6.000000				
v1	1335.638000	m^3/day			
v2	955.643600	m^3/day			
v3	192.859000	m^3/day			
v4	22.912820	m^3/day			
v5	7663.721000	m^3/day			
v6	7640.808000	m^3/day			
v7	5747.949000	m^3/day			

　　此結果，與最初在 steady state 計算所得幾乎相同，故判定此為最後 steady state 的結果（如表 4-1 所示）。

表 4-1：S.S 時的各組成成分的質量值（m³/day）

	V1	V2	V3	V4	V5	V6	V7
batylene	988.37	0	0	0	0	0	0
isobutane	227.06	859.98	0	0	5747.96	5747.96	5747.96
butane	106.85	85.99	192.85	0	192.85	192.85	0
propane	13.36	9.55	0	22.91	0	0	0
ATK kylate	0	0	0	0	1700	1700	0
To Total	1335.64	955.54	192.85	22.91	7663.72	7640.81	5747.96

4.4　Chem CAD 的質量平衡計算

　　將先前所初算之質量平衡代入 Chem Cad 3.0 版（CC3）作結算，得到其 Propane 出口體積流率與 N-butane 出口體積流率之結果與先前所算的不同。觀察其不同處，我們可了解 Chem Cad 所算出來的值有很大的誤差，主要是因為 Isobutane 進料 v2 的改變才會有如此大的差距。

　　假如我們照題意所提的出口之產物皆為單一純物質的條件計算，在質能初算中，我們所得到之結果可說是理想狀態下所得到之結果，但實際上在蒸餾塔中，不可能有單一純物質的產生，往往是一混合物，從 PFD 圖中（圖 4-5）可知其 stream 2 有 265 m³/day 的排放與題目所要求的條件不同，所以理論上 v2 需再補充 265 m³/day 成為 955＋265 m³/day 才能平衡。而從 CC3 上 v2 的進料 12.75＋1147.59＋114.76＝1275.1 m³/day 與所算的 1220 m³/day 相差不多，我們可認定這是合理的現象。

　　而在 Chem Cad 中，Recycle 的物質必須要是純 Isobutane，Recycle

才會收斂。否則沒反應的物質愈加愈多，到最後會發散掉，無法收斂。所以我們在圖 9.5 內加上兩個 CC3 之單元（component separator）使得其在 Recycle 成為純物質 isobutane，才能收斂。

　　圖 4-5 PFD 圖中，產物 Alkylate 為 1716.3 m^3/day 與題目所要求的 1700 m^3/day 有些微的差距，但這應該是在可容許範圍。由於其要求產物為 Alkylate，為一混合物，然而我們為計算方便，只取 2，2，4-trimethypentane 為主產物才會有此誤差。

4.5　反應器所需的熱傳面積之計算

　　假設熱交換管規格為 BWG 14，1.5 in。

　　參考 Peters & Timmerhaus 一書中第 15 章 Table 9 和例題 5 的做法：

(a)$h_i^{3.5}\left[2.5\psi_i H_y C_i + \dfrac{3.5\varphi_i \times H_y \times C_i \times D_i \times R_{du} \times h_i}{D_o}\right.$

$\left. + 2.9\left(\dfrac{\phi_i C_i D_i}{D_o}\right)^{0.83}(\psi_o C_o)^{0.17}H_y h_i^{0.22}\right]$　　　　　　（4-1）

$= K_F C_{AD}$

又 $\psi_i = B_i\left[\dfrac{12200(D_i)^{1.5}(u_i)^{1.88}\left(\dfrac{u_w}{u_i}\right)^{0.63}}{g_c D_o E_i^2 K_i^{2.33} C_{pi}^{1.17}}\right]$

$\Rightarrow B_i$ 經常為 1.0；假設勢交換管規格為 1.5in，BWG14

$\therefore \psi_i = 1.0\left[\dfrac{12200 \times \left(\dfrac{1.334}{12}\right)^{1.5} \times (0.862 \times 2.4192)^{1.88} \times 1^{0.63}}{32.17 \times (3600)^2 \times \left(\dfrac{1.5}{12}\right) \times (62.43)^2 \times (0.352)^{2.33} \times 1^{1.117}}\right]$

$\psi_i = \dfrac{12200 \times 0.037 \times 3.98}{1.77 \times 10^{10}}$

$\psi_i = 1.01 \times 10^{-7}$

(b)$\varphi_o = \dfrac{B_o}{n_b} \times \dfrac{N_r N_e}{N_t} \times \dfrac{2b_o D_c D_o^{0.75} F_s^{4.75} U_{fo}^{1.42}}{\pi a_o^{4.75} g_c \rho_o^2 K_{fo}^{3.17} C_{Pfo}^{1.58}}$

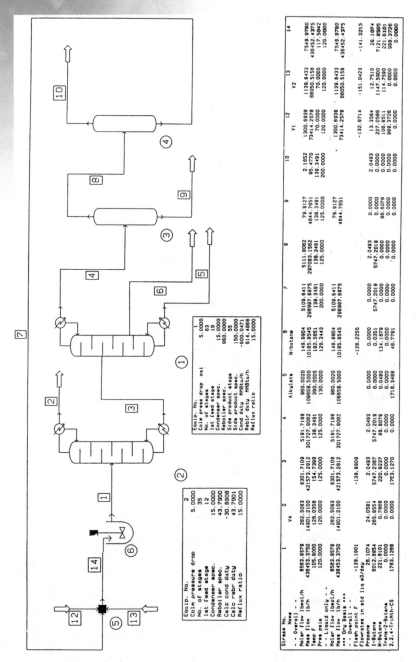

圖 4-5　ChemCAD 的 PFD 圖

$$b_o = 0.23 + \frac{0.11}{(x_r - 1)^{1.08}} = 0.23 + \frac{0.11}{(1.25 - 1)^{1.08}} = 0.72$$

$$\psi_o = 1 \times 1 \times$$

$$\frac{2 \times 0.72 \times \left(\frac{1.5}{12}\right)^{0.75} \times \left(\frac{0.375}{12}\right) \times (1.3)^{4.75} \times (0.953)^{1.42}}{\pi \times 0.26^{4.75} \times 32.17 \times (3600)^2 \times (28.1)^2 \times (0.058)^{3.17} \times (0.84)^{1.58}}$$

$$\psi_o = 6.95 \times 10^{-8}$$

(c)將比 ψ_i，ψ_o 值代入公式（4-1），可得

$$R_i^{3.5} \times (8760) \times \left(\frac{0.04}{2.655 \times 10^6}\right) \times \left[2.5 \times 1.01 \times 10^{-7} + \right.$$

$$\frac{3.5 \times 8.16 \times 10^{-8} \times \left(\frac{1.334}{12}\right) h_i}{\left(\frac{1.5}{12}\right)} + 2.9 \times \left(\frac{1.01 \times 10^{-7} \times \frac{1.334}{12}}{1.5/12}\right)^{0.83} \times$$

$$\left. (1.95 \times 10^{-8})^{0.17} \times h_i^{0.22} \right] = 0.2 \times 34 \times 1.15$$

$$R_i^{3.5} \times (1.32 \times 10^{-4}) \times [2.525 \times 10^{-7} + 7.54 \times 10^{-7} h_i + 2 \times 10^{-7} h_i^{0.22}]$$

$$= 7.82$$

$$2.525 \times 10^{-7} R_i^{3.5} + 2.54 \times 10^{-7} h_i^{4.5} + 2 \times 10^{-7} h_i^{3.72} = 59242.4$$

$$h_i = 335.2 \text{ Btu/hr/ft}^2/°\text{F}$$

而　$h_o = \left(\frac{0.74 \psi_i C_i D_i}{\psi_o C_o D_o}\right)^{0.17} h_i^{0.78}$

$$= \left[\frac{0.74 \times 1.01 \times 10^{-7} \times \left(\frac{1.334}{12}\right)}{1.95 \times 10^{-8} \times \left(\frac{1.5}{12}\right)}\right]^{0.17} \times (335.2)^{0.78} = 77.62 \frac{\text{Btu}}{\text{h} - \text{ft}^2 - \text{F}}$$

$$U_o = \left[\frac{\frac{1.5}{1.2}}{\frac{1.334}{12} \times 355.2} + 1 + \frac{\frac{0.166}{12}}{133} \times \frac{\left(\frac{1.5}{12}\right)}{0.1196}\right] = 71.36 \left(\frac{\text{Btu}}{\text{h} - \text{ft}^2 - °\text{F}}\right)$$

(d)圖 4-6 中，

x 軸的值 $\frac{F_T U_o H_y C_u}{C_{pu}(K_F C_{Ao} + E_{i, opt} H_y C_i + E_{o, opt} H_y C_o)} =$

$$\frac{1 \times 151.14 \times 8760}{0.86 \times \left(0.2 \times 3400 \times 1.15 + 8.16 \times 10^{-8} \times 15.76^{3.5} \times 8760 \times \frac{1}{2}\right.}$$

$$\frac{\times (9 \times 10^{-6})}{\left. \times \frac{0.04}{2.655 \times 10^6} + 9.62 \times 10^{-7} \times 4.5^{4.75} \times 8760 \times \frac{0.04}{2.655 \times 10^6}\right)}$$

$$= \frac{5.626}{0.86 \times 782}$$

$$= 0.008 \left(\frac{Btu}{h - ft^2 - °F}\right)$$

又：$\dfrac{t_1' - t_2'}{\Delta t_1} = 0$　查圖 4-6 得：

y 軸：$\dfrac{\Delta t_{2, opt}}{\Delta t_1} = 0.7$　$\Delta t_1 = 16℃$

$\therefore \Delta t_{2, opt} = 11.2℃ = t_1' - t_{2, opt}$（$t_1' = 41℃ = $ 烷基化反應的溫度）

$\therefore t_2 = 4.1℃ - 11.2℃ = 29.8℃$　$\Delta T_M = 13.6$（°F）

(e) $\because$ Alkylate 反應熱 $\overline{Q}$ 範圍在 $150 \sim 200 \dfrac{Btu}{kg \cdot alkylate}$，其可換算為

$627 \sim 836 \dfrac{KJ}{kg \cdot alkylate}$

假設反應熱 $\overline{Q}$ 為 $650 \dfrac{KJ}{kg \cdot alkylate}$

alkylate 產量：$1700 \dfrac{m^3}{day} \Rightarrow 13.77 \dfrac{kg}{s}$（$\rho_{alkylate} = 700 \dfrac{kg}{m^3}$）

反應放熱量 $Q = UA\Delta T = 8951 \left(\dfrac{kT}{s}\right)$

$\therefore A = 14857$　$ft^2 = 1680.29$ m^2

因熱交換管規格為：$1\dfrac{1}{2}$ in，BWG14

故其每米的外管面積為 $0.12 \dfrac{m^2}{m}$

設定其標準管長為 4.88 m

總合上述條件可求得管數為 U

$U = \dfrac{A / 每米外管面積}{標準長度} = \dfrac{1680.29/0.12}{4.88} = 2869$（支）

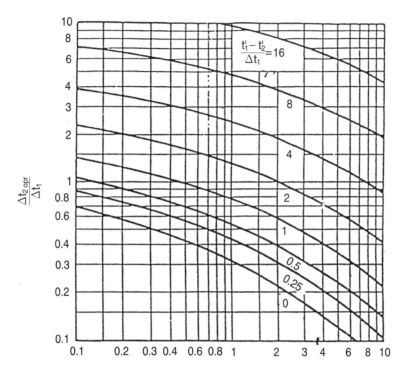

圖 4-6　**熱交換器中最適 Δt_2 的圖解法。**

上述公式中諸符號的說明：

1. a_o = 為評定熱輸送的外膜係數公式中的常數，無單位

2. b_o = 為評定殼部分摩擦因數公式中的常數，無單位

3. B_i = 計入由於突然收縮、突然膨脹及流動方向相反而致的摩擦公式中的校正因素，無單位

4. B_o = 計入由於流動方向相反，管的再橫過及斷面的變化而致的摩擦公式中的校正因素，無單位

5. C_i = 供應 1ft-1b 之力泵送流體經過管的內部之費用，元/ ft-1b 力

6. C_o = 供應 1ft-1b 之力泵送流體經過熱交換器殼部分之費用，元/ ft-1b 力

7. Cr＝熱交換器及操作的總年度可變費用，元／年

8. Cu＝公用流體的費用，元／年

9. Fs＝為計入熱交換器中殼部分旁路中的安全因素，無單位

10. Fr＝為逆流動對數平均 Δt 上的校正因素以得到平均 Δt，無單位

11. g_c＝牛頓運動定律中的換算因素，32.17ft-lb 質量 /(sec)^2(lb 力)

12. G＝管內質量速度，lb/(hr)(sq ft)

13. Hr＝每年操作的時數，hr/year

14. Kc＝由於突然收縮在評定摩擦公式中的常數，無單位

15. K_F＝包括保養的年固定費用，以完全安裝設備的最初費用之分數表示之，無單位

16. K_f＝為 Bi 評定的常數，無單位

17. n_b＝擋板間格的數目＝擋板數加一，無單位

18. t＝溫度，°F；註字 b 係指平均整體溫度；註字 or 係指原來溫度；註字 s 係指表面；一般的符號，分號（'）係指程序流體；註字 1 係指進入溫度；而註字 2 係指離去溫度

19. t'＝在熱交換中第二流體的溫度，°F；一般係指程序流體

20. $\psi_i\psi_o$＝對 Ei 及 Eo 的評定含單位因素

4.6　反應器體積之計算

由下列烷基化反應機構可得反應速率決定方程式為：

$$i - C_4^+X^- \rightarrow i - C_4^{2-} + HX$$

$$r = k[i - C_4^+X^-]$$

$$k = 3.92 \times 10^4 1/s$$

此為一級反應速率式。

可由 CSTR 的計算方程式：$V=F_{A0}X/r$ 來計算反應器的體積。

其中 V 為反應器體積；F_{A0} 為 Butylene 之莫耳流速；X 為反應物的轉化率。

在反應器入口，不含催化劑 HF 的情況下：

反應物的總進料量為 8038.66 m³/day。

Butylene 的進料量為 1335.64 m³/day × 0.74 = 988.37 m³/day。

又 Butylene 的密度為 600 kg/m³；莫耳分子量為 56 kg/kmol。

故，F_{A0} = 988.37 m³/day × 600 kg/m³ × 1 day/24hr × 1 hr/60min ÷ 56 kg/kmol = 7.354 kmol/min

流速 V_0 = 8038.66 m³/day × 1000 L/m³ × 1day/24hr × 1 hr/60min = 582.40 L/min

因此可知 Butylene 進口濃度 C_{A0}' = F_{A0} × 1000/v_0 = 7354/5582.40 = 1.3 mol/L

進入反應器加上催化劑 HF 之後：

因為催化劑的量約為進料量的 2 倍，故反應器中的濃度是

原來進口濃度的三分之一。C_{A0} = 1.3 mol/L ÷ 3 = 0.44 mol/L。

再加上反應會消耗 Butylene，因此在 CSTR 的條件下，反應器中 Butylene 之平均濃度應為：$C_A = C_{A0}(1-X)$。

由題目可知轉化率為 1.0，但是在轉化率為 1.0 的條件下將不能計算，所以假設一個新的轉化率 X = 0.99999998，近似於 1.0。

$$C_A = C_{A0}(1-X) = 0.44(1-0.99999998) = 7.47 \times 10^{-9} \text{ mol/L}$$

所以烷基化的反應速率 r = kC_A = 0.0176 mol/min L

由以上所得的數據，代入 $V=F_{A0}X/r$，就可以求得反應器的體積：

$$V = F_{A0}X/r = 7354 \times 0.99999998 \div 0.0176 = 418010 \text{ L}$$

因此，反應器體積為 418.01 立方公尺。

〔驗證〕

418010 L × 0.8 ÷ 3 = 111470 L

111470 L ÷ 5582.40 L/min = 19.97 min

一般用 HF 作催化劑之 Process，反應物在反應器中之滯留時間為 5～25 分鐘，由上面之轉化率所得到的滯留時間約為 20 分鐘，落在 5～23 分鐘的區間中，故此一反應器體積值合理。

4.7 蒸餾塔的設計

蒸餾塔設計原則上是以 Chem Cad III(CC3) 模擬軟體為主要工具。而其中的 Short-cut 方法雖所得到的結果較粗糙，但是 Short-cut 方法確為一較便捷之決定板數的方法，所以我們先以 Short-Cut Column 模擬設定範圍。

在 Short-cut 方法中，由於模擬各組成的沸點不同，我們可分別取出 Light-Key 及 Heavy-Key 來求出各 Streamline 中的假設產物。但由於先前參照題意所計算後的質量平衡為在一完美的狀態假設，每個蒸餾塔的出口物的純度均為100%。但是實際模擬上不可能達到此質能均衡計算時的完美狀態，故只能求取產物量最接近的時候。

待以 Short-Cut 方法跑出的產物量最接近先前所算的 Mass balance 值時，便將此時 Short Cut column 中的總板數條件代至蒸餾塔（Tower）中，再使用 CC3 中的 Sensitivity 功能模擬得到一曲線。由曲線中，可觀察到操作條件對我們所取的變數中變化的情形，取一組最適的組合代回到蒸餾塔操作。我們便可試出進料板的最佳位置和 Sidestream 的最佳出口板數。

常溫常壓下各 component 的沸點為：

propane 的沸點為 −43.7℉

I-butane 的沸點為 10.904℉

N-butane 的沸點為 31.1℉

2, 2, 4 trimethypentane 的沸點為 210.63℉

由先前的設計當中此反應器

反應溫度是在 41℃，

壓力於 120Psi

4.7.1　去丙烷塔的設計

由 Short-cut 方法中（參考圖 4-7）以 propane 為 Light-Key，I-butane 為 Heavy-Key，試出總板數為 35 板。將其資料代入 Tower 中模擬。我們以 Sensitivity 方法求最佳進料板（Feed stage）為第 8 板。

4.7.2　去丁烷塔設計

如同去丙烷塔的設計方式，（參考圖 4-8）取 I-butane 為 Light-Key，N-butane 為 Heavy-Key。可試出總板數為 63 板，將其資料代入 Tower 中模擬。我們以 Sensitivity 方法求出最佳進料板（Feed stage）。為第 13 板。Sidestream 的最佳位置為第 52 板。

ChemCAD 　　　 3.30-386 　　　 License: TUNGHAI UNIVERSITY 　　　　　　 Page: 1

Job Code: STEVE1 　　　 Case Code: STEVE1 　　　 Date: 04-02-98 　　　 Time: 10 : 10

Stream No.	1	2	3	4
Stream Name 　 V5	V4	V6		recycle
Temp F	105.8000*	126.6920	154.9306	138.0818
Pres psia	120.0000*	120.0000	125.0000	125.0000
Enth MMBtu/h	−450.43	−17.040	−421.03	−310.63
Vapor mole fraction	0.00000	0.00000	0.00000	0.00000
Total lbmol/h	6263.4053	269.6310	5993.7744	4852.5786
Total lb/h	417045.0312	15333.3760	401711.6562	282039.5625
Total std L ft3/hr	11276.7420	439.8773	10836.8645	8030.6499
Total std V scfh	2376828.50	102319.18	2274509.25	1841449.88
Flowrates in lbmol/h				
Propane	24.6160	24.1237	0.4923 .	4923
I-Butane	5110.1660	244.7769	4865.3892	4844.4678
N-Butane	177.9136	0.7303	177.1833	7.6189
Trans-2-Butene	0.0000	0.0000	0.0000	0.0000
2, 2, 4-TriMth-C5	950.7095	0.0000	950.7095	0.0000

Stream No.	5
Stream Name	alkylate
Temp F	321.5009
Pres psia	130.0000
Enth MMBtu/h	−100.60
Vapor mole fraction	0.00000
Total lbmol/h	1141.1958
Total lb/h	119672.1094
Total std L ft3/hr	2806.2155
Total std V scfh	433059.41
Flowrates in lbmol/h	
Propane	0.0000
I-Butane	20.9214
N-Butane	169.5644
Trans-2-Butene	0.0000
2, 2, 4-TriMth-C5	950.7095

圖 4-7 　 去丙烷塔 Short-Cut Column 的 PFD 圖

ChemCAD　3.30-386　License: TUNGHAI UNIVERSITY　　　　　　　　Page: 1

Job Code: TEST2　　Case Code: TEST2　　Date: 04-02-98 Time: 08 : 00

Stream No.	1	2	3	4
Stream Name	V5	V4 propane	V6	V7 recycle
Temp F	105.8000*	126.9568	154.9300	138.1177
Pres psia	120.0000*	120.0000	125.0000	125.0000
Enth MMBtu/h	−450.43	−17.067	−421.00	−312.56
Vapor mole fraction	0.00000	0.00000	0.00000	0.00000
Total lbmol/h	6263.4053	269.9907	5993.4141	4883.4097
Total lb/h	417045.0312	15362.5322	401682.5312	283823.6875
Total std L ft3/hr	11276.7420	440.5804	10836.1617	8080.9059
Total std V scfh	2376828.50	102455.70	2274372.50	1853149.62
Flowrates in lbmol/h				
Propane	24.6160	23.5357	1.0803	1.0803
I-Butane	5110.1660	244.9536	4865.2114	4864.3032
N-Butane	177.9136	1.5014	176.4123	18.0334
Trans-2-Butene	0.0000	0.0000	0.0000	0.0000
2, 2, 4-TriMth-C5	950.7095	0.0000	950.7103	0.0000

Stream No.	5	6
Stream Name	v3 n-butane	alkylate
Temp F	166.4024	388.7466
Pres psia	129.0984	130.0000
Enth MMBtu/h	−9.7773	−84.924
Vapor mole fraction	0.00000	0.00000
Total lbmol/h	160.0000	950.0000
Total lb/h	9498.9893	108359.8516
Total std L ft3/hr	258.8904	2496.3669
Total std V scfh	60716.59	360504.69
Flowrates in lbmol/h		
Propane	0.0000	0.00000
I-Butane	0.9064	0.0021
N-Butane	155.5393	2.8396
Trans-2-Butene	0.0000	0.00000
2, 2, 4-TriMth-C5	3.5533	947.1569

圖 4-8　去丁烷塔的 PFD 圖

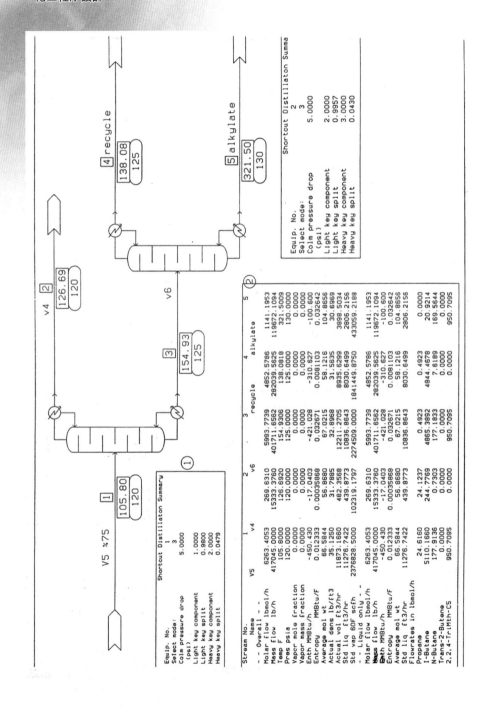

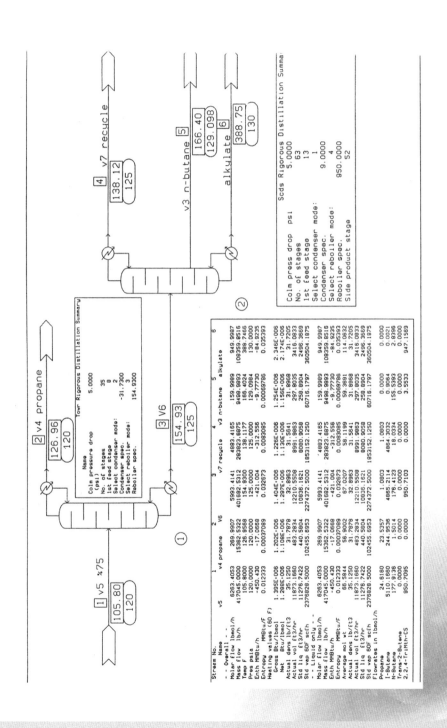

4.8　HF 催化劑的分離

　　本工廠設計是以 Liquid HF 為催化劑,所以管件與塔的材質大致以 Monel 合金為主。而所需使用催化劑的量與 Hydrocarbon 相比例為 2：1。當 HF 加入反應器反應完後會進入到一沉降器(settler)中,由於 HF 的密度大於碳氫化合物,故有大部分的 HF 可靠沉降方法分離,經由熱交換器冷卻溫度後,再回到反應器中繼續參與反應。只有 1～2% Liquid HF 會溶於反應物中,但由於 HF 與丙烷的混合物餾份最輕,故大部分的 HF 會從去丙烷塔中之塔頂出去,故我們可以在去丙烷塔的上部出口再加上一去 HF 塔,使這些餾出的 HF 再回流,將 HF 的耗量減至最少。

4.9　蒸餾塔塔徑與塔重之數據處理

　　依照下列下列的計算流程圖和圖 4-9 可算出去丙烷塔和去丁烷塔的塔徑和塔重。

◎去丙烷蒸餾塔塔徑 Dc 及塔重 W 之數據計算

Reflux Ratio = 15

V(氣體流量)= 16 × 14818.61 = 237097.76　　1b./hr

L(液體流量)= 15 × 14818.61 = 222279.15　　1b./hr

ρ_V(氣體密度)= 1.3192　　1b./ft^3

ρ_L(液體密度)= 32.42　　1b./ft^3

σ(表面張力)= 6.51　　dyne/cm

故在圖 4-9 中,

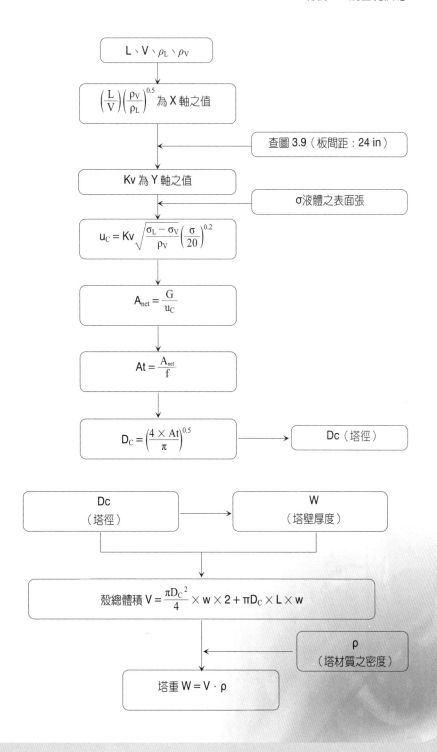

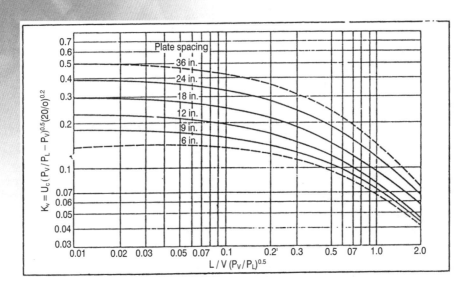

圖 4-9　篩板及泡罩塔可溢流狀況下之 Kv 值

$$X \text{ 軸為} = \left(\frac{L}{V}\right)\left(\frac{\rho_V}{\rho_L}\right)^{0.5} = \left(\frac{15}{16}\right)\left(\frac{1.3192}{32.42}\right)^{0.5} = 0.189$$

若板間距為 24in

得 Y 軸 = K_V = 0.29

$$u_C = K_V \sqrt{\frac{\rho_L - \rho_V}{\rho_V}} \left(\frac{\sigma}{20}\right)^{0.2}$$

$$= 0.29 \sqrt{\frac{32.42 - 1.3192}{1.3192}} \left(\frac{6.51}{20}\right)^{0.2} = 1.125 [\text{ft/sec}]$$

$$A_{net} = \frac{G}{u_C} = \frac{V/\rho}{C} = \frac{237097.76 \frac{\text{lb}}{\text{hr}} \times \frac{\text{ft}^3}{1.3192\,\text{lb}} \times \frac{1\text{hr}}{3600\,\text{sec}}}{1.125\,\text{ft/sec}} = 44.389\ \text{ft}^2$$

$$A_t = \frac{A_{net}}{f} = \frac{44.389\ \text{ft}^2}{0.7} 63.41\ \text{ft}^2$$

故，塔徑 $D_C = \left(\frac{4 \times A_t}{\pi}\right)^{0.5} = \left(\frac{4 \times 63.41}{\pi}\right)^{0.5} = 9.0\text{ft}$

塔壁厚度 W = 0.7812 in

塔殼總體積

$$V = \frac{\pi D_C^2}{4} \times \omega \times 2 + \pi D_C \times L \times \omega$$

$$= \frac{\pi \times (9\,\text{ft})^2}{4} \times \frac{0.7812\,\text{in}}{12\,\text{in/ft}} \times 2 + \pi(9\,\text{ft})(24\,\text{in} \times 35 \times \frac{\text{ft}}{12\,\text{in}})$$

$$(0.7812\,\text{in} \times \text{ft}/12\,\text{n}) = 137.13\,\text{ft}^3$$

因，ρ（塔材質之密度）＝7753 kg/m³

（塔之材質為 Carbon steel 1.5% C）

故塔殼總重量 W

$$= V \times \rho = 137.13\,\text{ft}^3 \times 7753\,\text{kg/m}^3 \times \frac{\text{lb}}{16.0158\,\text{kg/m}^3} = 66371.3\,\text{lb}$$

◎去丁烷蒸餾塔塔徑 Dc 及塔重 W 之數據計算

Reflux Ratio＝0.116

V（氣體流量）＝1.116 × 307909.22 ＝ 343626.69　1b./hr

L（液體流量）＝0.116 × 307909.22 ＝ 35717.470　1b./hr

ρ_V（氣體密度）＝1.3577　1b./ft³

ρ_L（液體密度）＝32.78　1b./ft³

σ（表面張力）＝6.615　dyne/cm

故在圖 4-9 中，

$$X\,\text{軸為} = \left(\frac{L}{V}\right)\left(\frac{\rho_V}{\rho_L}\right)^{0.5} = \left(\frac{0.116}{1.116}\right)\left(\frac{1.3577}{32.78}\right)^{0.5} = 0.021$$

若板間距為 24 in

得 Y 軸＝K_V＝0.39

$$u_C = K_v \sqrt{\frac{\rho_L - \rho_V}{\rho_V}} \left(\frac{\sigma}{20}\right)^{0.2}$$

$$= 0.39 \sqrt{\frac{32.78 - 1.3577}{1.3577}} \left(\frac{6.615}{20}\right)^{0.2} = 1.504\,[\text{ft/sec}]$$

$$A_{net} = \frac{G}{u_C} = \frac{V/\rho}{C} = \frac{343626.69\,\frac{\text{lb}}{\text{hr}} \times \frac{\text{ft}^3}{1.3577\,\text{lb}} \times \frac{1\,\text{hr}}{3600\,\text{sec}}}{1.504\,\text{ft/sec}} = 46.73\,\text{ft}^2$$

化工程序設計

$$A_t = \frac{A_{net}}{f} = \frac{46.73 \text{ ft}^2}{0.7} = 66.75 \text{ ft}^2$$

故，塔徑 $D_C = \left(\frac{4 \times A_t}{\pi}\right)^{0.5} = \left(\frac{4 \times 66.75}{\pi}\right)^{0.5} = 9.22 \text{ ft}$

塔壁厚度 $w = 0.9375 \text{ in}$

塔殼總體積

$$V = \frac{\pi D_C{}^2}{4} \times w \times 2 + \pi D_C \times L \times w$$

$$= \frac{\pi \times (9.22 \text{ ft})^2}{4} \times \frac{0.9375 \text{ in}}{12 \text{ in/ft}} \times 2 + \pi (9.22 \text{ ft})(24 \text{ in} \times 63 \times \frac{\text{ft}}{12 \text{ in}})$$

$$(0.9375 \text{ in} \times \text{ft/12 n}) = 295$$

因，ρ（塔材質之密度）$= 7753 \text{ kg/m}^3$

（塔之材質為 Carbon steel 1.5%C）

故塔殼總重量 W

$$= V \times \rho = 295.56 \text{ ft}^3 \times 7753 \text{kg/m}^3 \times \frac{\text{lb}}{16.0158 \text{kg/m}^3} = 143051.89 \text{lb}$$

參考文獻

1. John J. Mcketta, "Encyclopedia of Chemical Processing and Design", Vol 2, 1977

2. Peters M. S. and Timmerhaus, Plant design and Economics for Chemical Engineers, 4th edition, McGraw Hill, New York, 1991.

尼龍 66 聚合反應器設計

氰化反應

Nylon66 是藉由己二酸（adipic acid, HOOC(CH$_2$)$_4$COOH）和己二胺（hexamethlenediamine，H$_2$N(CH$_2$)$_6$NH$_2$）的縮合聚合反應製造而成，而 HMD（hexamethylenediamine）的合成為其中的一個重要反應步驟，此合成主反應是 DCB（dichlorobutene）反應成 DNB（dicyanobutene）的 氰化反應（cyanation）。

HMD 合成的反應，如下所示：

$$C_4H_6 + Cl_2 \rightarrow C_4H_6Cl_2 \tag{5-1}$$

DCB (dichlorobutene)

$$C_4H_6Cl_2 + 2NaCN \rightarrow C_4H_6(CN)_2 + 2NaCl \tag{5-2}$$

DNB (dichlorobutene)

$$C_4H_6(CN)_2 + H_2 \rightarrow C_4H_8(CN)_2 \tag{5-3}$$

AND (adiponitrile)

$$C_4H_8(CN)_2 + 4H_2 \rightarrow NH_2(CN)_6NH_2 \tag{5-4}$$

HMD (hexamethylenediamine)

其中（5-2）式的氰化反應必須在使用銅氰錯離子為催化劑的水溶液介質中反應，實驗工廠的研究顯示「pH 的控制」及「溫度的控制」在此反應中是非常重要的。

反應器材料方面

反應器結構的材料方面只有 glass-lined steel 或 Hastelloy Cappears 較適合使用,且因為原料和反應器結構的材料均是十分昂貴的,因此必須對此硬體成本進行評估計算做最經濟的設計。

設計任務

化學工程師必須依照廠商由實驗工廠所得到的氰化反應研究數據,去設計一個將 DCB 轉換成 DNB 的連續反應器系統。

設計主題

(1)為了增加 nylon 中間物的產量,計畫去建造一個從 DCB 生產 DNB 設備,而其程序如下圖所示,而此程序含有能使 DCB 氰化的 NaCN 水溶液及銅氰錯離子催化劑。該公司工業部門將會設計「進料的製備」、「產物的回收」、「精煉」及「催化劑回收」的單元。在此需要貴公司代為設計一個連續的反應器系統,在每年 8000 個工作時數下生產粗 DNB（100% DNB basis）96,000 metric tons。

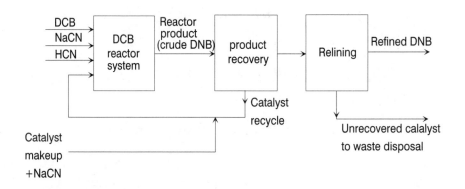

(2)該公司須在原料及建造材料的高成本之下找出最佳的設計流程圖。本公司計畫在下一年開始建造,希望二年內完成一半的工程,並在第三年時開始運轉,而在運轉後三年評估其經濟效益。

基本數據報告

⑴物理性質

進料和產物的物理性質，如表 5-1 所示，進料的 DCB 和生產出來的 DNB 為一種異構物的混合物，可將這些混合物視為具有平均性質的單一物質，其平均性質如表 5-1 所示。設計反應器大小時，使用反應器內混合物的平均性質做為設計的基礎。

⑵全反應

DCB 與含有銅氰錯離子的 NaCN 水溶液進行氰化反應，可得下列之反應式：

$$Cu(CN)_x$$
$$C_4H_6Cl_2 + 2NaCN \rightarrow C_4H_6(CN)_2 + 2NaCl$$
$$(DCB) \qquad\qquad (DNB)$$

因催化劑只能溶解於水溶液相中，所以反應只能在水溶液中進行，可是因為 DCB 僅能輕微地溶解於水溶液中，因此一開始時反應會很慢，但 DNB 的生成則會增加 DCB 的溶解度，接著 DNB 就會大量生成。而反應速率會一直增加到 DCB 和 DNB 的溶解度達最大值時。

表 5-1　物理性質

	重量%	分子量
DCB		
DCB	99.25	125
其他有機化合物	0.50	125
H_2O	0.25	18
熱容（liq）	1.5×10^3 J/kg · K	

	重量%	分子量
密度（liq）	1.16×10^3 kg/m³	
黏度（liq）	0.65×10^{-3} Pa·s	
催化劑溶液（新催化劑 + 再循環）		
NaCu(CN)$_2$	6.5	138.6
NaCH	17.3	49.0
H$_2$O	76.2	18.0
熱容（liq）	3.8×10^3 J/kg·K	
密度（liq）	1.15×10^3 kg/m³	
黏度（liq）	1.5×10^{-3} Pa·s	
氰酸鈉溶液		
NaCN	26.0	49
Na$_2$CO$_3$	1.0	106
NH$_3$	0.3	17
NaOH	0.2	40
H$_2$O	72.5	18
熱容（liq）	4.0×10^3 J/kg·K	
密度（liq）	1.13×10^3 kg/m³	
黏度（liq）	1.5×10^{-3} Pa·s	
氰酸溶液		
HCN	9.0	27
H$_2$O	91.0	18
熱容（liq）	4.0×10^3 J/kg·K	
密度（liq）	1.00×10^3 kg/m³	
黏度（liq）	1.0×10^{-3} Pa·s	
反應器內混合物料		
熱容（liq）	3.4×10^3 J/kg·K	
密度（liq）	1.13×10^3 kg/m³	
黏度（liq）	1.3×10^{-3} Pa·s	

實驗工廠的操作

實驗工廠操作的概要流程圖，如 5-1 所示。在半批次的反應模式中，反應器的體積為 25 liters、帶有夾套冷卻系統，其結構材料為 glass-lined 且有攪拌器。

反應在一開始時，倒入 DCB 及催化劑溶液並且升高溫度。NaCN 溶液則以能夠維持 pH 值的範圍為 5.0～5.5 的速度被倒入。按著倒入 HCN 的水溶液以中和 NaOH、NH₃ 及 Na₂CO₃，反應放出的熱則被 jacket 冷卻系統帶走。

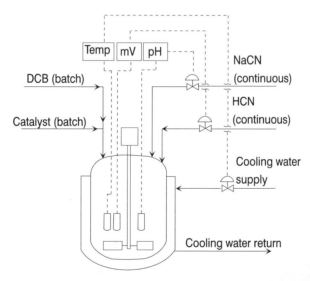

圖 5-1　實驗工廠中 semibatch 反應器

⑴ pH 控制

pH 的控制非常重要且 pH 決定了活性催化劑粒子的濃度，且須維持在 5.0～5.5 之間。若 pH 降至 4.5 或超過 6.0 則反應會變慢，因此 NaCN 的進料是由 pH 儀器所控制的。進料中少量的 NaOH、NH₃ 及 NaCO₃ 則以 HCN 來中和。

(2)**催化劑**

最佳的催化劑比率為 0.038 kg copper/kg DCB。

(3)**溫度控制**

溫度控制也是很重要的，較理想溫度為 78～82℃ 之間。

(4)**攪拌器**

攪拌速率愈快，反應速率也就愈快而直到攪拌動力為 0.6 kw/m³ 時，反應速率不再增加。攪拌速率會影響水層和有機層的分離，最佳的攪拌速率是在水層達到 DCB 的飽和溶液時。

(5)**實驗結果的總合**

(a)一些實驗所記錄的結果，列在表 5-2。此表顯示了 DCB 的轉化率對於時間的關係。

(b)符合設計目的的速率則可直接由表 5-2 的轉化率數據中決定。

(c)熱傳的設計說明如表 5-5 所示，其包含有在前導工廠中，熱傳係數的測量，這裡也包含有估算 jacket 面積的公式。

反應器設計的規格

(1)反應器的狀況及規格則被總合在表 5-3 及表 5-4 中，因為反應流體是具有腐蝕性的，因此只有 glass-lined steel 或 Hastelloy C 較適合用，其中 glass-lined piping 易造成洩漏且維修昂貴。

(2)一些會用到的儀器也被列在表 5-4 中，因為反應物是有腐蝕性的物質，所以必須安裝 pH 和 mv 控制器。

表 5-2　實驗工廠中 DCB 反應動力學資訊

Time（min）	D C B Conversion （%）
0	0.00
10	6.21
20	13.33
30	21.40

Time（min）	D C B Conversion （%）
40	30.82
50	41.52
60	53.78
70	67.82
71	69.33
72	70.86
73	72.42
74	73.99
75	75.59
76	77.21
77	78.85
78	80.52
79	82.21
80	83.77
82.5	87.38
85.0	90.26
87.5	92.54
90.0	94.31
92.5	95.68
95.0	96.73
97.5	97.53
100.0	98.14
102.5	98.60
105.0	98.95
107.5	99.21
110.0	99.41
112.5	99.56
115.0	99.67
Catalyst ratio	0.038 kg Cu/kg D C B in initial charge
Reaction temperature	80℃ ± 2
Cyanide consumption	8% of the CN^- in the catalyst stereem is consumed in the reaction; 100%of CN^- added in sodium cyanide and hydrogen cyanide streams reacts.

表 5-3　設計條件

Operating temperature 80°C± 2
Design pressure 3.45 barg
Feed temperatures （°C）
　Refined DCB,60
　Catalyst solution,60
　Sodium cyanide solution,40
　Hydrogen cyanlde solution,40
Reaction
The heat of reaction for the DCB to D N B reaction was determined experimentally at the reaction temperature of 80°C,and found to be-1.023×10^8 J/k · mole DCB consumed.
Yieldy
The yield loss of DCB to by-products in the reactor is 6 percent rercent regardless of converslon when the reaction is carrled out at 80°C± 2. Any unconverted DCB constitutes an additional yield loss.
Catalyst
The catalystis is composed mianly of recycled materlal.The catalyst to DCB ratlo to DCB ratlo should be the same as for the pilot plant tests （Catalyst loss is 0.5percent through the reaclor system.）

表 5-4　反應器設計規格

instrumentation
pH control for NaCN addition to reactor to reactor （provide dupticate insallation）
Millivolt control for HCN addition to reactor （provide duplicate installation）
Temperature control for cooting water to any coils,jackets,and heat exchangers
Flow rate control for maintaining the proper ratlo of catalyst to DCBin the feed
Materials of Construction
Reactor vessesls may be glass-lined steel or Hastelloy C;piping must be Hastelloy C
See Table P7-7-5 for materials for heat transfer equipment.

表 5-5　熱傳規格

Heat of reaction must be removed by one or more of the following

　Jacket on glass-lined steel vesset

　Internal helical coils of Hastelloy C using 50.8mm Sch 10 piping

　External heat exchanger system,including pump,piping.and heat exchanger

Heat Transfer Aress-Standerd Reactor Vessel

Jackets

　Area of jacket is related to the working volume of reactor according to:

$$A = 3.7V^{2/3}$$

where A = jacket area （m²）

　　　V = reactor working volume （m³）

Colls

　Maximum area of the coil is related to working volume of reactor according to:

$$A = 4.6V^{2/3}$$

where Acoil area （m²）

　　　V = reactor working volume （m³）

Exlernal Heat Exchanger

There are no restrictions on the area that can be supplied in an external loop.

Heat Transfer Coefficients

The overall heat transter coefficients U_0 for the various modes outlined above are as follows.

Jacketed glass lined steel	80J/m² · s · K
Internal Hastelloy C coils	120J/m² · s · K
Exteral heat exchanger Hastelloy	150J/m² · s · K

Coolig Water

Cooling water available at 30℃.Assume a maximum rise of 10℃.

經濟上的標準

原料的成本（以美金計）：

　DCB solution→$0.62/kg

　Catalyst solution→$0.30/kg

　NaCN soluion→$0.082/kg

　HCN soluion→$0.0192/kg

設計概念

1. 廠商給的實驗工廠數據是半批次式的資料，我們必須將這些資料應用於設計一個 CSTR 的連續操作系統。

2. 反應器的出料會分成有機層和水層。產物 DNB 分佈於有機層而催化劑溶於水層中，因此可將催化劑加以回收利用，又因回收可能造成損耗，所以要補充催化劑。

3. 整個反應為大量的放熱反應，因此熱傳面積的大小，會影響溫度的維持，所以必須算出熱傳面積，找到適當冷卻系統以控制溫度。

4. 利用時間對轉化率作圖，求得一最適反應時間，再利用此反應時間去設計反槽的體積。

5. DCB 的黏度會影響管件的設計，須將黏度因素加入設計中，以減少管件成本的費用。

註：此題目出自 UL Rich G. D. 一書中的習題 7.7，也是 1981AIChE 的學生競賽設計題目。

5.1　質量平衡

5.1.1　進料資料整理如下

(1) Refined DCB

	%	M.W
DCB	99.25	125
M.O	0.5	125
H_2O	0.25	18

(2) NaCN Solution

	%	M.W
NaCN	2	49
Na_2CO_3	1	106
NH	0.3	17
NaOH	0.2	40
H_2O	72.5	18

(3) HCN Soilution

	%	M.W
HCN	9	27
H_2O	91	18

(4) Catalyst Solution

	%	M.W
$NaCu(CN)_2$	6.5	138.6
NaCN	17.3	49
H_2O	76.2	18

5.1.2　共同假設

(1) By products＝6%

(2)在 catalystic solution 中，有 8% 的 NaCN（即 CN^-）被反應掉

(3)在 HCN Solution 及 NaCN Solution 中，其全部（即 100%）的 CN^- 皆被反應掉

5.1.3 計算

(1)假設轉化率為 100%

(2)產物流量為廠商所要求，即 96000 tons / 8000 hr→200 kg/min

∴ x＝100%

DNB＝200 kg/min＝1886.79/0.94→DCB＝1866.79 mol/min

且已知 byproduct＝6%

所以 DCB 所需的量應為 1886.79/0.94＝2007.2234 mol/min

且由進料資料可知，DCB%＝99.25%

則所需的總 Refined DCB（即(1)的量）＝(2007.2234 × 125)/0.9925

＝252.8 kg/min

因此可得下表

Refined DCB Solution (1)

COMPT	wt%	wt（kg）	M.W	Moles	Mole%
DCB	99.25	250.904	125	2007.23	97.80
M.O	0.5	1.264	125	10.112	0.49
H_2O	0.25	0.632	18	35.1111	1.71
TOTAL	100	252.8		2052.46	10.000

且已知 0.038kg Cu/kg DCB

因此共有 250.904*0.038＝9.534 kg Cu

則應有 →9.534*(138.6/63.546)＝20.7953kg $MaCu(CN)_2$

所以應有 20.7953/0.065＝319.93 kg Catalyst solution (4)

如下表所示：

Catalystic solution

COMPT	wt%	wt（kg）	M.W	Moles	Mole%
$NaCu(CN)_2$	6.5	20.7955	138.6	150.039	0.0101
NaCN	17.3	55.3479	49	1129.55	0.0762
H_2O	76.2	243.7867	18	13543.7	0.9137
TOTAL	100	319.93		14823.3	1

令 NaCN Solution 的流量為 X kg，則其成分可由下表可知：

NaCN Solution

COMPT	wt%	wt（kg）	M.W	Moles	Moles%
NaCN	26	0.26 X	49	5.306 X	11.56
Na_2CO_3	1	0.01 X	106	0.094 X	0.2
NH_3	0.3	0.03 X	17	0.146 X	0.38
NaOH	0.2	0.02 X	40	0.05 X	0.11
H_2O	72.5	0.725 X	18	40.278 X	87.77
TOTAL	100	X		45.904 X	100
TOTAL	174	X		45.9047 X	100

已知 HCN 的加入主要就是為了中和 $NaCO_3$，NH_3 和 NaOH，即：

$$NaCO_3 + 2HCN \rightarrow 2NaCN + H_2CO_3$$

0.094X　　0.188X

$$NH_3 + HCN \rightarrow NH_4^+ + CN^-$$

0.176X　0.176X

$$NaOH + HCN \rightarrow NaOH + H_2O$$

0.05X　0.05X

因此可知共需要加入 HCN $0.188\,X + 0.176\,X + 0.05\,X = 0.414\,X$ mol→$(0.414\,X \times 27)\,/1000 = 0.0112\,X$ Kg HCN

因此可得到 HCN Solution 的表，如下：

COMPT	wt%	wt（kg）	M.W	Moles	Mole%
HCN	9	0.0112 X	27	0.414 X	6.18
H_2O	91	0.1132 X	18	6.289 X	93.82
TOTAL	100	0.1244 X		6.703 X	100

已知在 Catalystic solution 中，有 8% 的 NaCN 被反應掉 =90.3639 mol CN^-。而在 HCN Solution 及 NaCN Solution 中，100% 的 CN^- 皆被反應掉 $= 0.414\,X + 5.306\,X = 5.72\,X$ mol CN^-

由此，可得總共被反應掉的 CN^- 莫耳數為：

Total reacted CN^- moles $= 90.3639 + 5.72X$

$0.94 \times 2007.232 \times 2 = 90.3639 + 5.725X$

$X = 643.92$Kg NaCN solution

再令 y 為轉化率，可列出轉率對 NaCN 的關係式：

$(y - 0.06) \times 2007.2234 \times 2 = 90.3639 + 5.72X$

$y = 0.0825 + 1.42 \times 10^{-3}\,X$

表 5-6

轉化率 y（%）	1	2	3	4
100.000	252.800	643.922	80.104	319.928
99.970	252.800	643.711	80.078	319.928
99.560	252.800	640.834	79.720	319.928
99.410	252.800	639.781	79.589	319.928
99.210	252.800	638.377	79.414	319.928
98.950	252.800	636.553	79.187	319.928
98.600	252.800	634.096	78.882	319.928
98.140	252.800	630.868	78.480	319.928
97.530	252.800	626.587	77.947	319.928
96.730	252.800	620.972	77.249	319.928
95.680	252.800	613.603	76.332	319.928
94.310	252.800	603.988	75.136	319.928
92.540	252.800	591.565	73.591	319.928
90.260	252.800	575.564	71.600	319.928
87.380	252.800	555.351	69.086	319.928
83.770	252.800	530.015	65.934	319.928
82.210	252.800	519.066	64.572	319.928
80.520	252,800	507.205	63.096	319.928
78.850	252.800	495.485	61.638	319.928
77.210	252.800	483.975	60.206	319.928
75.590	252.800	472.605	58.792	319.928
73.990	252.800	461.376	57.395	319.928
72.420	252.800	450.357	56.024	319.928
70.860	252.800	439.409	54.662	319.928
69.330	252.800	428.671	53.327	319.928
67.820	252.800	418.073	52.008	319.928
53.780	252.800	319.536	39.750	319.928
41.520	252.800	233.492	29.046	319.928
30.820	252.800	158.396	19.704	319.928
21.480	252.800	92.845	11.550	319.928
13.330	252.800	35.646	4.434	319.928

1：DCB Solution

2：NaCN Solution

3：HCN Solution

4：Catlyst Solution

5.2 反應器

5.2.1 反應器體積的大小

在此設計中，針對反應器的大小部分我們利用其成本分析法，針對不同的體積來比較其成本；且採用單位體積的最低成本反應器體積為我們反應器的設計體積，計算公式如下：

> 總標準成本＝購買成本 × 物質因子 × 物價變動因子 × 標準因子 × （1＋% 的報酬和臨時費用）

計算：

A. 查得資料（glass-lined vessels）的價錢是於 1980 年的物價，而總標準成本是於 1983 年的成本

標準因子＝3.482

物質因子＝1

物價變動因子 $= \dfrac{1983\ \text{ENRINDEX}}{1980\ \text{ENRINDEX}} = \dfrac{395}{307} = 1.2866$

% 的報酬和臨時費用＝18%

因此，總標準成本

＝1980 年購買成本 × 1 × 1.2866 × 3.482 × (1＋0.18)

＝5.287 × （1980 年購買成本）

B. 查資料得 1968 年的 Hastelloy C 的價錢

標準因子＝3.170

物質因子＝7.89（對於鈦固體的 vessel）

物價變動因子 $= \dfrac{1983\ \text{ENRINDEX}}{1986\ \text{ENRINDEX}} = \dfrac{395}{108} = 3.66$

所以，總標準成本

$=1986$ 年購買成本 $\times 3.176 \times 3.66 \times 7.89 \times 1.18$

$=108.2 \times$（1968 年購買成本）

對於 A, B case 而言，一般 Glass Lined Vessel 都有附上攪拌器所以不需要另外計算攪拌器的費用，而 Haststelloy C Vessel 則需另外計算攪拌器費用。

而 Hastelloy C vessel 的算法我們舉一組數據為例，當 V＝1000gal 時，

購買成本 $=\$108.2 \times 1800 = \$194760$（美金）

又假設需購買 5HP 的攪拌器，則費用 $=\$14700$（於 1980 年），所以 1983 年攪拌器的費用 $=5.287 \times 14700 = 77719$

因此，反應器加上攪拌的成本 $=194760 + 77719 = \$272479$（美金）

同樣算法當

$V = 2 \times 10^3$ gal，3×10^3 gal，4×10^3 gal，8×10^3 gal，15×10^3 gal 時，

經由 A, B 部分的計算可得表 5-7 和表 5-8，再將表 5-6 和表 5-8 中的體積對總標準成本作圖可得圖 5-2。

綜合表 5-7、表 5-8 和圖 5-2 我們知道

(1)體積於小於 8000 gal 時，採用 Glass-lined 較經濟，大於 8000gal 採用 Hastelloy C Vessel 較經濟（圖 5-2）

(2)在表 5-7 中知道 V＝4000 gal 時，單位成本最低，除了 15000、24000 gal 外，因為 15000 gal 和 24000 gal 反應器體積的相對熱傳面積會降低，所以採用 4000 gal 為設計體積。

表 5-7 （Glass lined Vessel）

體積 （*10³ gal）	1980 購買成本 （*10³ $）	1983 總標準成本 （*10³ $）	單位體積成本 （1983）
0.5	27.0	142.7	285.5
0.75	32.4	171.3	228.4
1.0	36.0	190.3	190.3
1.5	42.3	223.6	149.1
7.0	45.9	242.7	121.3
3.0	59.4	314.0	104.7
4.0	65.7	347.4	86.8
50	97.2	513.9	102.8
6.0	118.8	628.1	104.7
7.0	141.3	747.1	106.7
10.0	193.6	1023.6	102.4
125	207.0	1094.4	87.6
15.0	234.0	1237.2	82.5
24.0	351.0	1855.7	77.3

註：以美金計

表 5-8 （Hastelloy-C Vessel）

體積 （*10³ gal）	1968 購買 成本（$）	1983 年總標 準成本（$）	單位體積成本 （1983）	1980 攪拌 器（$）	1983 攪拌 器（$）	1983 總標準 成本＋攪拌 器
1	1800	194760	272.5	14700	77719	272.5
2	2500	270500	174.1	14700	77719	348.2
3	3200	346240	149.4	19300	102039	448.3
4	4200	454440	139.5	19600	103625	558.1
8	5600	605920	98.2	34000	179758	785.7
15	9000	973800	81.7	47500	251133	1224.9

註：以美金計。

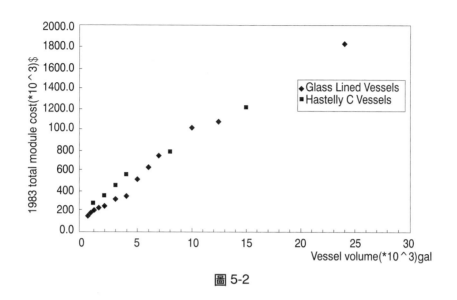

圖 5-2

5.2.2　反應器個數的計算

將表 5-9 資料換算成下表中的數據，並以 $\Delta\%$　CONV 對$\Delta\%$ CONV/Δt 畫成圖 5-3，

表 5-9

Time（min）	Δt	DCB CONV（%）	$\Delta\%$CONV	$\Delta\%$CONV/Δt
0		0		
10	10	6.21	6.21	0.621
20	10	13.33	7.12	0.712
30	10	21.48	8.15	0.815
40	10	30.82	9.34	0.934
50	10	41.52	10.7	1.07
60	10	53.78	12.26	1.226
70	10	67.82	14.04	1.404
71	1	69.33	1.51	151
72	1	70.86	1.53	1.53

Time（min）	Δt	DCB CONV（%）	Δ%CONV	Δ%CONV/Δt
73	1	72.42	1.56	1.56
74	1	73.99	1.57	1.57
75	1	75.59	1.6	1.6
76	1	77.21	1.62	1.62
77	1	78.85	1.64	1.64
78	1	80.52	1.67	1.67
79	1	82.21	1.69	1.69
80	1	83.77	1.56	1.56
82.5	2.5	87.38	3.61	1.444
85	2.5	90.26	2.88	1.152
87.5	2.5	92.54	2.28	0.912
90	2.5	94.31	1.77	0.708
92.5	2.5	95.68	1.37	0.548
95	2.5	96.73	1.05	0.42
97.5	2.5	97.53	0.8	0.32
100	2.5	98.14	0.61	0.244
102.5	2.5	98.6	0.46	0.184
105	2.5	98.95	0.35	0.14
107.5	2.5	99.21	0.26	0.104
110	2.5	99.41	0.2	0.08
112.5	2.5	99.56	0.15	0.06
115	2.5	99.67	0.11	0.044

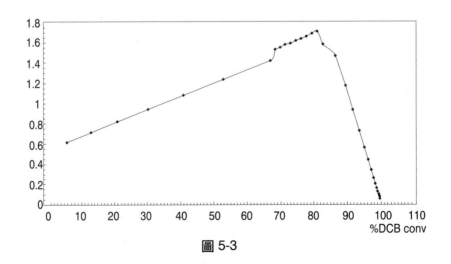

圖 5-3

由此圖可知，當 DCB% = 82.21% 時，其反應速率最快，因此其延滯時間最短，而其反應體積則最小，成本也就最低。

而由 CSTR 的公式可知：

$$\tau = V/F = (X2 - X1)/r_A$$

$$X2 = 82.21$$

$$X1 = 0$$

$$F = ((1296.5173)/1130)*264.17 = 303.1 \text{ gal/min}$$

已知在 DCB% = 82.21% 時，查表可得其反應速率 = 1.69，將這些數據帶入上式中，則可得：

$$\tau = 48.64 \text{ min}$$

$$V = 303.1 \times 48.64 = 14744.3 \text{ gal}$$

而由成本分析我們可知，在 tank 的體積為 4000 gal 時，其單位成本最低。因此我們可將上面反應器總體積，分成若干個 4000gal 的 tank，即：

$$4000\text{gal 的 tank 個數} = 14744.3/4000 = 3.686 = 4 \text{ 個}$$

因若要使這四個 4000 gal 的 tank 其反應速度達最快的話，則這四個反應器應並聯。假設我們要使其 DCB% 由 82.21%→90.26% 的話，則：

$$\tau = (90.26 - 82.21)/1.152 = 6.988 \text{ min}$$

$$V = 303.1 \times 6.988 = 2118.016 \text{ gal}$$

因體積未達 4000 gal，則我們另外假設 DCB% 由 82.21%→92.54% 時

$$\tau = (92.54 - 82.21)/0.912 = 11.327 \text{ min}$$

$$V = 303.1 \times 11.327 = 3433.14 \text{ gal}$$

DCB% 由 82.21%→93% 時

$$\tau = (93 - 82.21)/0.859 = 12.56 \text{ min}$$

$$V = 303.1 \times 12.56 \text{ min} = 3807.27 \text{ gal} \rightarrow \text{採用此 DCB\%（第五個 reactor）}$$

DCB% 由 93%→97.2% 時

$$\tau = (97.3 - 93)/0.34875 = 12.33 \text{ min}$$

$$V = 303.1 \times 12.33 = 3737.15 \text{ gal} \rightarrow \text{採用此 DCB\%（第六個 reactor）}$$

DCB% 由 97.2%→98.6% 時

$\tau = (98.6 - 97.2)/0.184 = 7.61$ min

$V = 7.61 \times 303.1 = 2306.2$ gal

DCB% 由 97.2%→98.95% 時

$\tau = (98.95 - 97.2)/0.14 = 12.5$ min

$V = 12.5 \times 303.1 = 3788.75$ gal（第七個 reactor）

DCB% 由 98.95%→99.61% 時

$\tau = (99.61 - 98.951)/0.0527 = 12.524$ min

$V = 12.524 \times 303.1 = 3795.94$ gal（第八個 reactor）

DCB% 由 99.61%→99.85% 時

$\tau = (99.85 - 99.61)/0.019 = 12.63$ min

$V = 12.63 \times 303.1 = 3828.153$ gal（第九個 reactor）

DCB% 由 99.85%→99.97% 時

$\tau = (99.97 - 99.85)/0.0093 = 12.9$ min

$V = 12.9 \times 303.1 = 3910.98$ gal（第十個 reactor）

由上面的計算可知轉化率速 97.2% 之後，每增加一個反應器所提高的轉化很有限，所以反應器還要再加上成本的計算才能決定所要使用的反應器個數。

5.2.2 (一)　反應器設計狀態

(1)操作溫度：78 ℃～82 ℃

(2)設計壓力：3.45 barg

(3)進料溫度（℃）：

Refined DCB, 60 ℃

Catalyst solution, 60 ℃

Sodium cyanide solution, 40 ℃

Hydrogen cyanide solution, 40 ℃

5.2.2 (二)　反應假設條件

(1)DCB 和 DNB 在反應溫度為 80℃ 時的反應熱為 -1.023×10^8 J/moI。

(2)在反應器中 DCB 藉由副反應所損失的量為 6%，當反應在 78～82℃ 進行時任何未被轉化的 DCB 都構成一個附加的產出損失。

(3)催化劑有 0.5% 被損失掉。

5.2.2 (三)　冷卻裝置

(1)反應熱必須藉由下列一個或多者冷卻裝置被移走：

(a) Jacket on glass-lined steel vessel.

(b) Internal helical coils of Hastelloy C, using 50.8mm Sch.#10 piping.

(c) External heat exchanger system, including pump, piping, and heat exchanger.

(2)熱傳面積－標準反應體積的公式

(a) Jacket 的面積與反應器的工作體積之間的關係為：

$$A = 3.7V^{(2/3)}$$

A = Jacket area（m^2）

V = reactor working volume（m^3）

(b) Coils

　　Coil 的最大面積與反應器工作體積之間的關係為：

$$A = 4.6V^{(2/3)}$$

A = Coil area（m^2）

V = reactor Working volume（m^3）

(c) 熱傳係數：

　　總熱傳係數如下：

Jacketed glass lined steel　　$80J/m^2 \cdot s \cdot k$

Internal Hastelloy C coils　　$120J/m^2 \cdot s \cdot k$

External heat exchanger Hastelloy　　$150J/m^2 \cdot s \cdot k$

　　冷卻水的溫度為 30℃，並且假設其最大上升量為 10℃。

5.2.2㈣　冷卻裝置的成本分析

⑴流體本身所帶走的熱量

stream	Cp	ΔT	kg/min	Heat（J/min）
DCB	1500	20	252.80	7.58E + 06
Cat	3800	20	319.93	2.431E + 07
NaCN	4000	40	519.07	8.305E + 07
HCN	4000	40	64.57	1.033E + 07
Total			1156.37	1.253E + 08

$\Delta T =$ 操作溫度 － 進料溫度 $= 80 - 60 = 20℃$

已知第一個反應器的轉化率為 82.21% 且副反應為 6%（$\Delta H = 0$），因此藉由反應所放出來的熱量為：

$$Qr = (0.8221 - 0.06) \times (2.007) \times (1.023 \times 10^8) \text{ J/min}$$
$$= 1.5649 \times 10^8 \text{ J/min}$$

因此，必須由冷卻裝置所帶走的熱量為：

$$1.5649 \times 10^8 - 1.253 \times 10^8 = 31.19 \times 10^6 \text{ J/min}$$

⑵冷卻裝置所帶走的熱量及成本分析

  (a) Jacket Cooling 冷卻裝置

    已知 Vrn $= 4000$ gal 且 A $=$ (no of reactor) $\times 3.7 \times V^{(2/3)}$

    因此我們即可求得 Jacket Cooling 的熱傳面積如下：

$$A = (4) \times (3.7) \times (4000 \times 3.7854 \times 10^{-3})^{(2/3)}$$
$$= 90.6 \text{m}^2$$

且已知 $Q = U \times A \times \Delta Tln$ 且假設 $\Delta Tln = 40K$，則：

$$Q = 90.6 \times 80 \times 40 = 2.8992 \times 10^5 \text{ J/S}$$

$$= 1.74 \times 10^7 \text{ J/min}$$

所以尚有 $31.19 \times 10^6 - 17.4 \times 10^6 = 13.79 \times 10^6$ J/min 的熱尚未帶出反應器 $\Rightarrow$ Jacket 的成本分析

已知 Jacket 的成本為反應器成本的 10%，因此

Jacket 的成本 $= 4 \times (0.1) \times (73000) = 29200$

而已知

Module factor $= 3.482$

Price index factor $= 1.287$

Contingency $ Fee factor $= 1.18$

Total Model cost $= 29200 \times (1.287) \times (3.482) \times (1.18) = \$154410$

Total Model cost/Cooling Rate $= (154410)/(17.4 \times 10^6) = 8.874 \times 10^{-3}$ \$min/J

……（此即帶走每 J 的熱量所需的成本）

(b) Coil 的冷卻裝置：

假設 $\Delta \text{Tln} = 45 \, ℃$，則：

$$Q = U \times A \times \Delta \text{Tln}$$

$$13.79 \times 10^6 = 120 \times 60 \times A \times 45$$

$$A = 42.562 \text{ m}^2$$

而 Coils 需要多少長度才能達到此面積，即：

A（m²）/ Coils 的長度（ft）

$= 1\text{ft} \times \pi D = 1\text{ft}\ \pi(2/12)\ \text{ft}$

$= 0.3048 \times 3.14 \times (l/6) \times 0.3048$

$= 0.0486\ \text{m}^2/\text{ft}$

因此共需要　$42.562/0.0486 = 875.756\text{ft}$ 的 Coil 長度

⇒Coil 的成本分析：

Cost of ft $= \$207$

Purchase cost $= 207 \times 875.756 = \$181281.492$（1980 dollars）

Model factor $= 3.482$

Price mdex factor $= 395/308 = 1.283$

Total Model cost $= 3.482 \times (181281.492) \times (1.283) \times (1.18)$

$\qquad\qquad\quad = \$ 503167.19$

Total Model cost/Cooling Rate $= 0.0693\ \$\text{min/J}$

因此可知，Coils 的成本要比 Jacket 的成本來的高，所以 Jacket 冷卻裝置必須優先被使用

⇒檢查 Coils 的面積 22.41m^2 是否大於反應器所能容納的 Coils 的面積：

已知 $A = 4.6V^{(2/3)}$ 且 $V = 4000\ \text{gal}$

在此體積下所能容納的最大 Coils 的面積為：

A, max $= 4 \times (4.6) \times (4000 \times 3.785 \times 0.001)^{(2/3)}$

$\qquad\quad = 112.6\ \text{m}^2$

所以 $42.562\ \text{m}^2$ 是可行的

(c) 比較用 Coil 或 External Heat Exchanger 何者較合成本：

假設 $\Delta \text{Tln} = 50$　且 $Q = U \times A \times \Delta \text{Tln}$

因此

$$A = (13.79 \times 10^{-6})/150 \times 50 \times 60 = 30.64 \text{m}^2 = 329.789 \text{ft}^2$$

裝置成本 ＝ $4022（1968）

Model factor ＝ 3.291

Price index factor ＝ 1983 dollar/1980 dollar ＝ 395/108 ＝ 3.66

Hgterial factor ＝ 10.75

Contingcxy $ fee factor ＝ 1.18

Total Cost for 2 ＝ 2 × (4305) × (3.291) × (3.66) × (10.75) × (1.18)

　　　　　　　 ＝ $1315535（Coils：$503167.19）

因此可看出此裝置成本要比 Coils 多出很多，所以應該用 Coils

5.2.2 ㈤　熱平衡計算──冷卻水的最佳出口溫度

⑴計算水的最佳出口溫度

以 10^7 J/min 為 Coils 所應帶走的熱量

假設 T＝31 ℃ 其 ΔTln 為：

$\Delta \text{Tln} = (80 - 31) - (80 - 30)/\ln(80 - 31)/(80 - 30) = 49.498$ K

$A = Q/U \times \Delta \text{Tln}$

$A = (10^7)/(120 \times 60 \times 49.498) = 28.06 \text{m}^2$

Coils 的成本＝22450 × 28.06＝$ 629947（Coils 的建造成本）

而 Coils 的用水的成本則為：

水的流量 ＝ $((10^7)/(1 \times 4180)) \times (1/3.7854) = 631.9925$ gal/min

用水成本＝$ 52.8 × 631.9925＝$ 33369.205

utilities Inv.＝$ 142 米 × 631.9925＝$ 89742.935

因此總成本＝$ 629947＋$ 89742.935＝$ 719689.935（美金）

而在其他水的出口溫度下的成本，如下表所示：

表 5-10

T (℃)	ΔTln (℃)	A (m²)	水的流量 (GPM)	Coils 成本（$）	水的成本 ($/yr)	utilities Inv ($)
31.0	49.498	28.059	631.993	629931.64	33369.21	89742.94
31.5	49.246	28.203	421.328	633156.67	22246.14	59828.63
32.0	48.993	28.349	315.996	636426.23	16684.60	44871.47
32.5	48.739	28.496	252.797	639741.37	13347.68	35897.18
33.0	48.485	28.646	210.664	643103.15	11123.07	29914.31
33.5	48.229	28.798	180.569	646512.72	9534.06	25640.84
34.0	47.972	28.952	157.998	649971.22	8342.30	22435.73
34.5	47.715	29.108	140.443	653479.86	7415.38	19942.88
35.0	47.456	29.267	126.399	657039.88	6673.84	17948.59
35.5	47.197	29.428	114.908	660652.57	6067.13	16316.90

T（℃）	Total Inv.（$）	三年成本總和（$）
31.0	71967.45	819782.l9
31.5	692985.30	759723.71
32.0	681297.70	731351.51
32.5	675638.54	715681.59
33.0	673017.47	706386.67
33.5	672153.56	700755.74
34.0	672406.96	697433.86
34.5	673422.74	695668.87
35.0	674988.47	695009.99
36.0	676969.47	695170.85

Coils 成本 = Coils 的建造成本

utilities Inv = 水的投資成本

Total Inv. = Coils 的建造成本 + 水的投資成本

Twater, out = 冷卻水的出口溫度由此表可看出，Twater，out＝35 ℃ 為最好的溫度。

5.2.2 ㈥　各個反應器的熱交換及初步的成本分析

⑴ Reactor 1～Reactor 4

　(a) 熱交換的計算

　　由前面的計算可知，反應的總放熱量為：1.5649×10^8 J/min

　　而由流體所帶走的熱量為：1.253×10^8 J/min

　　因此必須由冷卻裝置所帶走的熱量為：31.1×10^6 J/min

　　由前面的計算可知這四個反應器的 Jacket 總熱傳面積為：90.6 m²

　　假設 Twater＝35℃，其 ΔTln＝47.456 ℃，因此可得：

$$Q＝UA\Delta Tln (80)(90.6)(47.456)＝343961.088 \text{ W}$$

$$＝20637665.28 \text{ J/min}$$

　　　　　　‥‥‥‥‥‥（此為 Jacket 裝置所帶走的熱量）

因此尚有 $3.119 \times 10^{-7} － 2.06377 \times 10^{-7} ＝ 10.55 \times 10^{-6}$ J/ min 必須由 Coil 所帶走

　(b) 初步的成本分析

　　因此 Coils 的 Total Inv.＝(10.55/10) × (674988.5)＝$ 712268.115

　　Coils 的用水成本＝(10.55/10)) × 6673.84＝$ 7040.9012/yr

　　在 Jacket 中冷卻水的流速式＝(20637665.28)/(4180) × (35 － 30))

　　　　　　　　　　　　＝987.45 kg/min

　　　　　　　　　　　　＝260.86 gal/min

　　Jacket 的用水成本＝260.86 × 52.8＝13773.408 $/yr

　　Jacket 的 utilities Inv＝260.86 × 142＝$ 37042.12

　　因此

Total Inv. of Jacket & coils＝$ 749307.235

Total water cost＝$ 20292.4363

Coils 的面積＝$(10.55 \times 10^6)/120 \times 47.456 \times 60 = 31 \text{ m}^2$

(2) **Reactor 5：（82.21%～93%）**

(a)熱交換計算

stream	Cp	ΔT	kg/min	Qfluid（J/min）
NaCN	4000	40	75.73	1.212 E + 07
HCN	4000	40	9.24	1.478 E + 06
Total			84.97	1.360 E + 07

用內插法（表 5-2 和 5-6 ，圖 5-3），則可求得轉化率由 82.21%～93% 時，所需的 NaCN 及 HCN 的流量為：

NaCN 的流量 ＝$591.5653 + [(603.9876 - 591.5653)/(94.31 - 92.54)] \times (93 - 92.54) - 519.0663 = 75.73$ kg/min

HCN＝9.24 kg/min

在此反應器中總放熱量為：$(0.93 - 0.8221) \times (2.007232) \times (1.023 \times 10^8) = 22156168.05$ J/min

流體所帶走的熱量為：1.360×10^7 J/min

因此必須由冷卻裝置所帶走的熱量為：8.5562×10^6 J/min

而 Jacket 所帶走的熱量為：

Q＝$(80) \times (22.65) \times (47.456) \times 60 = 5159416.32$ J/min

而尚有 $8.5562 \times 10^6 - 5.16 \times 10^6$ J/min＝3.396×10^6 J/min 必須由 Coil 帶走

(b) 初步成本分析

Coils 的 Total Inv. = (3.396/10) × (674988.5) = \$229239.59

Coils 的用水成本 = (3.396/10) × 6673.84 = \$2266.436/yr

在 Jacket 中冷卻水的流速

= (5159416.32)/(4180 × (35 − 30)) = 246.862 kg/min

= 65.214gal/min

Jacket 的用水成本 = 65.214 × 50.8 = 3443.312\$/yr

Jacket 的 utilities Inv = 65.214 × 142 = \$9260.388

因此

Total Inv of Jacket & coils = \$238499.978

Total water cost = \$5709.748

Coils 的面積 = (3.396 × 10^6)/120 × 47.456 × 60 = 9.4m^2

(3) **Reactor 6：（93%～97.2%）**

(a) 熱交換計算

strean	Cp	ΔT	kg/min	Qfluid（J/min）
NaCN	4000	40	29.474	4.716E + 06
HCN	4000	40	3.850	6.160E + 05
Total			33.324	5.332E + 06

用內插法，則可求得轉化率由 93%～97.2% 時，所需的 NaCN 及 HCN 的流量為：

NaCN 的流量 = 29.4737 kg/min

HCN = 3.85 kg/min

在此反應器中其總放熱量為：(0.972 − 0.93) × (2.007232) × (1.023 × 10^{-8})

= 8624273.011 J/min

流體所帶走的熱量為：5.332×10^{-6} J/min

因此必須由冷卻裝置所帶走的熱量為：3.292×10^{-6} J/min

而 Jacket 所帶走的熱量為：

$$Q = (80) \times (22.65) \times (47.456) \times 60 = 5159416.32 \text{ J/min}$$

因此由上可知，5.159×10^{-6} J/min $> 3.292 \times 10^{-6}$ J/mim，所以此反應器不用 Coils。

(b) 初步成本分析

在 Jacket 中冷卻水的流速 $= (3.292 \times 10^{-6})/(4180 \times (35 - 30))$

$$= 157.512 \text{ kg/min}$$

$$= 41.61 \text{ gal/mir}$$

Jacket 的用水成本 $= 41.61 \times 52.8 = 2197.028$ \$ /yr

Jacket 的 utilities Inv $= 41.61 \times 142 = \$ 5908.62$

因此

Total Inv. of Jacket $= \$ 5908.62$

Total water cost $= \$ 2197.028$

因此重複上列算法，即可算出各反應器的 HCN, NaCN 流量，同時可計算出使其達 80 ℃ 所需要的熱量，結果列於下表

	NaCN（kg/min）	HCN（kg/min）	Ftotal（kg/min）	Qfluid（J/min）
Reactor 5	75.730	9.240	84.970	1.36E + 07
Reactor 6	29.474	3.850	33.324	5.33E + 06
Reactor 7	12.283	1.526	13.808	2.21E + 06
Reactor 8	4.633	0.576	5.208	8.33E + 05
Reactor 9	1.685	0.210	1.895	3.03E + 05

經由上列計算，我們可將其作整合如下：

利用每一反應器的轉化率，計算出其放熱量，再扣除 HCN，NaCN 所需的熱量，即為冷卻裝置所應帶走的熱量，接著在計算由 Jacket 冷卻裝置帶走的熱量，剩餘的熱量就由 coils 冷卻裝置帶走，並同時對冷卻裝置作成本評估，以便下一步的成本計算。其結果如下：

表 5-11(a)

	Xf	Xb	Qrxn	Qcooling	Qjacket	QCoils
Reactor 5	0.822	0.930	22156168.05	8.56E + 06	5.16E + 06	3.40E + 06
Reactor 6	0.930	0.972	8624273.01	3.29E + 06	3.29E + 06	0.00E + 00
Reactor 7	0.972	0.990	3593447.09	1.38E + 06	1.38E + 06	0.00E + 00
Reactor 8	0.990	0.996	1355242.90	5.22E + 05	5.22E + 05	0.00E + 00
Reactor 9	0.996	0.999	492815.60	1.90E + 05	1.90E + 05	0.00E + 00

表 5-11(b)

	Fcw, J（GPM）	Cost, w, jacket（$/yr）	Fcw, C（GPM）	Cost, w, coil（$/yr）
Reactor 5	65.214	3443.31	42.723	2255.80
Reactor 6	41.616	2197.35	0	0
Reactor 7	17.495	923.74	0	0
Reactor 8	6.597	348.32	0	0
Reactor 9	2.397	126.55	0	0

表 5-11(c)

	Inv, Jacket	Inv, coils	Total Inv, J&C	Total Water Cost	A (coils), m²
Reactor 5	9260.42	229600.82	238861.24	5699.11	9.96
Reactor 6	5909.54	0	5909.54	2197.35	0
Reactor 7	2484.30	0	2484.30	923.74	0
Reactor 8	936.76	0	936.76	348.32	0
Reactor 9	340.33	0	340.33	126.55	0

Qfluid = 流體所帶走的熱量

Qrxn = 反應所放出的總熱量

Qcooling = 反應器中應被冷卻裝置所帶走的熱量

Qjacket = Jacket 所帶走的熱量

Fcw, J = Jacket 中冷水的流速（gal/min）

Cost, w, Jacket($/yr) = Jacket 的用水成本

Fcw, c = Coil 中冷水的流速

Cost, w, coil = Coil 的用水成本

又因 Reactor 8, 9 的熱量不高，因此重新評估 Jacket 和 coils 冷卻裝置成本分析：

For Reactor 8

假設熱量改用 coils 帶走，則

Inv. coil = 0.522/10 × 674988.47 = $35234

coil，用水成本 = 0.522/10 × 657039 = 34297 $/yr

總成本 = 5234 + 34297 = $69531（美金）

若用 Jacket 帶走熱量其成本為：

73000 + 936.76 = $73636（大於 coil 的成本）

因此 Reactor 8, 9 的熱量用 coils 冷卻裝置帶走多餘的熱量會更經濟所以表 5-11(a)，(b)，(c)需經過修正，其結果列於下：

表 5-12(a)

	Xf	Xb	Qrxn	Qcooling	Qjacket	QCoils
Reactor 5	0.822	0.930	22156168.05	8.56E + 06	515916.32	3.40E + 06
Reactor 6	0.930	0.972	8624273.01	3.29E + 06	3.29E + 06	0.00E + 00
Reactor 7	0.972	0.990	3593447.09	1.38E + 06	1.38E + 06	0.00E + 00
Reactor 8	0.990	0.996	1355242.90	5.22E + 05	5.22E + 05	0.00E + 00
Reactor 9	0.996	0.999	492815.60	1.90E + 05	1.90E + 05	0.00E + 00

表 5-12(b)

	Fcw, J（GPM）	Cost, w, jacket（$/yr）	Fcw, C（GPM）	Cost, w, coil（$/yr）
Reactor 5	65.21	3443.31	42.995	2270.15
Reactor 6	41.62	0.00	0	0
Reactor 7	17.50	0.00	0	0
Reactor 8	0.00	0.00	6.597	348.32
Reactor 9	0.00	0.00	2.397	126.55

表 5-12(c)

	Inv, Jacket	Inv, coils	Total Inv, J&C	Total Water Cost	A（coils），m^2
Reactor 5	9260.42	229600.82	238861.24	5713.46	9.96
Reactor 6	5909.54	0.00	5909.54	0.00	0.00
Reactor 7	2484.30	0.00	2484.30	0.00	0.00
Reactor 8	0.00	35224.30	35224.30	348.32	1.53
Reactor 9	0.00	12797.25	12797.25	126.55	0.55

5.3 製程成本分析

5.3.1 物料的成本分析

已由前面求得 DCB 的流量為 252.8（kg/min），且由題目已知單價為 0.62（$/kg），可求得每年所需的費用為：

252,8（kg/min）× 0.62（$/kg）× 525600（min/year）
= 8.238E+07（$/year）

Catalyst 的流量為 319.93（kg/min），且由題目已知單價為 0.3（$/kg），可求得每年所需的錢為：

319.93（kg/min）× 0.3（$/kg）× 525600（mm/year）
= 5.045E+07（$/year）

NaCN 的流量為 519.07（kg/min），且由題目已知單價為 0.082（$/kg），可求得每年所需的費用為：

519.07（kg/min）× 0.082（$/kg）× 525600（min/year）
= 2.237E+05（$/year）

HCN 的流量為 64.57（kg/min），且由題目已知單價為 0.0192

（$/kg），可求得每年所需的費用為：

> 64.57（kg/min）× 0.0192（$/kg）× 525600（min/
> year）= 6.516E + 05（$/year）

得到下表：

Material	流量（kg/min）	價格（$/kg）	總價（$/year）
DCB	252.80	0.6200	8.238E + 07
Cata	319.93	0.3000	8.045E + 07
NaCN	519.07	0.0820	2.237E + 07
HCN	64.57	0.0192	6.516E + 05
Total		1.0212	1.599E + 08

5.3.2　反應器，熱交換器，控制迴路成本（以美金計）

(a) 反應器

採用的反應器體積為 4000gal glass-lined 9 個，其成本可由下表查出：

體積（× 10^3 gal）	1980 年購買成本（× 10^3 $）	1983 總標準成本（× 10^3 $）	單位體積成本（1983）
0.5	27	142.7	285.5
0.75	32.4	171.3	228.7
1	36	190.3	190.3
1.5	42.3	223.6	149.1

體積（×10³ gal）	1980 年購買成本 （×10³ $）	1983 總標準成本 （×10³ $）	單位體積成本 （1983）
2	45.9	242.7	121.3
3	59.4	314	104.7
4	65.7	347.4	86.8
5	97.2	513.9	102.8
6	118.8	628.1	104.7
7	141.3	747.1	106.7
10	193.6	1023.6	104.2
12.5	207	1094.4	87.6
15	234	1237.2	82.5
24	351	1855.7	77.3

(b) 熱交換器

	Inv, Jacket	Inv, coils	Total Inv, J&C	A（coils），m²
Reactor 1	37039.12	712268.115	749307.24	31
Reactor 5	9260.42	229600.82	238861.24	9.953
Reactor 6	5909.54	0	5909.54	0
Reactor 7	2484.3	0	2484.3	0
Reactor 8	0	35224.3	35224.3	1.5275
Reactor 9	0	12797.25	12797.25	0.5549

(c) 控制迴路

　　由題目所示，每個控制迴路價格為 $7000，且每個控制迴路都要有備份，因此控制迴路的金額 $= 7000 \times 9 \times 2 = 126000$

　　故可整理得到下表：

	個數	金額（$）
4000gal jacket glass lined	7	2486493.38
4000gal nonjacket glass lined	2	694800
7.75，m²coil	4	712269.115
9.95m²coil	1	229600.82
1.5275m²	1	35224.3
0.5549m²	1	1.2797.25
Bontal loop	18	126000
總設備成本		4297183.485

5.3.3　攪拌器動力成本

攪拌器 power output 為 $0.6kw/m^3$，一個反應器 4000gal 電費 655.949 $/kw，使用 9 個反應器

$9 \times (0.6)kw/m^3 \times 1m^3/264.17gal \times 4000gal \times (655.949\$/kw)$

$= \$57555$

5.3.4　冷水裝置成本分析

依前次計算結果得

	Total Inv, J&C $/year	Total Water Cost $/year
Reactor 1～4	749307.235	20292.4363
Reactor5	238861.24	5713.46
Reactor 6	5909.54	0.00
Reactor 7	2484.30	0.00
Reactor 8	35224.30	348.32
Reactor 9	12797.25	126.55

得總金額 1071064.631 $/year（美金）

5.3.5 計算出料組成

(1) DCB product＝0.0015 × 2.0024＝0.303 moles/min

(2) DNB product＝0.9925 × 2.00224＝1.9872 moles/min

(3) 252.8 × 0.9925＝250.904 kg/min

250.904/125＝2.008 mol/min DCB

轉化率＝0.998501

2.008/0.0015＝0.00301 mol/min DCB product 出料 DCB 莫耳數

2.008/0.9925＝1.994 mol/min 反應掉的 DCB＝產生的 DNB 莫耳數

2.008 × 0.06＝0.012 mol/min by product 出料副產物的莫耳數

(4) NaCu(CN)$_2$ 的莫耳數保持不變

319.9284 × 0.065/138.6＝0.15mol/min

(5) NaCN 進料莫耳數

642.833 × 0.26＋319.928 × 0.173＝222.4841 kg/min

2.22.4841/49＝4.54 mol/min

HCN 進料莫耳數

(79.973＋0.09)/27＝0.267mol/min

總莫耳數 0.267＋4.54＝4.81 mol/min

DCB→DNB 用掉 CN$^-$ 的莫耳數

2 × 1.994＝3.998 mol/min

剩下 CN$^-$ 莫耳數為 4.81 － 3.988＝0.882 mol/min

因此出料口 NaCN 莫耳數有 0.882 mol/min

$$H^+ + Na_2CO_3 \rightarrow 2Na^+ + H_2CO_3$$

$$2HCN + N_2CO_3 \rightarrow 2NaCN + H_2CO_3$$

$Na_2CO_3 = 642.822 \times 0.01/106 = 0.0606$ mol/min

H_2CO_3 mol 數 $= 0.0606/2 = 0.303$ mol/min

$$H^+ + NaOH \rightarrow Na^+ + H_2O$$

NaOH 莫耳數 $642.833 \times 0.002/40 = 0.032$ mol/min

$$H^+ + NH_3 \rightarrow NH_4^+$$

NH_3 莫耳數 $= 642.833 \times 0.003/17 = 0.113$ mol/min

(6) 進料中含的水

$(252.8 \times 0.0025 + 319.9284 \times 0.762 + 642.833 \times 0.825 + 79.973 \times 0.91)/18$

$= 43.51$ mol/min

反應形成的水 $= 0.032$ mol/min

因此出料中所含的水 $= 43.51$ mol/min

(7) DCB→DNB 已反應中所釋出 Cl^- 莫耳數 $= 2 \times 1.994 = 3.988$ mol/min

出料所含 NaCl 莫耳數 $= Cl^-$ 莫耳數 $- NH_4^+$ 莫耳數

$= 3.988 - 0.133 = 3.875$ mol/min

綜合以上的計算可以得到最終出料的組成

成分	mol/min	mole fraction	MW	wt（kg/min）	百分比
DCB	0.003	0.0059	125	0.375	0.000286
有機物	0.01	0.02	125	1.25	0.00095
副產物	0.12	0.237	125	15	0.11447
DNB	1.994	3.93	106	211.364	0.161302
$NaCu(CN)_2$	0.15	0.296	138.6	20.79	0.15866
NaCN	0.882	1.74	49	43.218	0.032982
H_2CO_3	0.0303	0.06	62	1.8786	0.001434

成分	mol/min	mole fraction	MW	wt（kg/min）	百分比
NH$_4$Cl	0.113	0.222	53.8	6.0794	0.004639
NaCl	3.875	7.64	58.5	226.6875	0.172996
H$_2$O	43.51	85.86	18	783.72	0.598094
總合	50.71	100		1310.363	1

5.3.6　計算操作花費

總投資＝Process capital investment＋Utilities investment
$$=4297183+84035.77$$
$$=4381219（\$）（美金）$$

設備折舊佔總投資金額的百分之八：
$$4381219 \times 8\%=350497.5（\$）$$

Maintenance 佔總投資的百分之七：
$$438129 \times 7\%=306685.3（\$）$$

稅金佔總投資的百分之一：
$$4381219 \times 1\%=43812.18（\$）$$

得到操作時所需的花費，如下表：

設備折舊	350497.5
Maintenance	306685.3
稅金 t	43812.18
物料成本	1.599E＋08
Total	1.606E＋08

註：美金

5.3.7　成本分析

總成本＝總投資＋物料成本

$\quad\quad = 4381219 + 1.599E + 08$

$\quad\quad = 164281219$（$）

物料佔總成本的比率為：

$\quad\quad (1.599E + 08/164281219) \times 100\% = 97\%$

可知物料成本佔總成本的大部分

5.3.8　獲利分析

先計算三年內 DNB 的產量

211.364（Kg/min）$\times 525600$（min/yr）$\times 3 = 333278.8$ Kg/yr

再計算三年內物料的成本：

$1.559 \times 10^8 \times 3 = 247140000$$（美金）

故可決定 DNB 的售價為 $24714000/3332878.8 = 4.2$ $/Kg（美金）

又因為物料成本為 1.0212 $/Kg（美金）

所以 DNB 的售價為物料成本的 4.1 倍

參考文獻

UL Rich G.D. (ed.), "A Guide to Chemical Engineering Process Design and Economics", John Wiley & Sons, New York, 1984.

苯乙烯製程

例題 6.1

苯乙烯單體（styrene monomer, SM）新製程的設計。傳統上苯乙烯單體係由苯和乙烯經由二步驟的化學反應而生成，其第一步反應為苯和乙烯經由烷化反應（alkylation）生成乙基苯（ethyl benzene, EB），第二步反應為以經過純化後的乙基苯進行觸媒脫氫反應生苯乙烯單體。此第二步反應為吸熱反應，故須在脫氫反應進行時混合大量的蒸氣，以維持反應器的溫度為定值。此外，此混合蒸氣也可防止觸媒產生 coking 的現象，及產生稀釋作用促使反應儘快達到平衡。

現有一新發展出來的觸媒，可使苯乙烯單體直接由甲醇和甲苯反應生成，反應如下：

Toluene + Methanol ⇌ Styrene + Water + Hydrogen

Toluene + Methanol ⇌ Ethylbenzene + Water

本反應不須添加蒸氣，和反應的副產物乙基苯也可再轉賣給上述傳統製造苯乙烯單體的工廠，做為反應中間體。反應的進料條件，為 570 kPa 飽和的甲醇和甲苯混合蒸氣，實驗室所做出來的，在不同溫度時的反應速率，轉化率和產率如下表所列：

Inlet Temperature, ℃	480	495	510	525
Inlet pressure, kPa abs.	400	400	400	400
Conversion	0.68	0.71	0.76	0.82
Yield	0.87	0.83	0.78	0.72
Rate	36	73	130	190

Conversion = moles toluene reacted/moles toluene fed
　　Yield = moles styrene formed/moles toluene reacted
　　Rate = gmoles toluene reacted/m³ catalyst/min

故進料在進入反應器前須以熱交換器和 fire heater 加熱至 480℃
至 525℃ 之間。此反應的實驗係在一絕熱狀態（adibatic）下
的反應器中進行。

本題目的主題為利用上述的實驗資料和圖 6-1 的示意流程圖，
以成本分析的方法找出反應器在實際生產時的最佳操作溫度。
該製程的產能為每年 300,000 立方公噸，其中並含有 300ppm
的乙基苯副產品。工廠每年的開工時數為 8320 小時。圖 6-1
中，三相 decanter 的已知設計資料為 liquid holdup time 30 分
鐘，液體所占的空間為 60% 體積比。蒸餾塔的操作條件為塔
頂 136 kPa，塔底 123 kPa，平衡板的間距為 60cm，迴流器
（reflux drum）中液體的停留時間為 10 分鐘，所占的體積為
60% 體積比。為避免苯乙烯單體在塔底的管線中產生高分子
聚合反應堵塞管線，故其溶液溫度不得超過 145 ℃，濃度須
低於 50 wt%。蒸餾塔出料的純度規格如下表所列：

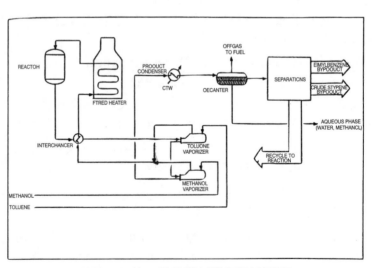

圖 6-1　苯乙烯單體新製程的流程圖

Aromatic Phase Specifications	
Recycle methanol	No specified limit on toluene
Recycle toluene	No specified limit on methanol.
	4wt%EB maximun.
	5wt% maximum for sum of EB and SM.
EB byproduct	0.8wt% toluene maximum.
	3 wt%SM maximum.
Crude SM product	300 ppm EB maximum. (ppm=parts per million by weight)

圖中各個單元操作的壓降如下表所示，

Fired heater	66 kPa
Reactor	70 kPa
Heat exchangers* （shell and tube sides）	13 kPa
Condensers under vacuum	5 kPa
Other major equipment	13 kPa
Distilation Trays:	
1.0kPa per theoret stage for pressure columns.	
0.6kPa per theoret stage for vacuum columns.	
Includes condensers,vaporizers,interchangersand all other exchangers excers conders operated under vacuum.	

各種熱交換器的總熱傳係數（overall heat transfer coefficient）
如下表所列，

The following overall heat transfer confficients may be assumed,kcal/hr/m^2/°C:	
SYSTEM	OVERALL COEFFICIENT
Gas/Gas	50
Gas/Liquid	100
Gas/Boiling Liquid	200
Gas/Condensing Vapor	200
Liquid/Liquid	500

The following overall heat transfer conficients may be assumed,kcal/hr/m^2/°C:	
SYSTEM	OVERALL COEFFICIENT
Liquid/Boiling Liquid	700
Liquid/Condensing Vapor	700
Boiling Liquid/Condensing Vapor	1000

此外，如圖 6-1 所示，當反應器的出料經過冷卻水塔（cooling tower water, CTW）後的溫度為 38 ℃。壓縮機和 pump 均在 isentropic 狀態下操作，壓縮有效係數為 80%，機械和電力部分的有效功率為 90%。經濟評估方面的資料如下面二表所示，(A) 部分為硬體投資成本，(B) 部分為生產投資成本。

A.Capital Costs

For this preliminary design only the major pleces of equipment need to be designed and cost-estimated.(Pumps are not included as major equipment.Storage tanks are not included in this evaluation.)The installed equipment cost(i.e.,manufacturing ccapital)can be estimated by multiplving the sum of the major equipment costs by the Lang factor(=5).Assume that no spare items are required.

You can estimate the equipment costs using the factors given in the table below,with costs adjusted for size by the tollowing equation:

$$\text{Equipment Cost=(Referenced Cost)} \times \left(\frac{\text{Required Size}}{\text{Referenced Size}}\right)^{\text{Exponent}}$$

EQUIPMENT COST(1986 DOLLARS)				
Equipment Item	Type	Referenced Cost($K)	Referenced Size	Exponent
Distillation Column, with Trays	Sieve tray	6.9 /tray	2.54 meter diameter	1.24
Fired Heater	Box-type, Cas fired	362	1×10^9 joules/hr	0.63
Gas Compressor, with driver	Centrifugal, Etectric drive	430	2.69×10^9 joules/hr	0.74

EQUIPMENT COST(1986 DOLLARS)				
Equipment Item	Type	Referenced Cost($K)	Referenced Size	Exponent
Heat Exchanger	Fixed tubesheet, 19 mm ID tube, 6 m length	21.7	93 meter^2	0.69
Reactor	Pressure Vessel	51	3.8 meter ^{3} catalyst	0.30
Catalyst	Pellets	1	100 liter	1.0
Vaporizer	Horizontal tube	140	93 meter^2	0.56
Tank	Separator	6.7	meter^3	0.56
Other equipment may be estimated from the literture.Use 1986 as the base year to purchase the equipment and to build the plant.Depreciation begins in 1987.				

B. Manufacturing Costs

Since plant startup is targeted for 1987, the manufacturing costs given below are based on that year.

(Basis of units:K=thousands, M=millions, 1987 dollars)

Raw Materials:	
Methanol	$0.19/kilogram
Touluence	$ 0.42/kilogram
Gredits:	
Off-gas from threepahase separtor	$ 3.10/M kilojoules
Utilities:	
Natural gas*	
steam	$ 4.40/M kilojoules
2865 kpa, sat'd	$ 17.30/K kilograms
625 kpa,sat'd.	$ 12.20/K kilograms
Cooling water	$ 0.03/K liters
Inlet temp.,ave.	31℃
Outlet temp., ave.	41℃ maximum
Electricity Condensate and Boiler feed water	$ 0.065/kWH $ 2.50/K liters

Direct.\lanufacturing Expenses:	
Operating labor**	$ 19/hr
Supervision	50% of Labor cost
Payroll charges	30% of (Labor+Supervision)
Repairs	4% of (Mfg. Capita)/yr
Factory supplies	0.3% of (Mfg. Capita)/yr
Lab charges	0.4% of (Mfg. Capita)/yr
Waste disposal	2% of (Mfg. Capita)/yr
Technical service	0.8% of (Mfg. Capita)/yr
Depreciation (st. line)	10% of (Mfg. Capita)/yr
Indirect and	
Other Expenses	6% of (Mfg. Capita)/yr
*Assume 90% efficiency for the fired heater fuel usage.	
**840 hrs/week total operating labor.	

此製程的每年淨值（net present value, NPV）和稅後營餘，產品的售價如下所示。

product/values	
Crude Styrene product	$ 0.91/kilogram
Ethybenzene byproduct	$ 0.57/kilogram
Adiministion, Distribution, Marketing and R & D Costs	$0.09/kilogram of crude styrene product

註：因此題為 1986 年 AIChE 的學生競賽題目，故所得稅率高到 48%，各項目的價格均以美金計算。

題解

茲先將圖 6-1 的流程大致說明如下後，再將此圖以 Chem CAD 模擬軟體計算，其過程如下說明。

6.1　製程簡介

首先控制進料甲苯和甲醇為 equal moles（ie., based on stoichiometric feed）。其中甲苯和甲醇在進入反應器前先各別進入氣化器（evaporator）加以氣化，氣化後再將其混合，並先後經過熱交換器和火焰加熱器加熱到所需的溫度。接下來便進入觸媒反應器中進行反應，反應後所得之產物和未反應之反應物由於其溫度依然很高，為了節省進料加熱的成本，故可先經過熱交換器對甲苯和甲醇之氣化器加熱，再進入冷凝器以冷卻水冷卻至 38℃，再進入傾析器（decanter）將冷卻後出料所產生的有機相、水溶液相和氣相加以分離。其中的氣相由上方排出，可充做部分的燃料使用。水溶液相由傾析器下方排出，其中未反應的甲醇在有機相和水溶液相溶解度分布的比率為 1.40。而在水溶液相中，甲醇和水的分離並未被要求在評估之中，但在總質量平衡中必須包含水和甲醇的分離，以得到確實回流的蒸汽量。在設計時，可忽略回流中水的含量和甲醇的損失，並可忽略甲醇和水分離所需之費用，且甲醇是以 570 kPa 的飽和蒸汽進行回流。在有機相中，可將少量存於有機相中的水加以忽略。最後以有機相進入蒸餾塔中加以分離。在蒸餾塔中，除分離出產物和附產物外，並將未反應之反應物回流至反應器中，節省原料的經費。

6.2　最佳 Reactor condition 的選擇

題目中提供四種狀態溫度下的 Reactor performance，但我們觀察到，反應溫度越高時轉化率越高，反應速率也愈快，但是副反應的產率也會增加,而且在較高的溫度加熱時所耗費的能源也較多,故何者為最佳的反應狀態需要整體評估。我們先以 510℃ 時的反應器狀態為例,來計算設計整個製造程序,算出其原料,設備及苯乙烯的收益,然後再改變反應器的溫度狀態,比較在四種溫度狀態下何者的純利較高,才能決定出何者為最佳的反應條件。

6.3 CC-3 流程圖的說明

為了得到 material balance 以及設計各個單元,我們以 CC-3(CHEMCAD 3.0 版) 為輔助工具,按照圖 6-1 的流程,畫出了整個程序的流程圖,如圖 6-2 所示。其各單元的說明與模擬的結果如下:

6.3.1 unit 1

unit 1 為反應器,是生產苯乙烯工廠的核心所在。本設計使用 CC-3 中的 Equilbrium Reactor,反應器的狀態為 adibatic,在 510 ℃ 下,反應器的轉化率為 0.76,產率為 0.78,所以主反應的轉化率為 0.76 × 0.78 = 0.5928;副反應的轉化率為 0.76 × 0.22 = 0.1672,可得到反應後溫度為 405 ℃,Overall Heat of reaction = 13558.5(MJ/hr)(詳見附錄 6-1,第 510 頁)

6.3.2 unit 6

unit 6 為 fire heater,主要是將反應物加熱到所需的溫度,由於反應器所需要進料溫度為 510℃,故在電腦模擬後知道該 fire heater 需要 37246.34(MJ/hr)的能量。(詳見附錄 6-1,第 509 頁)

範例 6 苯乙烯製程

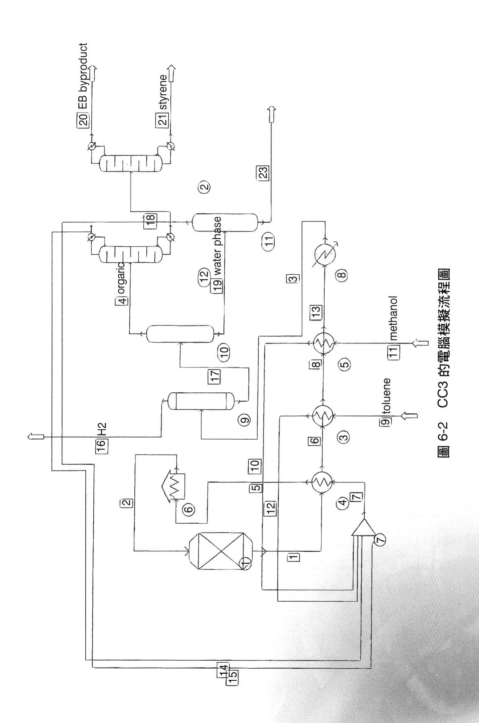

圖 6-2 CC3 的電腦模擬流程圖

491

6.3.3　unit 3, 4, 5

由於反應後離開反應器的物質尚留有相當高的溫度,因此殘餘的熱能可利用 unit 3, 4, 5 這三個熱交換器,把熱能分別用來預熱進料中反應物,汽化甲苯進料及甲醇進料。

本設計設定 unit 4 預熱進料反應物之後的溫度為 300 ℃,Overall heat transfer coefficient 的設定值是遵照題目所給的條件,unit 4 為 50,unit 3 為 200,unit 5 為 200,單位為 kcal/h m^2-℃。電腦模擬後得到的熱傳面積分別為

A4 = 649 m^2

A3 = 256.3 m^2

A5 = 370 m^2

(詳見附錄 6-1,第 509 頁)

6.3.4　unit 8

unit 8 為冷凝器,必須將產物冷卻至 38℃,而所使用之冷凝水進溫為 31℃,出溫為 41℃,Overall heat coefficient 為題目給定之 500kcal/h-m^2-℃,經電腦執行後可得到這個冷凝器傳熱面積為 650m^2 以及需要 936748.4 kg/hr 之冷凝水(電腦計算之結果見附錄 6-1,第 506 頁,第 510 頁)。

值得一題的是,當汽化完進料中的甲醇後,產物尚餘餘溫116℃(見附錄 6-1,第 505 頁 stream 13),廠中有需要其他加熱的地方,可將此產物之餘熱再作利用。

6.3.5　unit 9、10

在製程上經冷凝後的stream需進入一decanter進行三相之分離，然而在 CC-3 中並無 decanter 這個單元，因此在此我們是以 flash 和 compoent separator 代替 decanter，將 stream 引進 unit 9 中進行 flash 分離，可將氣相中的氫氣分離，然後再以 component separator 分離出有機相和水相，在這裡是假定除了甲醇外，其他有機物與水是不互溶的，因此 styene 和乙基苯在此將完全分離至有機相中。

6.3.6　unit 11

由於水相中有甲醇存在，故可將之蒸餾分離，但這個蒸餾塔的裝置並未在我們這個設計的範圍，所以 unit 11 可視為一個 component separator 可將水相中之甲醇完全分離並回流回去。

6.3.7　unit 12，unit 2，stream14，stream 20，stream 21

在有機相中存在著 Styrene，EB，Toluene，Methanol，其中 Toluene 與 Methanol 為原料，故需先以 unit 12 這個蒸餾塔將之分離出，然後將分離後之 stream 14 回流，再以 unit 2 蒸餾塔分離出 stream 20 之 EB 與 Stream 21 之 Styrene。在蒸餾塔分離的程序中，蒸餾物揮發度的大小順序是 Methanol > Toulene > EB > Styrene，因此 unit 12 要分離出 Methanol 和 Toluene 時，light key component 為 Toluene，heavy key component 為 EB，而 unit 2 則是設定 light key component 為 EB，heavy key component 為 Styrene。兩個蒸餾塔之 R/R_{min} 比均設定為

1.5，至於 key component 的回收率則是以試誤法嘗試至 stream 14，
stream 20，stream 21 各個成分之重量百分比符合題目中 aromatic phase
specification 之要求（詳見附錄 6-1，第 507 頁），在滿足要求後，
電腦以 FUG 法運算的結果如下：

 unit 12： (1) Number of stage = 22.36

 (2) Feed stage = 7.62

 (3) Reflux ratio = 2.6

 unit 2： (1) Number of stage = 79.8

 (2) Feed stage = 33.22

 (3) Reflux ratio = 24.38

 （詳見附錄 6-1，第 508 頁）

6.3.8　stream 9、11：

stream 9、11 為年產 30 萬噸之 Styrene 所需之進料條件，要
specify stream 9 和 11 時，必須進行了下面所述的估算：若在 510 度
時，以 100 mole Methanol 和 Toluene 為進料的質量條件，則有下圖
之 Performance

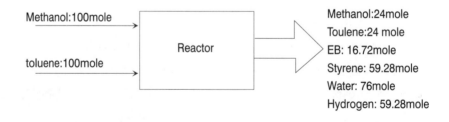

而 30 萬噸／年 =36057692.31 g/hr 苯乙烯除以 Styrene 之分子量
104，相當於苯乙烯產量為 346604 mole/hr，由於未反應之 Methanol
和 Toluene 會回收，而且其回收率相當高，故我們大膽假設：生產

59.28mole 之 Styrene 所需進料為 76mole 的 Methanol 和 Toluene（100
－24＝76mole），故年產 30 萬噸之 Styrene 需將 76mole/hr 進料量，
放大約 5850 倍。以此近似值讓電腦運算，並適時調整直到 Stream
21 styrene 的產量到達 30 萬噸／年，stream 9、11 的質量流率，便是
實際上所需的進料量，在此為 toluene＝41181.5 kg/hr，methanol
＝14545.8 kg/hr

　　（詳見附錄 6-1，第 504 頁，stream 9，stream 11）

6.4　其他主要參數之計算

6.4.1　Reactor 和 Catalyst volume

　　因為反應速率＝130 gmole toluene/m^3 catalyst/min（題目已知的，
reactor performance）

$$= 7800 \text{ gmole toluene/m}^3 \text{ catalyst/hr}$$
$$\Rightarrow \text{catalyst volume} = \text{toluene reacted rate}/7800$$
$$= 85435(\text{stream 2}) \times 0.76/7800$$
$$= 57\text{m}^3$$

我們在此假設 reactor volume＝catalyst volume＝58m^3
（stream 2 toluene mole flow rate 見附錄 6-1，第 512 頁）

6.4.2　decanter volume

　　由 stream 17 之 physical property（見附錄 6-1，第 505 頁，stream
17）知

decanter volume = mass flow rate*hold time/density/60% of full

$$= 72102（kg/hr）\times 0.5（hr）/876（kg/m^3）/0.6$$

$$= 68.6m^3$$

6.4.3 蒸餾塔塔徑之計算

對設計一個蒸餾而言，除了計算板數外，接下來還要決定蒸餾的塔徑，依據題目的要求，我們使用 Fair & Mattews 的相關資料，來計算塔徑，並給定板距均為 60cm（24 inch），而計算 unit 12，unit 2 所需用到的 physical property 來源分別為 stream 14，stream 20 的 stream data（詳見附錄 6-1，第 512 頁），完整的計算過程如下：

unit 12：液體平均密度 $\rho_L = 811（kg/m^3）$

蒸氣密度 $\rho_v = $（平均分子量$/22.4$）$\times$（$273/(273 + $塔頂溫度$)) = (71.67/22.4) \times (273/(273 + 65.4)) = 2.58（kg/m^3）$

$D = 222.6（kmol/hr）$

$R(reflux ratio) = L/D = 2.6$

所以 $L = 2.6 \times 222.6 = 578.76（kmol/hr）$

$V = D(1 + R) = 222.6 \times (1 + 2.6) = 801（kmol/hr）$

⇒所以

$$\frac{L}{V}\sqrt{\frac{\rho_v}{\rho_L}} = \frac{578.76}{801}\sqrt{\frac{2.58}{811}} = 0.04$$

由圖 4-9，以板距為 60cm 時

可得 $k \approx 0.11m/s$

若以溢流速度之 70% 設計，則蒸氣速度 u 為

$$u = 0.7 \times k \sqrt{\frac{\rho_L - \rho_v}{\rho_v}} = 0.7 \times 0.11 \times \frac{\sqrt{811 - 2.58}}{258}$$

$$\cong 1.35 \text{（m/s）}$$

塔頂蒸氣的體積流量 $= V \times$ 分子量 $/\rho_v = 801 \times 71.67/2.58 = 22251$ m³/hr

若假設液體下降管除外的平衡板有效面積為整塔面積的 70% 時，則此蒸餾塔的截面積為：

$$A = \frac{22251}{3600(1.35)(0.7)} = 6.54 \text{m}^2$$

$$\text{塔徑 } D = \sqrt{\frac{A}{(\pi/4)}} = \sqrt{\frac{6.54}{0.785}} = 2.88 \text{m}$$

unit 2：

$\rho_L = 760 \text{kg/m}^3$

$\rho_v = (106/22.4^*) \times (273/(273 + 136)) = 3.158 \text{kg/m}^3$

$D = 100.87 \text{kmol/hr}$

所以，$L = 24.38 \times 100.87 = 2459$ kmol/hr

　　　　$V = 100.87 \times (1 + 24.38) = 2560$ kmol/hr

$\Rightarrow$ 所以 $\frac{L}{V} \sqrt{\frac{\rho_v}{\rho_L}} = \frac{2459}{2560} \sqrt{\frac{3.158}{760}} = 0.062$

由圖 4-9，板距 60cm，並以 $(16.83/20)^{0.2}$，補正 k 值，則 $k \cong 0.11 \times (16.83/20)^{0.2} = 0.11 \times 0.96 = 0.1056$ m/s

若以溢流速度之 70% 設計，則蒸氣速度 u 為

$$u = 0.7 \times 0.1056 \times \sqrt{\frac{760 - 3.158}{3.158}} = 1.144 \text{（m/s）}$$

塔頂蒸氣的體積流量 $= 2560 \times 106/3.158$

$\qquad\qquad\qquad\qquad = 85927.8 \ m^3/hr$

若液下降管除外的平衡板有效面積為整塔面積之 70%時

$$A = 85927.8/(3600)(1.144)(0.7) = 29.8 m^2$$

$$塔徑 \ D = \sqrt{\frac{A}{(\pi/4)}} = \sqrt{29.8/0.785} = 6.16m$$

6.5　工廠生產與各項單元參數之整理

由上面之說明，我們可將要估算生產成本與設備成本的參數整理如下

1. 進料：甲醇——14545.78 kg/hr

$\qquad\qquad$ 甲苯——41181.49 kg/hr

2. 產出：styrene——35756.2 kg/hr

$\qquad\qquad$ EB——10695.7 kg/hr

$\qquad\qquad$ H_2——1352 kg/hr

$\qquad\qquad$ Water——7922.83 kg/hr

3. reactor volumne——57 m^3

4. catalys volumne——57 m^3

5. decanter volumne——65.6 m^3

6. 熱交換器：unit 4: 649 m^2

$\qquad\qquad\qquad\quad$ unit 3: 256.3 m^2

$\qquad\qquad\qquad\quad$ unit 5: 370 m^2

7. 冷凝器：unit 8: 650 m^2

　　　　　冷卻水用量：36948.4 kg/hr

8. 蒸餾塔：

　　unit 12：板數：22.36 個

　　　　　　塔徑：2.88 m

　unit 2：板數：79.8 個

　　　　　塔徑：6.16 m

9. fire heater：37246.34 mJ/hr

6.6　經濟上的評估（均以美元計）

6.6.1　原料成本

methanol：14545.78 kg/hr $\times$ 8320 hr $\times$ \$0.19 kg

　　　　= \$ 22993969

toluene：41181.49 kg/hr $\times$ 8320 hr $\times$ \$0.42 kg

　　　　= \$ 143904598

6.6.2　年度所得

苯乙烯：35756.2 kg/hr $\times$ 8320 hr $\times$ \$0.91 kg

　　　　= \$ 270717341

乙基苯：10695.7 kg/hr $\times$ 8320 hr $\times$ \$0.57 kg

　　　　= \$ 50723288

off-gas(H_2)：\$ 705907

6.6.3 製造資本

$$設備費用 = 參考費用 \times \left(\frac{所需規模}{參考規模}\right)^{指數}$$

(1)反應器—Unit 1

$$\left(\frac{57}{3.8}\right)^{0.3} \times 51000 = \$114921$$

(2) Catalyst

$$\left(\frac{57000}{100}\right)^{1} \times 1000 = \$570000$$

(3)蒸餾塔—Unit 2, Unit 12

Unit 2：

$$23 \times \left(\frac{6.16}{2.54}\right)^{1.24} \times 6900 = \$1655867$$

Unit 12：

$$23 \times \left(\frac{2.88}{2.54}\right)^{1.24} \times 6900 = \$185451$$

(4)蒸發器—Unit 3, Unit 5

Unit 3：

$$\left(\frac{256.3}{93}\right)^{0.56} \times 140000 = \$246989$$

Unit 5：

$$\left(\frac{370}{93}\right)^{0.56} \times 140000 = \$303369$$

(5)熱交換器—Unit 4, Unit 8

Unit 4：

$$\left(\frac{649}{93}\right)^{0.69} \times 21700 = \$82919$$

Unit 8：

$$\left(\frac{650}{93}\right)^{0.69} \times 21700 = \$83007$$

(6)火焰加熱器—Unit 6

$$\left(\frac{37246.34}{21000}\right)^{0.63} \times 362000 = \$519389$$

(7)壓縮機

$$4KW = 4000（J/s）\times 3600（s/hr）= 14400000（J/hr）$$
$$= 0.0144 \times 10E9（J/hr）$$
$$\left(\frac{0.0144}{2.69}\right)^{0.74} \times 430000 = \$8966$$
$$9KW = 9000（J/s）\times 3600（s/hr）= 32400000（J/hr）$$
$$= 0.0324 \times 10E9（J/hr）$$
$$\left(\frac{0.0324}{2.69}\right)^{0.74} \times 430000 = \$16340$$

(8)傾析器（Decanter）—Unit 9～10

$$\left(\frac{68.6}{3.8}\right)^{0.56} \times 6700 = \$33865$$

(9)主要設備費用總計

$$114921 + 570000 + 1655867 + 185451 + 246989 + 303369$$
$$+ 82919 + 83007 + 519389 + 8966 + 16340 + 33865 = \$3820633$$

(10)製造資本（Mfg. Capital）

$$3820633 \times 5(\text{Lang factor}) = \$19103165$$

6.6.4 與製造資本相關之支出

製造資本（Mfg. Capital）＝ $19103165

(1)修繕支出

$$4\% \times 19103165 = \$7641266/yr$$

(2)工廠庫存

$$0.3\% \times 19103165 = \$57309/yr$$

(3)實驗室支出

$$0.4\% \times 19103165 = \$76413/yr$$

(4)廢料處理

$$2\% \times 19103165 = \$382063/yr$$

(5)技術服務

$$0.8\% \times 19103165 = \$152825/yr$$

(6)折舊

$$10\% \times 19103165 = \$1910317/yr$$

(7)間接及其他支出

$$6\% \times 19103165 = \$1146190/yr$$

(8)工作資本（Working Capital）

$$20\% \times 19103165 = \$3820633/yr$$

利用上面計算的結果，我們可用來製作 510 度時，此一 styrene 工廠十年的財務報表（附錄二），此報表的製作流程如下所示

關於財務報表表格中第 8～18 項的計算流程為：

而由此財務報表可得知該廠之十年淨現值為

=>3 億 9 百萬元

6.7 最佳 reactor condition 的決定

我們在改變 reactor 溫度、轉化率、產率之設定後，經過和 510 度時同樣的計算，可得其他三個溫度的淨現值如下表所示：

Inlet　Temperature, ℃	480	495	510	525
Inlet pressure, kpa abs.	400	400	400	400
Coversion	0.68	0.71	0.76	0.82
Yield	0.87	0.83	0.78	0.72
Rate	36	73	130	190
Net pressent value（美元）	2.73E + 08	2.96E + 08	3.09E + 08	3.16E+08

以淨現值與溫度的作圖結果如下所示：

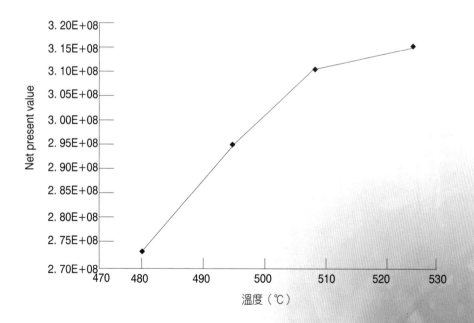

我們發現淨現值有隨溫度上升而增加的趨勢，因此如果以淨現值的高低來評估的話，525度為最佳的反應溫度。

（各溫度的財務報表於，附錄 6-2 至 6-5）

附錄 6-1

Stream No.	1	2	3	4
Stream Name				organic
Temp C	405.0000*	510.0000*	38.0521*	38.0000
Pres kPa	421.0000*	491.0000*	421.0000*	400.0000
Enth MJ/h	−21986.	−22230.	−1.2189E + 005	18951.
Vapor mole fraction	1.0000	1.0000	0.241262	0.00000
Total kmol/h	1525.8827	1178.8364	1525.8724	666.7842
Total kg/h	73455.2658	73455.4430	73454.9398	62407.1448
Total std L m3/h	91.0542	86.3351	91.0537	70.1336
Total std V m3/h	34200.60	26422.02	34200.37	14945.07
Flowrates in kg/h				
Methanol	4540.9757	18797.4614	4540.6439	2478.7262
Toluene	12946.2297	53942.6363	12946.2297	12812.3854
Ethylbenzene	11040.9778	648.8353	11040.9778	10997.2088
Water	8015.4352	0.0000	8015.4352	0.0000
Styrene	36212.0755	66.5075	36212.0755	36118.8269
Hydrogen	699.5760	0.0000	699.5760	0.0000

Stream No.	5	6	7	8
Stream Name				
Temp C	287.9262*	300.0000	156.0609	151.6590
Pres kPa	557.0000*	421.0000	570.0000	421.0000
Enth MJ/h	−59476.	−39641.	−77134.	−65022.
Vapor mole fraction	1.0000	1.0000	1.0000*	0.927862
Total kmol/h	1178.8364	1525.8724	1178.8364	1525.8724
Total kg/h	73455.4430	73454.9398	73455.4430	73454.9398

Total std L m3/h	86.3351	91.0537	86.3351	91.0537
Total std V m3/h	26422.02	34200.37	26422.02	34200.37
Flowrates in kg/h				
Methanol	18797.4614	4540.6439	18797.4614	4540.6439
Toluene	53942.6363	12946.2297	53942.6363	12946.2297
Ethylbenzene	648.8353	11040.9778	648.8353	11040.9778
Water	0.0000	8015.4352	0.0000	8015.4352
Styrene	66.5075	36212.0755	66.5075	36212.0755
Hydrogen	0.0000	699.5760	0.0000	699.5760

Stream No.	9	10	11	12
Stream Name	toluene		methanol	
Temp C	30.0000*	115.9478	30.0000*	184.9483
Pres kPa	570.0000*	570.0000*	570.0000*	570.0000*
Enth MJ/h	5789.0	−90563.	−1.0829E + 005	31170.
Vapor mole fraction	0.00000	1.0000*	0.00000	1.0000*
Total kmol/h	446.9400	453.9600	453.9600	446.9400
Total kg/h	41181.4989	14545.7859	14545.7859	41181.4989
Total std L m3/h	47.2837	18.2475	18.2475	47.2837
Total std V m3/h	10017.56	10174.90	10174.90*	10017.56
Flowrates in kg/h				
Methanol	0.0000	14545.7859	14545.7859	0.0000
Toluene	41181.4989	0.0000	0.0000	41181.4989
Ethylbenzene	0.0000	0.0000	0.0000	0.0000
Water	0.0000	0.0000	0.0000	0.0000
Styrene	0.0000	0.0000	0.0000	0.0000
Hydrogen	0.0000	0.0000	0.0000	0.0000

Stream No.	13	14	15	16
Stream Name			H2	
Temp C	116.0481	109.4479	120.0000	39.4219
Pres kPa	421.0000	140.0000*	570.0000*	421.0000
Enth MJ/h	−82750.	−6714.2	−11027.	−2676.6
Vapor mole fraction	0.694875	1.0000*	1.0000*	1.0000
Total kmol/h	1525.8724	222.6044	55.3320	363.8609
Total kg/h	73454.9398	15955.2055	1772.9481	1352.0136

Total std L m3/h	91.0537	18.5797	2.2241	10.7622
Total std V m3/h	34200.37	4989.38	1240.19	8155.45
Flowrates in kg/h				
Methanol	4540.6439	2478.7262	1772.9481	288.9697
Toluene	12946.2297	12761.1356	0.0000	133.8447
Ethylbenzene	11040.9778	648.8353	0.0000	43.7675
Water	8015.4352	0.0000	0.0000	92.8411
Styrene	36212.0755	66.5075	0.0000	93.2517
Hydrogen	699.5760	0.0000	0.0000	699.3389

Stream No.	17	18	19	20
Stream Name			water phase	EB byproduct
Temp C	39.4219	156.2837	38.0000	154.1331
Pres kPa	421.0000	141.0000	400.0000	160.0000
Enth MJ/h	−1.1921E + 005	46349.	−1.3837E + 005	1835.6
Vapor mole fraction	0.00000*	0.00000	0.000181675	0.00000
Total kmol/h	1162.0114	444.1798	495.2273	100.8736
Total kg/h	72102.9226	46451.9410	9695.7788	10695.7196
Total std L m3/h	80.2915	51.5540	10.1579	12.2655
Total std V m3/h	26044.91	9955.69	11099.85	
Flowrates in kg/h				2260.95
Methanol	4251.6741	0.0000	1772.9481	0.0000
Toluene	12812.3854	51.2495	0.0000	51.2495
Ethylbenzene	10997.2088	10348.3742	0.0000	10338.0257
Water	7922.5941	0.0000	7922.5941	0.0000
Styrene	36118.8269	36052.3189	0.0000	306.4447
Hydrogen	0.2372	0.0000	0.2372	0.0000

Stream No.	21	23
Stream Name	styrene	
Temp C	164.1579	38.0000
Pres kPa	161.0000*	570.0000
Enth MJ/h	45099.	−1.2521E
Vapor mole fraction	0.00000*	+ 005
Total kmol/h	343.3062	0.000187255
Total kg/h	35756.2223	439.8953

Total std L m3/h	39.2885	7.9338
Total std V m3/h	7694.74	9859.66
Flowrates in kg/h		
Methanol	0.0000	0.0000
Toluene	0.0000	0.0000
Ethylbenzene	10.3483	0.0000
Water	0.0000	7922.5941
Styrene	35745.8747	0.0000
Hydrogen	0.0000	0.2372

Stream No.	9	11
Stream Name	toluene	methanol
Temp C	30.0000*	30.0000*
Pres kPa	570.0000*	570.0000*
Enth MJ/h	5789.0	−1.0829E
Vapor mole fraction	0.00000	+ 005
Total kmol/h	446.9400	0.00000
Total kg/h	41181.4989	453.9600
Total std L m3/h	47.2837	14545.7859
Total std V m3/h	10017.56	18.2475
Flowrates in kg/h		10174.90
Methanol	0.0000	
Toluene	41181.4989	14545.7859
Ethylbenzene	0.0000	0.0000
Water	0.0000	0.0000
Styrene	0.0000	0.0000
Hydrogen	0.0000	0.0000

Stream No.	14	20	21
Stream Name		EB byproduct	styrene
Temp C	109.4479	154.1331	164.1579
Pres kPa	140.0000	160.0000	161.0000*
Enth MJ/h	−6714.2	1835.6	45099.
Vapor mole fraction	1,0000*	0.00000	0.00000*
Total mol/h	222604.4145	100873.6179	343306.1914
Total g/h	15955205.5225	10695719.6016	35756222.3037

Total std L m3/h	18.5797	12.2655	39.2885
Total std V m3/h	4989.38	2260.95	7694.74
Component mass %			
Methanol	15.535532	0.000000	0.000000
Toluene	79.981017	0.479159	0.000000
Ethylbenzene	4.066606	96.655726	0.028941
Water	0.000000	0.000000	0.000000
Styrene	0.416839	2.865116	99.971056
Hydrogen	0.000000	0.000000	0.000000

Aromatic phase specification

Recycle methanol (stream 14): 4 wt% EB maximum

5 wt% maximum for sun of EB and SM

EB hyproduct (stream 20): 0.8 wt% maximum

3 wt% SM maximum

crude SM product (stream 21): 300 ppm EB maximum

Equip. No.	12	2
Name		
Select mode:	2	2
Select condenser type:	1	0
Colm pressure kPa	140.0000	160.0000
Colm pressure drop （kPa）	1.0000	1.0000
Light key component	2.0000	3.0000
Light key split	0.9960	0.9990
Heavy key component	3.0000	5.0000
Heavy key split	0.0590	0.0085
Number of stages	22.3643	79.8640
R/Rmin	1.500	1.5000
Number of stages, minimum	12.3998	50.6201
Feed stage	7.6273	33.2238
Condenser duty MJ/h	−20818.4922	−88222.2969
Reboiler duty MJ/h	41501.7227	88807.8438
Reflux ratio, minimum	1.7385	16.2584
Reflux ratio, calculated	2.6077	24.3877

component 2⇒Tolucne

component 3⇒EB

component 5⇒styrene

Equip. No.	4	3	5	8
Name				
Pressure drop 2 kPa	13.0000			
T Out Str 1 C	300.0000			38.0521
T Out Str 2 C	287.9262			41.0000
VF Out Str 2		1.0000	1.0000	
U kcal/h-m2-C	50.0000	200.0000	200.0000	500.0000
Area/shell m2				650.0000
Calc Ht Duty MJ/h	17657.1191	25381.1816	17727.4980	−39135.7812
LMTD（End points）	130.0440	118.3246	57.2373	28.7533
C	1.0000	1.0000	1.0000	1.0000
LMTD Corr Factor	649.0207	256.3337	370.1157	
Calc Area m2	421.0000	421.0000	421.0000	421.0000
Strl Pout kPa	557.0000	570.0000	570.0000	

Equip. No.	6
Name	
Temperature Out C	510.0000
Pressure Drop kPa	66.0000
Heat Absorbed MJ/h	37246.3438
Fuel Usage（SCF）	52300.1250

Equip. No.	1
Name	
No of Reactions	2
Pressure Drop kPa	70.0000
Specify reaction phase	1
Specify thermal mode:	1
C	405.0000
Temperature Units:	3
Pressure Units:	5

Heat of Reaction Units: 7
Molar Flow Units: 2
Calc Overall Ht of Rxn（MJ/h）   13558.4814

Reaction Stoichiometrics and Parameters for unit no. 1

Reaction no	1	2
Base component	2	2
Frac. conversion	0.5928	0.1672
	1	1
	−1.0000	−1.0000
	2	2
	−1.0000	−1.0000
	4	3
	1.0000	1.0000
	5	4
	1.0000	1.0000
	6	0
	1.0000	

For process fluid, enter only one heat spec.

（Ignore for rating, skip directly to page 2）

Temp out	Str 1	38.0521 C
Vap Fr out	Str 1	C
Subcooling	Str 1	C
Superheat	Str 1	MJ/h
Heat Duty	Str 1	C
Delta T1	Str 1	

In AUTOCALC mode only:
Specify backcalc option:
0 No back-calculation
Calculated Results:

Heat duty	−3.919e + 004 MJ/
LMTD	h
Cor F	28.3829 C
Utility	1.0000

Stream No.	14	20
Name		EB byproduct
······Overall······		
Molar flow kmol/h	222.6027	100.8736
Mass flow kg/h	15955.0301	10695.7205
Temp C	65.4071	136.1032
Pres kPa	101.0000	101.0000
Vapor mole fraction	0.0000	0.0000
Vapor mass fraction	0.0000	0.0000
Enth MJ/h	−15582.7	1408.08
Entropy　MJ/C	−4.581	4.185
Tc C	306.8694	344.7075
Pc kPa	6581.0415	3622.0295
Std. sp gr, wtr = 1	0.860	0.873
Std. sp gr, air = 1	2.475	3.661
Heating values（60F）		
Gross kcal/mol	674.9	1089.
Net kcal/mol	639.5	1037.
Average mol wt	71.6749	106.0309
Actual dens kg/m3	811.7722	760.0474
Actual vol m3/h	19.6546	14.0724
Std liq m3/h	18.5795	12.2655
Std vap 0 C m3/h	4989.3394	2260.9462
RVP　　kPa	31.442	
Vpres　kPa	100.996	100.997
······Liquid only······		
Molar flow kmol/h	222.6027	100.8736
Mass flow kg/h	15955.0301	10695.7205
Enth MJ/h	−15582.7	1408.08
Entropy MJ/C	−4.581	4.185
Average mol wt	71.6749	106.0309
Actual dens kg/m3	811.7722	760.0474
Actual vol m3/h	19.6546	14.0724
Std liq m3/h	18.5795	12.2655
Std vap 0 C m3/h	4989.3394	2260.9462
Cp kJ/kg-K	1.9826	2.1707

H latent kcal/mol	8.559	8.527
z factor	0.0037	0.0047
Vise Pa-sec	0.00035949	0.00023796
Th cond W/m-K	0.1316	0.1027
Surf tens dyne/cm	22.5027	16.8346
PH value		

Stream No..	14	20
Stream Name		EB byproduct
Temp C	65.4071	136.1032
Pres kPa	101.0000*	101.0000
Enth MJ/h	−15583.	1408.1
Vapor mole fraction	0.00000*	0.00000
Total kmol/h	222.6027	100.8736
Total kg/h	15955.0301	10695.7205
Total std L m3/h	18.5795	12.2655
Total std V m3/h	4989.34	2260.95
Flowrates in kmol/h		
Methanol	77.3587	0.0000
Toluene	138.4957	0.5562
Ethylbenzene	6.1115	97.3751
Water	0.0000	0.0000
Styrene	0.6369	2.9423

Stream No.	1	2	3	4
Stream Name				organic
Temp C	405.0000*	510.0000*	37.7702*	38.0000
Pres kPa	421.0000*	491.0000*	421.0000*	400.0000
Enth MJ/h	−21986.	−22231.	−1.2194E + 005	18951.
Vapor mole fraction	1.0000	1.0000	0.241049	0.00000
Total mol/h	1525882.7394	1178834.7432	1525872.4405	666784.2169
Total g/h	73455265.7766	73455265.7766	73454939.7571	62407144.7700
Total std L m3/h	91.0542	86.3349	91.0537	70.1336
Total std V m3/h	34200.60	26421.99	34200.37	14945.07
Flowrates in mol/h				
Methanol	141719.4876	586650.6907	141709.1334	77358.6574

Toluene toluene	140504.5555	585435.7586	140504.5555	139051.9470
Ethylbenzene	103996.3220	6111.4592	103996.3220	103584.0634
Water	444931.2031	0.0000	444931.2031	0.0000
Styrene	347684.8915	636.8813	347684.8915	346789.5560
Hydrogen	347046.3351	0.0000	347046.3351	0.0000

Stream No.	5	6	7	8
Stream Name				
Temp C	225.0938*	300.0000	143.4056	151.6590
Pres kPa	557.0000*	421.0000	570.0000	421.0000
Enth MJ/h	−68344.	−39643.	−86002.	−65022.
Vapor mole fraction	1.0000	1.0000	0.795385*	0.927862
Total mol/h	1178834.7432	1525882.7394	1178834.7432	1525872.4405
Total g/h	73455265.7766	73455265.7766	73455265.7766	73454939.7571
Total std L m3/h	86.3349	91.0542	86.3349	91.0537
Total std V m3/h	26421.99	34200.60	26421.99	34200.37
Flowrates in mol/h				
Methanol	586650.6907	141719.4876	586650.6907	141709.1334
Toluene	585435.7586	140504.5555	585435.7586	140504.5555
Ethylbenzene	6111.4592	103996.3220	6111.4592	103996.3220
Water	0.0000	444931.2031	0.0000	444931.2031
Styrene	636.8813	347684.8915	636.8813	347684.8915
Hydrogen	0.0000	347046.3351	0.0000	347046.3351

Stream No.	9	10	11	12
Stream Name	toluene		methanol	
Temp C	30.0000*	115.9478	30.0000*	184.9483
Pres kPa	570.0000*	570.0000*	570.0000*	570.0000*
Enth MJ/h	5789.0	−90563.	−1.0829E + 005	31170.
Vapor mole fraction	0.00000	1.0000*	0.00000	1.0000*
Total mol/h	446940.0049	453960.0002	453960.0002	446940.0049
Total g/h	41181498.8936	14545785.9464	14545785.9464	41181498.8936
Total std L m3/h	47.2837	18.2475	18.2475	47.2837
Total std V m3/h	10017.56	10174.90	10174.90	10017.56
Flowrates in mol/h				

Methanol	0.0000	453960.0002	453960.0002	0.0000
Toluene	446940.0049	0.0000	0.0000	446940.0049
Ethylbenzene	0.0000	0.0000	0.0000	0.0000
Water	0.0000	0.0000	0.0000	0.0000
Styrene	0.0000	0.0000	0.0000	0.0000
Hydrogen	0.0000	0.0000	0.0000	0.0000

Stream No.	13	14	15	16
Stream Name				H2
Temp C	116.0481	65.4071	120.0000	39.4219
Pres kPa	421.0000	101.0000*	570.0000	421.0000
Enth MJ/h	−82750.	−15583.	−11027	−2676.6
Vapor mole fraction	0.694875	0.00000*	1.0000*	1.0000
Total mol/h	1525872.4405	222602.7396	55332.0054	363860.9245
Total g/h	73454939.7571	15955030.1099	1772948.0582	1352013.5637
Total std L m3/h	91.0537	18.5795	2.2241	10.7622
Total std V m3/h	34200.37	4989.34	1240.19	8155.45
Flowrates in mol/h	141709.1334	77358.6574	55332.0054	9018.4645
Methanol	140504.5555	138495.7398	0.0000	1452.6076
Toluene	103996.3220	6111.4596	0.0000	412.2518
Ethylbenzene	444931.2031	0.0000	0.0000	5153.5454
Water	347684.8915	636.8813	0.0000	895.3424
Styrene	347046.3351	0.0000	0.0000	346928.7012

Stream No.	17	18	19	20
Stream Name			water phase	EB byproduct
Temp C	39.4219	143.5200	38.0000	136.1032
Pres kPa	421.0000	102.0000	400.0000	101.0000
Enth MJ/h	−1.1921E	45033.	−1.3837E + 005	1408.1
Vapor mole fraction	+ 005	0.00000	0.000181675	0.00000
Total mol/h	0.00000*	444181.4911	495227.2991	100873.6386
Total g/h	1162011.4052	46452118.2038	9695778.7656	10695720.4875
Total std L m3/h	72102922.6497	51.5542	10.1579	12.2655
Total std V m3/h	80.2915	9955.73	11099.85	2260.95
Flowrates in mol/h	26044.91			

Methanol	132690.6628	0.0000	55332.0054	0.0000
Toluene	139051.9470	556.2071	0.0000	556.2071
Ethylbenzene	103584.0634	97472.6025	0.0000	97375.1303
Water	439777.6252	0.0000	439777.6252	0.0000
Styrene	346789.5560	346152.6884	0.0000	2942.2980
Hydrogen	117.6514	0.0000	117.6514	0.0000

Stream No.	21	23
Stream Name	styrene	
Temp C	145.7750	38.0000
Pres kPa	102.0000*	570.0000
Enth MJ/h	43627.	$-1.2521E+005$
Vapor mole fraction	0.00000*	0.000187255
Total mol/h	343307.8525	439895.2868
Total g/h	35756399.4882	7922831.4826
Total std L m3/h	39.2887	7.9338
Total std V m3/h	7694.78	9859.66
Flowrates in mol/h		
Methanol	0.0000	0.0000
Toluene	0.0000	0.0000
Ethylbenzene	97.4722	0.0000
Water	0.0000	439777.6252
Styrene	343210.4010	0.0000
Hydrogen	0.0000	117.6514

517

附錄 6-2

標號	項目	溫度為 480 度										
		1986 初	1986 底	1987	1988	1989	1990	1991	1992	1993	1994	1995
1	製造資本	27762950										
2	工作資本		5552590	5552590	5552590	5552590	5552590	5552590	5552590	5552590	5552590	5552590
3	總資本投資	27762950	5552590	5552590	5552590	5552590	5552590	5552590	5552590	5552590	5552590	5552590
4	年度所得											
a	苯乙烯		2.7E+08	2.7E+08	2.7E+08	2.7E+08	2.7E+08	2.7E+08	2.7E+08	2.7E+08	2.7E+08	2.7E+08
b	乙基苯		25817626	25817626	25817626	25817626	25817626	25817626	25817626	25817626	25817626	25817626
c	off-gas（H2）		702024	702024	702024	702024	702024	702024	702024	702024	702024	702024
4-T	第 4 項總和		2.97E	2.97E	2.97E	2.97E	2.97E	2.97E	2.97E	2.97E	2.97E	2.97E
5	年度製造花費											
a	原料—甲醇		20633803	20633803	20633803	20633803	20633803	20633803	20633803	20633803	20633803	20633803
b	原料—甲苯		1.29E	1.29E	1.29E	1.29E	1.29E	1.29E	1.29E	1.29E	1.29E	1.29E
c	操作勞工		829920	829920	829920	829920	829920	829920	829920	829920	829920	829920
d	管理		414960	414960	414960	414960	414960	414960	414960	414960	414960	414960
e	薪資帳冊		373464	373464	373464	373464	373464	373464	373464	373464	373464	373464
f	管理，分配，行銷，研究，發展		26728588	26728588	26728588	26728588	26728588	26728588	26728588	26728588	26728588	26728588
g	天然氣		2062942	2062942	2062942	2062942	2062942	2062942	2062942	2062942	2062942	2062942
h	冷卻水		683139	683139	683139	683139	683139	683139	683139	683139	683139	683139
I	電		7811	7811	7811	7811	7811	7811	7811	7811	7811	7811
j	蒸氣		4854181	4854181	4854181	4854181	4854181	4854181	4854181	4854181	4854181	4854181
5-T	第 5 項總和		185109346	185109346	185109346	185109346	185109346	185109346	185109346	185109346	185109346	185109346
6	與製造直接相關之費用											
a	修繕		1110518	1110518	1110518	1110518	1110518	1110518	1110518	1110518	1110518	1110518
b	工廠庫存		83289	83289	83289	83289	83289	83289	83289	83289	83289	83289
c	實驗室支出		111052	111052	111052	111052	111052	111052	111052	111052	111052	111052
d	廢棄物處理		555259	555259	555259	555259	555259	555259	555259	555259	555259	555259
e	技術服務		222104	222104	222104	222104	222104	222104	222104	222104	222104	222104
f	其他支出		1665777	1665777	1665777	1665777	1665777	1665777	1665777	1665777	1665777	1665777
6-T	第 6 項總和		3747999	3747999	3747999	3747999	3747999	3747999	3747999	3747999	3747999	3747999
7	利息（利率 15%）											
8	總生產支出（5T+6T+7）		1.89E+08	1.89E+08	1.89E+08	1.89E+08	1.89E+08	1.89E+08	1.89E+08	1.89E+08	1.89E+08	1.89E+08
9	年度總獲利（4T-8）		1.08E+08	1.08E+08	1.08E+08	1.08E+08	1.08E+08	1.08E+08	1.08E+08	1.08E+08	1.08E+08	1.08E+08
10	年度折舊		2776295	2776295	2776295	2776295	2776295	2776295	2776295	2776295	2776295	2776295
11	稅前收入（9-10）		1.05E+08	1.05E+08	1.05E+08	1.05E+08	1.05E+08	1.05E+08	1.05E+08	1.05E+08	1.05E+08	1.05E+08
12	稅後收人（0.52*11）		54673702	54673702	54673702	54673702	54673702	54673702	54673702	54673702	54673702	54673702
13	年度現金收入（10+12）		57449997	57449997	57449997	57449997	57449997	57449997	57449997	57449997	57449997	57449997
14	年度現金流（3+13）		27762950	27762950	27762950	27762950	27762950	27762950	27762950	27762950	27762950	27762950
15	由銀行利率（12%）造成的折扣因子	1	0.893	0.797	0.712	0.636	0.567	0.507	0.452	0.404	0.361	0.322
16	年度現值（14*15）	27762950	56252310	50225277	44843997	40039283	35749360	3199071	28499171	25445688	22719365	20285147
17	年度現金流之總現值（16和，不含 86 初）	0	56252310	1.06E+08	1.51E+08	1.91E+08	2.27E+08	2.59E+08	2.88E+08	3.13E+08	3.36E+08	3.56E+08
18	淨現值（17-（3和））	-27762950	22936770	67609457	1.07E+08	1.41E+08	1.72E+08	1.98E+08	2.21E+08	2.41E+08	2.58E+08	(2.73E+08)

十年之淨現值

附錄 6-3

標號	項目	溫度為 495 度										
		1986 初	1986 底	1987	1988	1989	1990	1991	1992	1993	1994	1995
1	製造資本	20954910										
2	工作資本		4190982	4190982	4190982	4190982	4190982	4190982	4190982	4190982	4190982	4190982
3	總資本投資	20954910	4190982	4190982	4190982	4190982	4190982	4190982	4190982	4190982	4190982	4190982
4	年度所得											
a	苯乙烯		27E＋08	27E＋08	27E＋08	27E＋08	27E＋08	27E＋08	27E＋08	27E＋08	27E＋08	27E＋08
b	乙基苯		36255648	36255648	36255648	36255648	36255648	36255648	36255648	36255648	36255648	36255648
c	Off-gas (H2)		699848	699848	699848	699848	699848	699848	699848	699848	699848	699848
4-T	第 4 項總和		3.06E	3.06E	3.06E	3.06E	3.06E	3.06E	3.06E	3.06E	3.06E	3.06E
5	年度製造花費											
a	原料—甲醇		21498880	21498880	21498880	21498880	21498880	21498880	21498880	21498880	21498880	21498880
b	原料—甲苯		1.34E	1.34E	1.34E	1.34E	1.34E	1.34E	1.34E	1.34E	1.34E	1.34E
c	操作勞工		829920	829920	829920	829920	829920	829920	829920	829920	829920	829920
d	管理		414960	414960	414960	414960	414960	414960	414960	414960	414960	414960
e	薪資帳冊		373464	373464	373464	373464	373464	373464	373464	373464	373464	373464
f	管理，分配，行銷，研究，發展		26654285	26654285	26654285	26654285	26654285	26654285	26654285	26654285	26654285	26654285
g	天然氣		1971381	1971381	1971381	1971381	1971381	1971381	1971381	1971381	1971381	1971381
h	冷卻水		699491	699491	699491	699491	699491	699491	699491	699491	699491	699491
I	電		7811	7811	7811	7811	7811	7811	7811	7811	7811	7811
j	蒸氣		5003099	5003099	5003099	5003099	5003099	5003099	5003099	5003099	5003099	5003099
5-T	第 5 項總和		191641745	191641745	191641745	191641745	191641745	191641745	191641745	191641745	191641745	191641745
6	與製造直接相關之費用											
a	修繕		838196	838196	838196	838196	838196	838196	838196	838196	838196	838196
b	工廠庫存		62865	62865	62865	62865	62865	62865	62865	62865	62865	62865
c	實驗室支出		83820	83820	83820	83820	83820	83820	83820	83820	83820	83820
d	廢棄物處理		419098	419098	419098	419098	419098	419098	419098	419098	419098	419098
e	技術服務		167639	167639	167639	167639	167639	167639	167639	167639	167639	167639
f	其他支出		1257295	1257295	1257295	1257295	1257295	1257295	1257295	1257295	1257295	1257295
6-T	第 6 項總和		2828913	2828913	2828913	2828913	2828913	2828913	2828913	2828913	2828913	2828913
7	利息（利率 15%）											
8	總生產支出（5T＋6T＋7）		1.94E＋08	1.94E＋08	1.94E＋08	1.94E＋08	1.94E＋08	1.94E＋08	1.94E＋08	1.94E＋08	1.94E＋08	1.94E＋08
9	年度總獲利（4T-8）		111989273	111989273	111989273	111989273	111989273	111989273	111989273	111989273	111989273	111989273
10	年度折舊		2095491	2095491	2095491	2095491	2095491	2095491	2095491	2095491	2095491	2095491
11	稅前收入（9-10）		109893782	109893782	109893782	109893782	109893782	109893782	109893782	109893782	109893782	109893782
12	稅後收人（0.52*11）		57144767	57144767	57144767	57144767	57144767	57144767	57144767	57144767	57144767	57144767
13	年度現金收入（10＋12）		59240258	59240258	59240258	59240258	59240258	59240258	59240258	59240258	59240258	59240258
14	年度現金流（3＋13）	20954910	63431240	63431240	63431240	63431240	63431240	63431240	63431240	63431240	63431240	63431240
15	由銀行利率（12%）造成的折扣因子	1	0.893	0.797	0.712	0.636	0.567	0.507	0.452	0.404	0.361	0.322
16	年度現值（14*15）	20954910	56635035	50566996	45149104	40311700	35992589	32136240	28693072	25618814	22873941	20423162
17	年度現金流之總現值（16 和，不含 86 初）	0	56635035	107202031	152351135	192662835	22865542	260791664	289484735	315103549	337977490	358400652
18	沼現值（17-（3 和））	-20954910	31489143	77865157	118823279	154943997	186745604	214690862	239192951	260620783	279303742	295535922

十年之淨現值

附錄 6-4

標號	項目					溫度為510度						
		1986 初	1986 底	1987	1988	1989	1990	1991	1992	1993	1994	1995
1	製造資本	19103165										
2	工作資本		3820633	3820633	3820633	3820633	3820633	3820633	3820633	3820633	3820633	3820633
3	總資本投資	19103165	3820633	3820633	3820633	3820633	3820633	3820633	3820633	3820633	3820633	3820633
4	年度所得											
a	苯乙烯		270717341	270717341	270717341	270717341	270717341	270717341	270717341	270717341	270717341	270717341
b	乙基苯		50723288	50723288	50723288	50723288	50723288	50723288	50723288	50723288	50723288	50723288
c	Off-gas (H2)		705907	705907	705907	705907	705907	705907	705907	705907	705907	705907
4-T	第 4 項總和		3.22E	3.22E	3.22E	3.22E	3.22E	3.22E	3.22E	3.22E	3.22E	3.22E
5	年度製造花費											
a	原料—甲醇		22993969	22993969	22993969	22993969	22993969	22993969	22993969	22993969	22993969	22993969
b	原料—甲苯		1.44E	1.44E	1.44E	1.44E	1.44E	1.44E	1.44E	1.44E	1.44E	1.44E
c	操作勞工		829920	829920	829920	829920	829920	829920	829920	829920	829920	829920
d	管理		414960	414960	414960	414960	414960	414960	414960	414960	414960	414960
e	薪資帳冊		373464	373464	373464	373464	373464	373464	373464	373464	373464	373464
f	管理,分配,行銷,研究,發展		26774243	26774243	26774243	26774243	26774243	26774243	26774243	26774243	26774243	26774243
g	天然氣		1515016	1515016	1515016	1515016	1515016	1515016	1515016	1515016	1515016	1515016
h	冷卻水		881709	881709	881709	881709	881709	881709	881709	881709	881709	881709
I	電		7811	7811	7811	7811	7811	7811	7811	7811	7811	7811
j	蒸氣		6342300	6342300	6342300	6342300	6342300	6342300	6342300	6342300	6342300	6342300
5-T	第 5 項總和		204037991	204037991	204037991	204037991	204037991	204037991	204037991	204037991	204037991	204037991
6	與製造直接相關之費用											
a	修繕		764046	764046	764046	764046	764046	764046	764046	764046	764046	764046
b	工廠庫存		57304	57304	57304	57304	57304	57304	57304	57304	57304	57304
c	實驗室支出		76413	76413	76413	76413	76413	76413	76413	76413	76413	76413
d	廢棄物處理		382024	382024	382024	382024	382024	382024	382024	382024	382024	382024
e	技術服務		152810	152810	152810	152810	152810	152810	152810	152810	152810	152810
f	其他支出		1146073	1146073	1146073	1146073	1146073	1146073	1146073	1146073	1146073	1146073
6-T	第 6 項總和		2578670	2578670	2578670	2578670	2578670	2578670	2578670	2578670	2578670	2578670
7	利息（利率 15%）											
8	總生產支出 (5T+6T+7)		2.07E +08	2.07E +08	2.07E +08	2.07E +08	2.07E +08	2.07E +08	2.07E +08	2.07E +08	2.07E +08	2.07E +08
9	年度總獲利 (4T-8)		1.16E +08	1.16E +08	1.16E +08	1.16E +08	1.16E +08	1.16E +08	1.16E +08	1.16E +08	1.16E +08	1.16E +08
10	年度折舊		1910122	1910122	1910122	1910122	1910122	1910122	1910122	1910122	1910122	1910122
11	稅前收入 (9-10)		1.14E +08	1.14E +08	1.14E +08	1.14E +08	1.14E +08	1.14E +08	1.14E +08	1.14E +08	1.14E +08	1.14E +08
12	稅後收入 (0.52*11)		60992394	60992394	60992394	60992394	60992394	60992394	60992394	60992394	60992394	60992394
13	年度現金收入 (10+12)		60992394	60992394	60992394	60992394	60992394	60992394	60992394	60992394	60992394	60992394
14	年度現金流 (3+13)	19103165	64813027	64813027	64813027	64813027	64813027	64813027	64813027	64813027	64813027	64813027
15	由銀行利率（12%）造成的折扣因子	1	0.893	0.797	0.712	0.636	0.567	0.507	0.452	0.404	0.361	0.322
16	年度現值 (14*15)	19103165	57868774	51668548	46132632	41189850	36776652	32836296	29318122	26176894	23372227	20868060
17	年度現金流之總現值(16和,不含86初)	0	57868774	1.1E +08	1.56E +08	1.97E +08	2.34E +08	2.66E +08	2.96E +08	3.22E +08	3.45E +08	3.66E +08
18	溶現值 (17-(3和))	-19103165	34944976	82792891	1.25E +08	1.62E +08	1.95E +08	2.24E +08	2.5E +08	2.72E +08	2.92E +08	(3.09E+08)

十年之淨現值

附錄 6-5

標號	項目	溫度為 510 度										
		1986 初	1986 底	1987	1988	1989	1990	1991	1992	1993	1994	1995
1	製造資本	1.9E＋07										
2	工作資本		3711095	3711095	3711095	3711095	3711095	3711095	3711095	3711095	3711095	3711095
3	總資本投資	1.9E＋07	3711095	3711095	3711095	3711095	3711095	3711095	3711095	3711095	3711095	3711095
4	年度所得											
a	苯乙烯		2.71E	2.71E	2.71E	2.71E	2.71E	2.71E	2.71E	2.71E	2.71E	2.71E
b	乙基苯		67305564	67305564	67305564	67305564	67305564	67305564	67305564	67305564	67305564	67305564
c	Off-gas (H2)		702878	702878	702878	702878	702878	702878	702878	702878	702878	702878
4-T	第 4 項總和		3.39E	3.39E	3.39E	3.39E	3.39E	3.39E	3.39E	3.39E	3.39E	3.39E
5	年度製造花費											
a	原料—甲醇		24693044	24693044	24693044	24693044	24693044	24693044	24693044	24693044	24693044	24693044
b	原料—甲苯		1.55E	1.55E	1.55E	1.55E	1.55E	1.55E	1.55E	1.55E	1.55E	1.55E
c	操作勞工		829920	829920	829920	829920	829920	829920	829920	829920	829920	829920
d	管理		414960	414960	414960	414960	414960	414960	414960	414960	414960	414960
e	薪資帳冊		373464	373464	373464	373464	373464	373464	373464	373464	373464	373464
f	管理，分配，行銷，研究，發展		26770349	26770349	26770349	26770349	26770349	26770349	26770349	26770349	26770349	26770349
g	天然氣		1678680	1678680	1678680	1678680	1678680	1678680	1678680	1678680	1678680	1678680
h	冷卻水		916439	916439	916439	916439	916439	916439	916439	916439	916439	916439
I	電		7811	7811	7811	7811	7811	7811	7811	7811	7811	7811
j	蒸氣		6564786	6564786	6564786	6564786	6564786	6564786	6564786	6564786	6564786	6564786
5-T	第 5 項總和		217229937	217229937	217229937	217229937	217229937	217229937	217229937	217229937	217229937	217229937
6	與製造直接相關之費用											
a	修繕		742219	742219	742219	742219	742219	742219	742219	742219	742219	742219
b	工廠庫存		55666	55666	55666	55666	55666	55666	55666	55666	55666	55666
c	實驗室支出		742219	742219	742219	742219	742219	742219	742219	742219	742219	742219
d	廢棄物處理		371110	371110	371110	371110	371110	371110	371110	371110	371110	371110
e	技術服務		148444	148444	148444	148444	148444	148444	148444	148444	148444	148444
f	其他支出		1855548	1855548	1855548	1855548	1855548	1855548	1855548	1855548	1855548	1855548
6-T	第 6 項總和		3915206	3915206	3915206	3915206	3915206	3915206	3915206	3915206	3915206	3915206
7	利息（利率 15%）											
8	總生產支出（5T＋6T＋7）		2.21E＋08	2.21E＋08	2.21E＋08	2.21E＋08	2.21E＋08	2.21E＋08	2.21E＋08	2.21E＋08	2.21E＋08	2.21E＋08
9	年度總獲利（4T-8）		1.18E＋08	1.18E＋08	1.18E＋08	1.18E＋08	1.18E＋08	1.18E＋08	1.18E＋08	1.18E＋08	1.18E＋08	1.18E＋08
10	年度折舊		1910122	1910122	1910122	1910122	1910122	1910122	1910122	1910122	1910122	1910122
11	稅前收入（9-10）		1.16E＋08	1.16E＋08	1.16E＋08	1.16E＋08	1.16E＋08	1.16E＋08	1.16E＋08	1.16E＋08	1.16E＋08	1.16E＋08
12	稅後收入（0.52*11）		60128197	60128197	60128197	60128197	60128197	60128197	60128197	60128197	60128197	60128197
13	年度現金收入（10＋12）		62038319	62038319	62038319	62038319	62038319	62038319	62038319	62038319	62038319	62038319
14	年度現金流（3＋13）	18555475	65749414	65749414	65749414	65749414	65749414	65749414	65749414	65749414	65749414	65749414
15	由銀行利率（12%）造成的折扣因子	1	0.893	0.797	0.712	0.636	0.567	0.507	0.452	0.404	0.361	0.322
16	年度現值（14*15）	1855475	58704834	52415030	46799134	41784941	37307983	33310699	29741696	26555086	23709898	21169552
17	年度現金流之總現值(16和，不含 86 初)	0	58704834	1.11E＋08	1.58E＋08	2E＋08	2.37E＋08	2.7E＋08	3E＋08	3.27E＋08	3.5E＋08	3.71E＋08
18	溜現值（17－（3 和））	-18555475	36438264	85142199	1.28E＋08	1.66E＋08	2E＋08	2.3E＋08	2.56E＋ki08	2.78E＋ki08	2.98E＋08	(3.16E＋08)

十年之淨現值

範例 **7**

多成分組成的分餾次序

將含有 propane（莫耳分率＝0.05），isobutane（莫耳分率＝0.15），n-butane（莫耳分率＝0.25），isopentane（莫耳分率＝0.20）和 n-pentane（莫耳分率＝0.35）的多成分組成進料，利用本書上篇第 5.4 節多成分組成分餾次序所敘述的原理，將這五種成分分餾出，使它們的回收率（percentage of recovery）均能達到 98%。

7.1 決定分餾次序

7.1.1 分餾排列方式的總數

根據 Henley and Seader 一書中，第 14 章所述，當進料中的組成成分數目為 R 時，可能的分餾排列次序總數 S_R 則為：

$$S_R = \frac{[2(R-1)]!}{R!(R-1)!}$$

而本題的進料中成分數目為 $R=5$，所以 $S_R=14$。

從這 14 種排列次序中，我們將選出較可行的 4 種分餾排列次序，以 Chem CAD 模擬軟體進行分析。

7.1.2　判斷分餾排列次序的準則

A.在一多成分組成的進料中，如果兩相鄰組成間的相對揮發度值很大時，則先將這兩組成成分分餾開。

B.如果兩相鄰組成間的相對揮發度值不大時，則依進料中各成分莫耳百分比值的高低順序，或揮發度的高低順序，依次來分餾。

C.如果上述兩條件皆不符合，則依分子量的大小順序依次來分餾。

根據上列準則，我們可選出下列 4 種分餾排列次序，以 Chem CAD 模擬軟體來進行分析。

7.2　四種分餾排列次序

若本題中 5 種組成成分的代號和相對揮發度如下表所示

進料組成	代號	進料莫耳分率	相對揮發度*
propane	A	0.05	8.1
isobutane	B	0.15	4.3
n-butane	C	0.25	3.1
isopentane	D	0.20	1.25
n-pentane	E	0.35	1.0

*以 n-pentane 為基準。

則四種可能的分餾次序排列方式如下所示：

排列方式一：

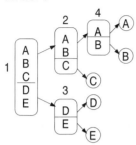

塔號	根據準則(1)
1	C 和 D 的 A = 1.85
2	B 和 C 的 A = 1.2
3	D 和 E 的 A = 0.25
4	A 和 B 的 A = 3.8

*A 表示相對揮發度

排列方式二：

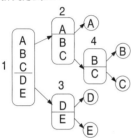

塔號	根據準則(1)
1	C 和 D 的 A = 1.85
2	A 和 B 的 A = 3.8
3	D 和 E 的 A = 0.25
4	B 和 C 的 A = 1.2

*A 表示相對揮發度

排列方式三：

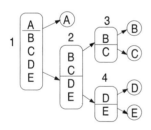

塔號	根據準則(1)
1	A 和 B 的 A = 3.8
2	C 和 D 的 A = 1.85
3	B 和 C 的 A = 0.25
4	D 和 E 的 A = 0.25

*A 表示相對揮發度

排列方式四：

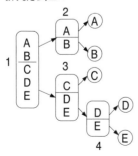

塔號	根據準則(1)
1	B 和 C 的 A = 1.2
2	A 和 B 的 A = 3.8
3	C 和 D 的 A = 1.85
4	D 和 E 的 A = 0.25

*A 表示相對揮發度

7.3 模擬分析方法

A.尋找最佳蒸餾壓力:由於蒸餾塔內的壓力愈低時,將得到愈低的蒸餾板數和再沸器(reboiler)的蒸氣量,但若壓力太低時,出料溫度將低於室溫,為避免此情形發生,在電腦模擬過程中,我們將各塔塔頂的出料溫度均訂在 40℃ 左右,其所對應的飽和壓力即為此塔的操作壓力。

B.Light Key(L. K.)和 Heavy Key(H. K.)的決定:在本題達到 98% 回收率的要求下,我們先要求較高的分離率,即愈易分餾的成分愈先蒸餾出。

C.改變最小迴流比(recycle ratio, R/R_{min}):在本題中,我們將選擇 R/R_{min} 分別為:1.1,1.2,1.3,1.4 和 1.5,並從成本分析中找出最佳的 R/R_{min} 值。

7.4 Chem CAD 的模擬結果

表 7-2 各分餾塔 L.K.和 H.K.的莫耳百分率

Fraction	Column #1		Column #2		Column #3		Column #4	
	L.K	H.K	L.K	H.K	L.K	H.K	L.K	H.K
Array1	0.995	0.005	0.985	0.015	0.985	0.0198	0.98	0.0049
Array2	0.995	0.005	0.98	0.004	0.985	0.0198	0.985	0.0149
Array3	0.98	0.005	0.995	0.005	0.986	0.0148	0.985	0.0198
Array4	0.985	0.015	0.98	0.005	0.995	0.005	0.985	0.0198

表 7-3　各分餾塔的操作壓力

Array	Colm#1	Colm#2	Colm#3	Colm#4
1	5.40	7.30	1.70	13.70
2	5.40	13.70	1.70	5.40
3	13.70	4.40	5.40	1.60
4	7.30	13.70	3.80	1.60

表 7-4　各成分的進料流量和回收率

composition	feed(kg mol/hr)	Array#1	Array#2	Array#3	Array#4
propane	45.40	0.980	0.980	0.980	0.980
iso-butane	136.10	0.980	0.980	0.981	0.980
butane	226.80	0.980	0.980	0.980	0.980
iso-pentane	181.40	0.980	0.980	0.980	0.980
pentane	317.50	0.980	0.980	0.980	0.980

7.5　成本分析方法

7.5.1　蒸餾塔的成本

由 $G_m = K_v \sqrt{(\rho_L - \rho_\kappa)\rho_\kappa}$ 和 $V = M \times F$，算出 D（塔直徑）$= [4/\pi(V/G_m)]^{1/2}$，其中 $K_v = 0.33$（查圖 7-1 得知，假設塔板間的距離為 70 公分）。以此 D 值，再由圖 7-2 中 Sieve tray tower 的曲線，查得 \$cost/(ft of tower)。是故，塔體成本（Total column cost）= US\$ cost/(ft of tower)×2.3 ft(70 cm)×板數

7.5.2 蒸氣的成本

在本題中,我們假定蒸氣的單價為:2.0 US\$/million BTU,所以每個蒸餾塔的成本(Total steam cost)= 2.0 US\$/million BTU × reboiler duty。

每個蒸餾塔的總成本即為上述兩個成本的總和,計算的結果如下面各表中所示。

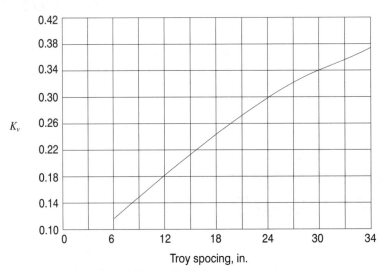

圖 7-1 K_v 值與塔板間距離的關係圖(見 Peters and Timmerhaus 一書中的 Fig.16-6)

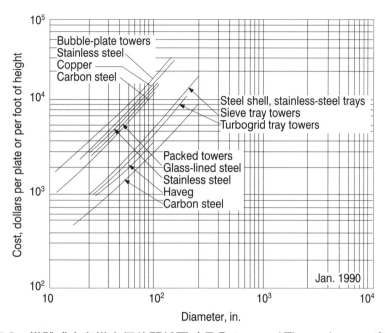

圖 7-2　塔體成本與塔直徑的關係圖（見 Peters and Timmerhaus 一書中的 Fig. 16-28）

7.5.2　數據處理

表 7-5　四種排列方法各塔的操作條件

Array	CLUM	P(atm)	M(g)	T (~C)	D1(kg/m3)	F(kgmol/hr)
1	1.00	5.40	56.60	40.60	536.20	408.16
		5.40	72.10	91.80	538.00	499.17
	2.00	7.30	54.60	40.40	515.90	182.80
		7.30	58.20	65.10	517.50	225.40
	3.00	1.70	72.10	41.10	594.40	185.20
		1.70	72.10	50.30	593.10	313.90
	4.00	13.70	44.30	39.80	466.40	45.20
		13.70	58.00	80.30	464.00	137.80
2	1.00	5.40	56.60	40.60	536.20	407.20
		5.40	72.10	91.80	538.00	499.30
	2.00	13.70	44.30	39.80	466.30	45.30
		13.70	58.10	88.40	468.80	363.30
	3.00	1.70	72.10	41.10	594.40	185.30
		1.70	72.10	50.30	593.10	313.80
	4.00	5.40	58.00	40.40	528.40	137.90
		5.40	58.20	53.00	535.10	225.30
3	1.00	13.70	44.30	39.90	466.40	45.20
		13.70	66.20	113.20	476.10	862.10
	2.00	4.40	58.10	40.10	543.70	363.10
		4.40	72.10	83.20	549.40	499.10
	3.00	5.40	58.00	40.40	528.40	137.80
		5.40	58.20	53.00	535.10	225.40
	4.00	1.60	72.10	41.10	594.40	185.30
		1.60	72.10	50.30	593.10	313.80
4	1.00	7.30	54.60	40.10	515.90	182.90
		7.30	67.80	89.80	524.00	724.30
	2.00	13.70	44.30	39.90	466.40	45.20
		13.70	58.00	80.30	464.00	137.80
	3.00	3.80	58.20	40.00	552.90	225.30
		3.80	72.10	77.30	557.00	499.10
	4.00	1.60	72.10	41.10	594.40	185.20
		1.60	72.10	50.30	593.10	313.90

表 7-5（續）

	M'(1b)	T' (˜R)	D1'(lb/ft^3)	V(kg/hr)	Dg (lb/ft^3)	Gm (lb/ft^3)	D(ft)
	0.12	564.75	33.47	50.93	0.001634	0.0772	28.9852
	0.16	656.91	33.59	79.35	0.001790	0.0809	35.3357
	0.12	564.39	32.21	22.00	0.002133	0.0865	17.9984
	0.13	608.85	32.31	28.92	0.002107	0.0861	20.6801
Array 1	0.16	565.65	37.11	29.44	0.000654	0.0514	26.9978
	0.16	582.21	37.03	49.90	0.000636	0.0506	35.4222
	0.10	563.31	29.12	4.41	0.003254	0.1016	7.4390
	0.13	636.21	28.97	17.62	0.003772	0.1091	14.3418
	0.12	564.75	33.47	50.81	0.001634	0.0772	28.9511
	0.16	656.91	33.59	79.37	0.001790	0.0809	35.3403
	0.10	563.31	29.11	4.42	0.003254	0.1016	7.4477
	0.13	650.79	29.27	46.53	0.003694	0.1085	23.3691
Array 2	0.16	565.65	37.11	29.45	0.000654	0.0514	27.0051
	0.16	582.21	37.03	49.88	0.000636	0.0506	35.4165
	0.13	564.39	32.99	17.63	0.001676	0.0776	17.0105
	0.13	587.07	33.41	28.91	0.001617	0.0767	21.9079
	0.10	563.49	29.12	4.41	0.003253	0.1016	7.4396
	0.15	695.43	29.72	125.82	0.003939	0.1129	37.6690
	0.13	563.85	33.94	46.51	0.001369	0.0711	28.8514
	0.16	641.43	34.30	79.33	0.001494	0.0747	36.7750
Array 3	0.13	564.39	32.99	17.62	0.001676	0.0776	17.0044
	0.13	587.07	33.41	28.92	0.001617	0.0767	21.9127
	0.16	565.65	37.11	29.45	0.000616	0.0499	27.4175
	0.16	582.21	37.03	49.88	0.000598	0.0491	35.9574
	0.12	563.85	32.21	22.02	0.002135	0.0865	17.9990
	0.15	653.31	32.71	108.26	0.002288	0.0903	39.0759
	0.10	563.49	29.12	4.41	0.003253	0.1016	7.4396
	0.13	636.21	28.97	17.62	0.003772	0.1091	14.3418
Array 4	0.13	563.67	34.52	28.91	0.001185	0.0667	23.4845
	0.16	630.81	34.77	79.33	0.001312	0.0705	37.8586
	0.16	565.65	37.11	29.44	0.000616	0.0499	27.4101
	0.16	582.21	37.03	49.90	0.000598	0.0491	35.9631

表 7-6　四種排列方法在各種迴流比值時的各塔模擬板數

| | No. of stages | | | | |
	R/Rm=1.1	1.2	1.3	1.4	1.5
	46.40	37.60	32.60	29.40	27.10
	46.40	37.60	32.60	29.40	27.10
	85.90	68.00	58.90	53.40	49.70
	85.90	68.00	58.90	53.40	49.70
Array 1	77.00	60.80	52.60	47.80	44.60
	77.00	60.80	52.60	47.80	44.60
	40.20	31.80	27.50	24.80	23.10
	40.20	31.80	27.50	24.80	23.10
	46.40	37.60	32.60	29.40	27.10
	46.40	37.60	32.60	29.40	27.10
	40.60	32.10	27.70	25.10	23.30
	40.60	32.10	27.70	25.10	23.30
Array 2	77.00	60.80	52.60	47.80	44.60
	77.00	60.80	52.60	47.80	44.60
	78.30	61.80	53.50	48.60	45.30
	78.30	61.80	53.50	48.60	45.30
	43.20	34.30	29.60	26.80	24.80
	43.20	34.30	29.60	26.80	24.80
	40.80	32.30	27.90	25.20	23.40
	40.80	32.30	27.90	25.20	23.40
Array 3	79.70	62.90	54.50	49.40	46.10
	79.70	62.90	54.50	49.40	46.10
	77.00	60.80	52.60	47.80	44.60
	77.00	60.80	52.60	47.80	44.60
	91.00	71.90	62.30	56.50	52.70
	91.00	71.90	62.30	56.50	52.70
	40.10	31.80	27.40	24.80	23.00
	40.10	31.80	27.40	24.80	23.00
Array 4	39.00	30.80	26.60	24.00	22.30
	39.00	30.80	26.60	24.00	22.30
	77.00	60.80	52.60	47.80	44.60
	77.00	60.80	52.60	47.80	44.60

表 7-7　四種排列方法在不同迴流比值時的各塔塔體成本

	$ ($/ft)	R/Rm=1.1	1.2	1.3	1.4	1.5
		The cost(US$) of column at different R/Rm.				
Array 1	2700 3100	330832	268088	232438	209622	193223
	1900 2100	414897	328440	284487	257922	240051
	2600 3100	549010	433504	375038	340814	317998
	950 1550	143313	113367	98037	88412	82352
Array 2	2700 3100	330832	268088	232438	209622	193223
	950 2300	214774	169809	146533	132779	123257
	2600 3100	549010	433504	375038	340814	317998
	1700 2200	396198	312708	270710	245916	229218
Array 3	950 3300	327888	260337	224664	203412	188232
	2700 3250	304980	241442	208552	188370	174915
	1700 2200	403282	318274	275770	249964	233266
	2600 3200	566720	447488	387136	351808	328256
Array 4	1870 3400	711620	562258	487186	441830	412114
	950 1550	142957	113367	97681	88412	81995
	2300 3300	296010	233772	201894	182160	169257
	2600 3200	566720	447488	387136	351808	328256

表 7-8　四種排列方法在不同迴流比值時的各塔再沸器蒸氣量

	Reboiler duty at different R/Rm. (MJ/hr)				
	R/Rm=1.1	1.2	1.3	1.4	1.5
Array 1	26509.00	27556.00	28604.00	29652.00	30700.00
	26806.00	28868.00	30929.00	32990.00	35052.00
	40472.00	45155.00	49839.00	54522.00	59206.00
	4081.40	4313.10	4544.80	4776.50	5008.20
Array 2	26509.00	27556.00	28604.00	29652.00	30700.00
	7147.80	7478.10	7808.40	8138.70	8469.00
	40472.00	45155.00	49839.00	54522.00	59206.00
	21721.00	24246.00	26772.00	29298.00	31825.00
Array 3	16327.00	16508.00	16690.00	16871.00	17053.00
	10657.00	13125.00	15593.00	18061.00	20529.00
	24773.00	26752.00	28732.00	30711.00	32690.00
	40615.00	45257.00	49898.00	54540.00	59182.00
Array 4	36331.00	38554.00	40778.00	43002.00	45225.00
	4081.90	4313.40	4545.40	4777.00	5008.80
	10662.00	12870.00	15079.00	17287.00	19495.00
	40713.00	45326.00	49940.00	54553.00	59167.00

表 7-9　四種排列方法在不同迴流比值的各塔蒸氣成本

	Cost of steam at different R/Rm. (US$)				
	R/Rm=1.1	1.2	1.3	1.4	1.5
Array 1	440200.2	457586.4	474989.1	492391.9	509794.7
	445132.1	479373.0	513597.4	547821.7	582062.6
	672065.5	749829.9	827611.0	905375.4	983156.5
	67774.46	71622.00	75469.54	79317.08	83164.62
Array 2	440200.2	457586.4	474989.1	492391.9	509794.7
	118694.1	124179.0	129663.8	135148.7	140633.5
	672065.5	749829.9	827611.0	905375.4	983156.5
	360692.2	402621.5	444567.5	486513.5	528476.1
Array 3	271121.1	274126.7	277148.9	280154.6	283176.8
	176966.8	217949.6	258932.5	299915.3	340898.2
	411372.7	444235.6	477114.7	509977.3	542840.0
	674440.1	751523.7	828590.7	905674.3	982757.9
Array 4	603301.3	640215.7	677146.8	714077.9	750992.3
	67782.76	71626.98	75479.50	79325.38	83174.58
	177049.8	213715.2	250397.2	287062.5	323727.9
	676067.4	752669.5	829288.1	905890.2	982508.8

表 7-10　四種排列方法在不同迴流比值時的各塔總成本

| | Total cost of steam and column. (US$) | | | | | Min cost |
R/Rm=1.1	1.2	1.3	1.4	1.5	(US$)
	771032.2	725674.4	707427.1	702013.9	703017.7	2848948.4
	860029.1	807813.0	798084.4	805743.7	822113.6	
Array 1	1221075.	1183333	1202649.	1246189.	1301154	
	211087.4	184989.0	173507.0	167729.0	165516.1	
	771032.2	725674.4	707427.1	702013.9	703017.7	2864516.0
	333468.1	293988.0	276196.8	267927.7	263890.5	
Array 2	1221075.	1183333	1202649.	1246189.	1301154.	
	756890.2	715329.5	715277.5	732429.5	757694.1	
	599009.1	534463.7	501812.9	483566.6	471408.8	2882697.4
	481946.8	459392.1	467485.0	488285.3	515813.2	
Array 3	814654.7	762509.4	752884.7	759941.3	776106.0	
	1241160.	1199011	1215726.	1257482.	1311013.	
	1314921.	1202473.	1164332.	1155907	1163106.	2968722.2
	210739.2	184993.9	173160.5	167737.3	165169.5	
Array 4	473059.8	447487.2	452291.2	469222.5	492984.9	
	1242787.	1200157	1216424.	1257698.	1310764.	

〈註〉標底線為各塔在不同迴流比值時的最小總成本

7.6 總論

根據上述成本分析的結果我們決定出最經濟的操作條件，如下：

a.排列方式：第一種排列

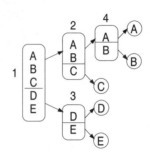

b.Chemcad 計算的結果

項目	塔一	塔二	塔三	塔四
L.K.	0.995	0.985	0.985	0.98
H.K.	0.005	0.015	0.0198	0.0049
壓力（atm）	5.4	7.3	1.7	13.7
塔價格	209622	284487	433504	82352
蒸氣價格	492392	513597	749830	83165
價格總合（US$）		2848948		

c.五種組成的回收皆達到 98%。

參考文獻

1. Henley E.J. and Seader J.D. (eds.) Equilibrium-Stage Separation Operation in Chemical Engineering, John Wiley & Sons, New York, 1981.

2. Peters M.S. and Timmerhaus K.D. (eds.) Plant design and Economics for Chemical Engineering, 4th edition, McGraw Hill, New York, 1991.

國家圖書館出版品預行編目資料

化工程序設計／徐武軍,張有義著. -- 二版. -- 臺
北市：五南, 2017.04
　面；　公分
I S B N: 978-957-11-9095-2（平裝）

1.化工程序

460.2　　　　　　　　　　　　106003278

5BB7

化工程序設計

編　　著 － 徐武軍（180.4）　張有義

發 行 人 － 楊榮川

總 編 輯 － 王翠華

主　　編 － 王正華

責任編輯 － 金明芬

封面設計 － 陳翰陞

出 版 者 － 五南圖書出版股份有限公司

地　　址：106 台北市大安區和平東路二段 339 號 4 樓

電　　話：(02)2705-5066　傳　　真：(02)2706-6100

網　　址：http://www.wunan.com.tw

電子郵件：wunan@wunan.com.tw

劃撥帳號：01068953

戶　　名：五南圖書出版股份有限公司

法律顧問　林勝安律師事務所　林勝安律師

出版日期　2007 年 8 月初版一刷
　　　　　2017 年 4 月二版一刷

定　　價　新臺幣 650 元